JN149618

絵とき 水理学

改訂4版

栗津清蔵 監修
國澤正和 西田秀行 福山和夫 共著

編 集 委 員 会

監　　修：粟津清蔵（日本大学名誉教授・工学博士）

編集委員：宮田隆弘（前高知県建設短期大学校校長・博士（工学））

浅賀榮三（元栃木県立宇都宮工業高等学校長）

國澤正和（元大阪市立泉尾工業高等学校校長）

田島富男（トミー建設資格教育研究所）

はじめに

水理学（hydraulics）は，静止または運動中の水の性質を調べ，それが他に及ぼす影響を研究する学問で，応用力学のうち水に関する力学を取り扱ったものです．また，水理学は，土木工学における水工学の基礎となる重要な科目です．

河川工学，海岸工学，港湾工学，発電水力，上下水道工学，かんがい・排水，地下水，砂防など水に関する工学を総称して**水工学**（hydraulic engineering）といいますが，この水工学を理解するうえで水理学の基礎知識が必要となります．

水理学は，学生にとって理解し難い科目に見られがちですが，私たちの身近にある水について一つ一つ関心を持てば案外面白く興味が持てて理解ができます．ただ，水の流れは，粘性による摩擦，圧縮性，渦に影響され，水理学を展開していくうえで，流線，速度水頭など実際には目に見えないものを使って理論を進めるなど，観念の上で理解しなければならないことが多く，その結果数式に頼ることが多いわけです．この基本的な理論の組立て方を理解すれば，後は数学的に解決でき，かえって分かりやすい面もあります．

水工学や水理学の歴史は，人類の歴史とともに始まっています．エジプト，メソポタミア，中国などにおいては，古代において既にかんがい用水路の建設，治水事業がなされ，古代ローマの水道事業では水道水の輸送のため石造の水路，鉛管の給水管路が建設されました．また，ギリシャ時代には流量が流積と流速に関係することが認識され，アルキメデスの原理（浮力）も発見されています．

16 世紀にはレオナルド・ダ・ヴィンチにより連続の式が，17 世紀にはパスカルの原理が発見され，18 世紀には平均流速公式，せきの流量公式が提案されました．一方，ベルヌーイの定理，オイラーやラグランジェの運動方程式により**完全流体**の力学の基礎が確立しました．

水理学が急速な発展をしたのは 19 世紀以降であり，開水路の水面形，段波・洪水波などの非定常流の計算方法の解明および水路の洗掘・土砂のたい積の研究，地下水の分野のダルシーの法則の発見などがあり，また，ストークスやレイ

■はじめに

ノルズの運動方程式などにより**粘性流体**の力学の基礎が確立され現在に至っています．水理学は，このように長い年月にわたっての実際的な経験の積み重ねのうえに，17 世紀以降の数学の発展，ニュートンの運動法則の発見などにより理論的に解析されて発展してきました．水理学の学問体系は次のとおり．

基礎	完全流体	粘性流体
1. 水の性質 ①密度 ②粘性 ③圧縮性 ④表面張力 ⑤圧力 2. 静水力学 ①浮力 ②浮体の安定	1. 渦なし流れ ①ポテンシャル流 ②浸透流 ③波動 2. 渦あり流れ（強制渦） 3. オイラーの運動方程式 4. 連続の式，ベルヌーイの定理，運動量保存則	1. ニュートン性流体（μ＝一定） ①ストークスの運動方程式 ②境界層理論 レイノルズの運動方程式 （層流，乱流） ③相似律 ④定常流・非定常流 2. 非ニュートン性流体（$\mu\neq$一定）

本書では，以上の水理学の発展を踏まえ，水理学の基本的な考え方および理論について平易に解説しています．初版発行以来，分かりやすく，親しみやすい水理学を目指して増版を重ねてまいりました．水理学を初めて学ぶ学習者から大学課程への導入書として多くの皆様に教科書や参考書として活用いただいております．

今回，改訂 4 版を出版するにあたり，水理学の根本となる理論とその簡略化の手順を理解するうえで数学的な取扱いに留意しています．流体運動の変化とその結果を理解するうえで微分・積分の考え方を導入しました．空間（三次元）の流体運動を解くうえで，偏微分から二次元（xy 平面），一次元（x 軸のみ）へと式を展開・説明しています．実際に微分方程式が解けるか（解があるか）は別として，公式の導入過程で数式を用いています．

本書の出版にあたり，摂南大学の瀬良昌憲教授およびオーム社書籍編集局の三井渉氏にご尽力をいただきました．ここに厚くお礼申し上げます．

2018 年 7 月　　　著者しるす

本書の特徴（数式の取扱い）

多くの大学課程の水理学のテキストを見ると，水理公式が微分・積分で書かれ学生諸君を戸惑わせている．水理現象を表す場合の表現方法として微分方程式が用いられているが，これらの数式にとらわれることなく表現されている基本的な考え方を押さえておくことが水理学の理解を深めることにつながる．

1.　数式の例として，ある時刻 t の空間（三次元）の流体運動，流速 $u=u(x, y, z)$ は x，y，z の三次のベクトルで表されるが，主な運動変化は一つの平面（x，y）で生じ，面に垂直な z 方向の現象は一様と考えると，運動は 1 変数の関数 $y = f(x)$ で表せる．関数 $y=f(x)$ を微分して得られる関数 $f'(x)$ を導関数という．微分係数 $f'(a)$（平均変化率），導関数 $f'(x)$ は次のとおり．

$$f'(a)=\lim_{h\to 0}\frac{f(a+h)-f(a)}{h}=\lim_{x\to a}\frac{f(x)-f(a)}{x-a} \qquad \text{——(1)}$$

$$f'(x)=\lim_{\Delta x\to 0}\frac{\Delta f(x)}{\Delta x}=\lim_{\Delta x\to 0}\frac{\Delta f(x+\Delta x)-f(x)}{\Delta x}=\frac{d}{dx}f(x) \qquad \text{——(2)}$$

ここで，Δx，$\Delta f(x)$ の無限小の変化量をそれぞれ dx，df で表せば

$$\text{変化量：}df=f'(x)dx=\left[\frac{d}{dx}f(x)\right]dx \qquad \text{——(3)}$$

2.　偏微分は，多変数の微分で x，y，z の関数に対して一つの成分のみを変数とし，他の変数を定数とみなす微分である．**偏微分係数**は次のとおり．

（∂：デル）

$$\frac{\partial}{\partial x}f(x,\ y)=\lim_{\Delta x\to 0}\frac{f(x+\Delta x,\ y)-f(x,\ y)}{\Delta x} \qquad \text{——(4)}$$

$$\frac{\partial}{\partial y}f(x,\ y)=\lim_{\Delta y\to 0}\frac{f(\Delta x,\ y+y)-f(x,\ y)}{\Delta y} \qquad \text{——(5)}$$

$$\text{変化量：}df=\frac{\partial f}{\partial x}dx+\frac{\partial f}{\partial y}dy \qquad \text{——(6)}$$

3.　$f(x)$，$f(x,\ y)$ は，時刻 t の関数であるから次の合成関数が成り立つ．

$f(x)$ の変化量：$df=\dfrac{df}{dx}\dfrac{dx}{dt}dt$ ——(7)

$f(x,\ y)$ の変化量：$df=\dfrac{\partial f}{\partial x}\dfrac{dx}{dt}dt+\dfrac{\partial f}{\partial y}\dfrac{dy}{dt}dt$ ——(8)

4.　運動の変化は，厳密には三次元ベクトルの偏微分で表すべきだが，二次元で表すと簡略できる．本書では，二次元の微分までで表すのを原則としている（一般に偏微分方程式の解を求めることは困難である）．

また，積分は，微分の逆演算とし微小の断面積，圧力を求める内容に限定している．$F(x)$ を $f(x)$ の原始関数とすると，次のとおり．巻末に微分・積分公式を載せています．

$$\frac{d}{dx}F(x)=f(x) \quad \Leftrightarrow \quad \int f(x)\,dx=F(x)+C \qquad (C：定数)$$

5.　微分とは，複雑な関数の局所的変化を捉え，線形に近似するものであり，積分は曲線と座標軸に挟まれた領域の面積（体積）を求めるものである．本書では多変数の微分では ∂（デル）で，1 変数の場合は d（ディー）で表している．

トピックス　**微分係数と変化量**

グラフ $y=f(x)$ 上の点 $A(x_0, y_0)$ における微分係数を $f'(x_0)=k$ とする．k は点 A における接線の傾きを表している．接線上の点だと $\dfrac{\Delta y}{\Delta x}=k$ が成り立ち，$\Delta y=k\Delta x$ となる．

$\therefore\ \Delta y=f'(x_0)\Delta x$

dx を無限小増分と考えると，グラフは接線に限りなく接線に近づき

$df=f'(x_0)\cdot dx$

が得られる $\left(\dfrac{d(x_0)}{dx}=f'(x_0)\right)$．

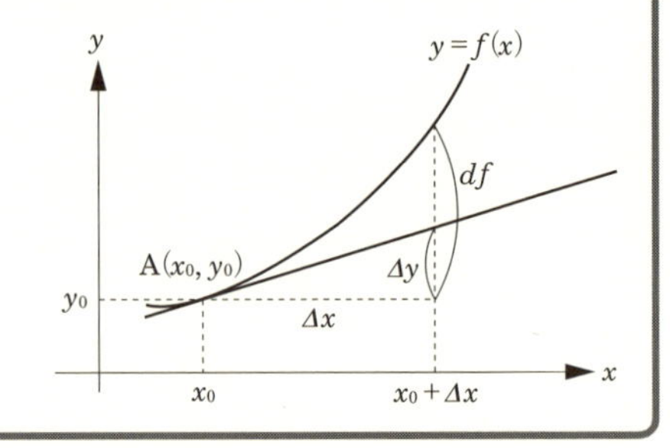

注意事項　**計算問題についての留意**

本書では，計算問題については関数付きの電卓で対応しています．
$\pi=3.14$，$g=9.8$ として，区切りごとに有効数字で丸めています．

目　次

1章　水の性質および次元

1-1　自然界の水の循環……2
1-2　治水・利水と環境……4
1-3　日本の河川の特徴……6
1-4　水の性質……8
1-5　水の粘性（粘性流体）……10
1-6　粘性係数・動粘性係数の測定……12
1-7　質量と重量・絶対単位系……14
1-8　SI 単位の構成……16
1-9　よく使う SI 単位……18
1 章のまとめ問題……20
トピックス　水の循環周期は何日か，大気大循環……21
重 要 事 項　粘性流体中の物体に作用する力……22

2章　静　水　圧

2-1　静水圧の性質……24
2-2　ゲージ圧と絶対圧……26
2-3　圧力の測定（マノメータ）……28
2-4　パスカルの原理……30
2-5　平面に働く静水圧……32
2-6　鉛直な平面に作用する水圧……34
2-7　傾斜した平面に作用する水圧……36
2-8　平面に作用する全水圧の一般式……38
2-9　平面図形と全水圧（平面図形の性質）……40
2-10　曲面に作用する全水圧……42

2-11　テンダーゲートに作用する全水圧……44
2-12　アルキメデスの原理……46
2-13　浮力と浮体の安定……48
2-14　ケーソンの安定……50
2-15　相対的静止の水面形……52
2 章のまとめ問題……54
トピックス　プールの排水溝は危険……55
トピックス　しんかい 6500，相対的静止……56

3章　水の運動

3-1　流速と流量……58
3-2　管水路と開水路の流れ（水路の分類）……60
3-3　定常流と非定常流，等流と不等流……62
3-4　層流と乱流（慣性力と粘性力）……64
3-5　連続の方程式（流体の質量保存則）……66
3-6　ベルヌーイの定理（エネルギー保存則）……68
3-7　ベルヌーイの定理の応用……70
3-8　粘性流体のベルヌーイの定理……72
3-9　開水路のベルヌーイの定理……74
3-10　摩擦損失水頭（粘性の影響）……76
3-11　管水路の流速分布・平均流速（理論式）……78
3-12　開水路の流速分布・平均流速（理論式）……80
3-13　平均流速公式（実用公式）……82
3-14　マニングの公式（実用公式）……84
3-15　力積-運動量の法則（Newton の第 2・第 3 法則）……86
3-16　波の水理学……88
3-17　波圧と波力……90
3-18　直立壁に作用する波圧（重複波，砕波の波圧）……92
3 章のまとめ問題……94
重要事項　Euler の連続方程式，運動方程式……95
重要事項　双曲線関数……98

4章 管 水 路

4-1 流入による損失水頭 …… 100
4-2 方向変化による損失水頭 …… 102
4-3 断面変化による損失水頭 …… 104
4-4 流出・弁による損失水頭 …… 106
4-5 単線管水路の水理 …… 108
4-6 単線管水路の計算 …… 110
4-7 サイホン（大気圧の作用） …… 112
4-8 水車のある管水路 …… 114
4-9 ポンプのある管水路 …… 116
4-10 枝状管水路の水理 …… 118
4-11 枝状管水路の計算 …… 120
4-12 管網の水理 …… 122
4-13 管網の計算 …… 124
4章のまとめ問題 …… 126
トピックス　発電電力量の推移，落差を得る構造 …… 127
トピックス　加賀の辰巳用水，古代ローマ時代の水道橋 …… 128

5章 開 水 路

5-1 等流の計算（形状要素） …… 130
5-2 等流の計算（台形断面） …… 132
5-3 等流の計算（円形断面） …… 134
5-4 水理特性曲線 …… 136
5-5 水理学上の最良断面 …… 138
5-6 複断面河川の流量 …… 140
5-7 限界水深（ベスの定理）（比エネルギーと限界水深） …… 142
5-8 限界水深（ベランジェの定理） …… 144
5-9 常流・射流・限界流 …… 146
5-10 水面形の方程式，不等流（漸変流） …… 148
5-11 背水曲線（不等流の計算） …… 150

5-12　水位変化量（その１）………………… *152*
5-13　水位変化量（その２）………………… *154*
5-14　段波（ボア）……………………………… *156*
5-15　洪水流……………………………………… *158*
5 章のまとめ問題……………………………… *160*
トピックス　琵琶湖疏水………………………… *161*
トピックス　ワンド（入江）を残したお雇い外国人… *162*

6章　オリフィス・せき・ゲート

6-1　水理学実験室…………………………… *164*
6-2　小オリフィス…………………………… *166*
6-3　大オリフィス…………………………… *168*
6-4　三角せき（JIS B 8302）……………… *170*
6-5　四角せき（JIS B 8302）……………… *172*
6-6　広頂せき，長方形せき………………… *174*
6-7　ゲート…………………………………… *176*
6 章のまとめ問題……………………………… *178*

7章　地中の水理学

7-1　ダルシーの法則………………………… *180*
7-2　井　戸…………………………………… *182*
7-3　集水暗きょ……………………………… *184*
7-4　堤体の浸透……………………………… *186*
7 章のまとめ問題……………………………… *188*
トピックス　地下水と地盤沈下………………… *189*
トピックス　地下水および地下水の利用状況… *190*

まとめ問題解答………………………………… *191*
参 考 文 献……………………………………… *201*
付録：SI 単位/微分・積分公式/本書で使用する量記号…… *202*
索　　　引……………………………………… *208*

1章

水の性質および次元

地球上にはいったいどのぐらいの水があるのだろうか．地球は水の惑星と言われていますが，この水の果たしてきた役割を知ることは「水理学」を学習するうえで基本となります．私たちの生活を取り巻く「水」について，治水・利水・環境について最初に学習します．

水の性質を一言でいえば，「水は形を持たず，高い所から低い所へ流れ，体積は変化しない」となります．水は，常に一定の密度を保っており均一で，かつ連続しています．水などの**液体**や空気などの**気体**，これらを合わせて**流体**というが，流体に外力が働くと，固体の場合に比べて大いに性質が異なってきます．流体の性質をまとめると，次のようになります．

（1）流体は，一定の形状を持たない．

（2）流体は，いかに小さなせん断力によっても連続的に限りなく変形する．

（3）引張力に対して流体は，抵抗しない．

（4）圧縮力を加えると，液体は圧縮されないが，気体は圧縮される．

（5）液体は，自由表面を持つが，気体は持たない．

流体のうち，液体を**非圧縮性流体**（密度が一定），気体を**圧縮性流体**という．流体が非圧縮・非粘性のとき，変形に対して抵抗しない．このような流体を**完全流体**という．しかし実際の流体には**粘性**があり，内部にせん断力が生じ変形に対して抵抗する．ここでは，これら液体の性質および物理量を表す単位系（次元）について学習します．

水理学などの力学分野では，長さ［L］，時間［T］，力［N］の次元が用いられる．基本単位として長さに m，質量に kg，時間に秒 s の MKS 絶対単位系を用いますが，これらを国際的に統一した**国際単位（SI 単位）**について学習します．

1 地球は水の惑星

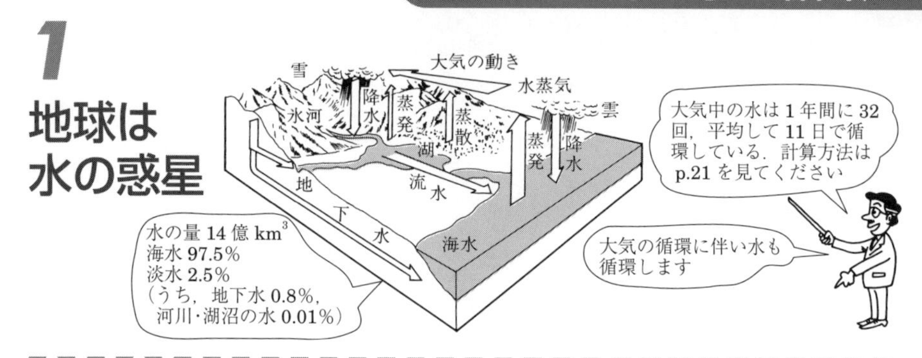

地球の水の量

地球上の水の量は約 14 億 km^3 です．この水量は地球表面が平らであると仮定すると，水深 3 000 m で地球全体を覆すだけのばく大な量です．このうち約 97.5%は海水で，淡水は約 2.5%弱です．淡水の約 70 %は南極，グリーンランドなどの氷で，利用可能な淡水は，地下水を含めて河川や湖沼など地球上の全水量のわずか 0.8 %にすぎません．

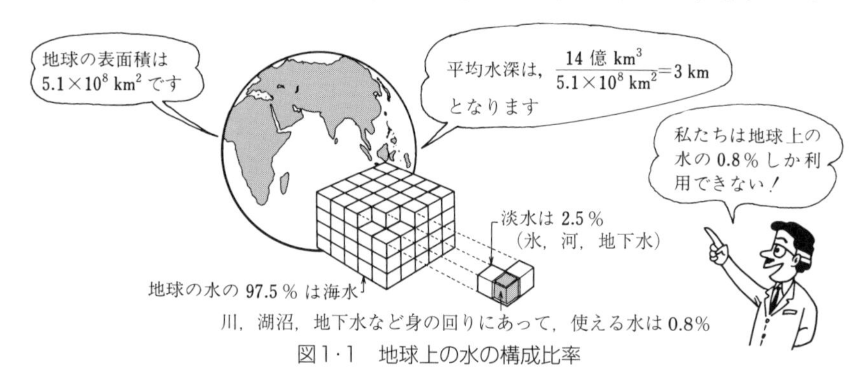

図1·1　地球上の水の構成比率

水の循環

水は，大気の循環に伴って，たえず地球上を循環しています．太陽のエネルギーを受けて，海洋の表面，湖沼の水面，植物の葉面などから蒸発して大気中の水蒸気となり，大気中で凝結して雨や雪などとなって地上に降ります．さらに地表水や地下水となって海洋へ流出し，再び蒸発するという一連の過程をたどります．**図 1·2** は年間降水量を 100

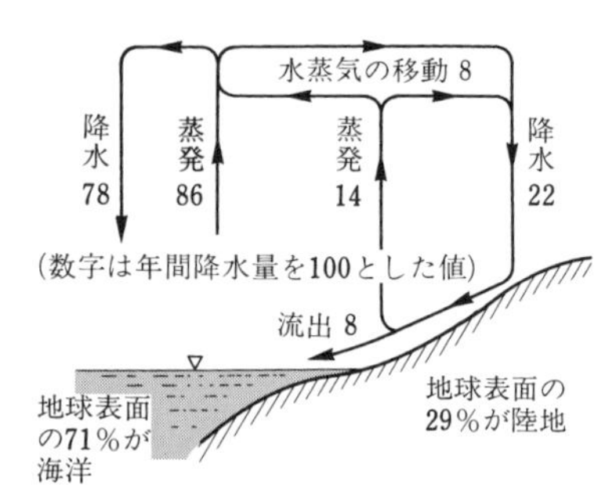

図 1·2　水の循環

で表したときのその割合を示したものです．この水の循環速度は地球上の位置によって異なりますが，大気中の水は年に32回，つまり平均して11日に1回の割合で入れ替わる計算になります．私たちはこの大きな循環の中で河川水や地下水を**水資源**として利用し生活しています．

日本の降水量

日本は，世界でも有数の多雨地帯であるアジアモンスーン地帯の一部に位置し，年間平均降水量（1986～2015年，全国1300地点）は約1718 mmで世界平均（1065 mm）の約1.6倍です．狭い国土，多い人口のため，1人当りの降水総量は約5000 m^3/人・年で，世界の平均（20000 m^3/人・年）の約1/4です．**図1·4**は日本の年間降水量の経年変化を表したもので，特に最近，少雨と多雨の開きが大きくなっています．

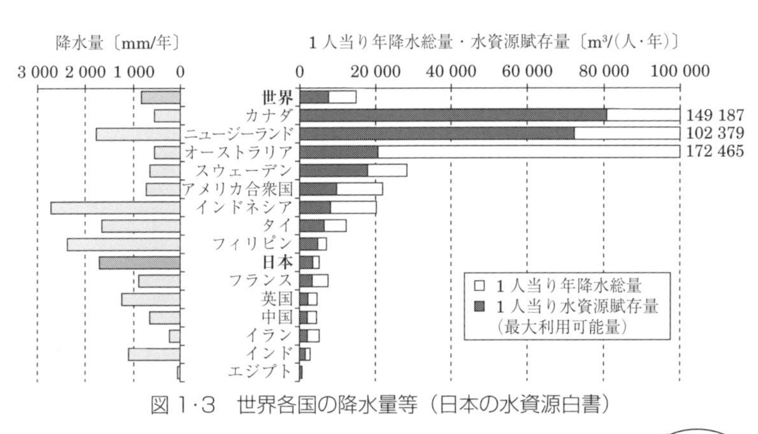

図1·3　世界各国の降水量等（日本の水資源白書）

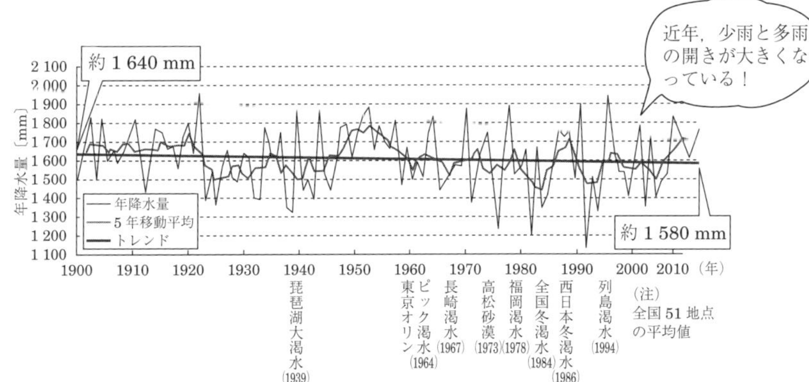

図1·4　日本の年降水量の経年変化（日本の水資源白書）

2 もし堤防が破れたら

水による災害

日本の国土の2/3は山地であり，残り1/3が平地で私たちが生活する可住地域となっています．この可住地域の多くは，山地から運ばれた流送土砂のたい積によりできた沖積平野で洪水の起こりやすい洪水氾濫（はんらん）区域に該当します．この地理的条件と気象条件（p.3，日本の降水量）から，わが国の水による災害は大きく分けて次の三つが挙げられます．

（1）河川の氾濫による災害

（2）降水に伴う土石流，地すべり，がけ崩れなどの土砂による災害

（3）海からの高潮，津波の浸入による災害

治水と利水

人と河川との係わり合いは，洪水との戦い（**治水**）と河川水の利用（**利水**）であり，時代に応じてその係わり合いも変化してきました．河川は，洪水のたびに流路を変え，氾濫区域を自由に流れます．この氾濫区域を農業に利用するため，河川の流路を固定し，水害を防

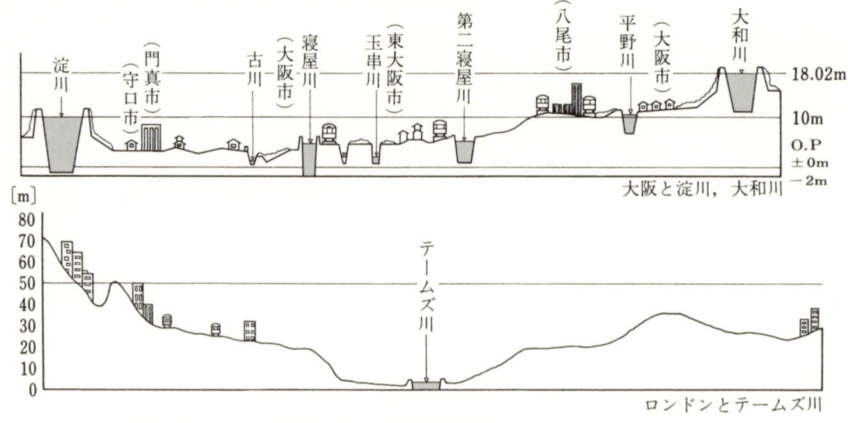

図1·5　日本の都市は洪水時の河川水位より低い（洪水氾濫区域）

ぐための努力が営々と続けられてきました．近年都市化が進み，国土の約 10 % にあたるこの洪水氾濫区域に全人口の約 50 %，全資産の約 75 % が集積している状態です．産業基盤の中心となっているこの平野部は，**図 1·5** に見られるように洪水時の水位よりも低い区域に位置しており，いったん堤防が破壊すれば洪水は，広い範囲に，しかも高密度に発展した都市を襲います．

河川水の利用

川の水は，古来から人類にとって飲料水として，また稲作が行われ始めてからはかんがい用水として利用されてきました．人口の増加に伴う上水道用水，工業の発展に伴う工業用水などの水需要が増大し，ダム，河口せきなどの施設を用いて**水資源**の開発を行っています．

近年，都市化した河川の流域においては，河川は水と緑の空間を持つオープンスペースとして，レクリエーションの場，防災空間，自然との触れ合いの空間，あるいは生物生息の場として貴重な存在となっています．

環境に配慮した河川工法として，河川が本来持っている生物の良好な生育環境を保全し，合わせて美しい自然景観を創出する「**多自然型川づくり**」があります．例えば，現河川を極力生かし，屈曲やふくらみを持った法線形や堤防の緩傾斜化，生物の生息に適した低水路や護岸工法などが採用されています．

都市化と治水機能

都市化が河川の治水機能に与える影響は大きい．都市化に伴って従来，山林や水田が持っていた雨水の浸透，遊水・一時貯留などによる**保水機能**や自然に洪水を低減させる**遊水機能**が減少してきています．

また，下水道の整備に伴い雨水の排除が速やかに行われ，その結果，洪水の流出を速くしており，同じ降水でも**図 1·6** に示すように最大流量が大きくなる傾向にあります．

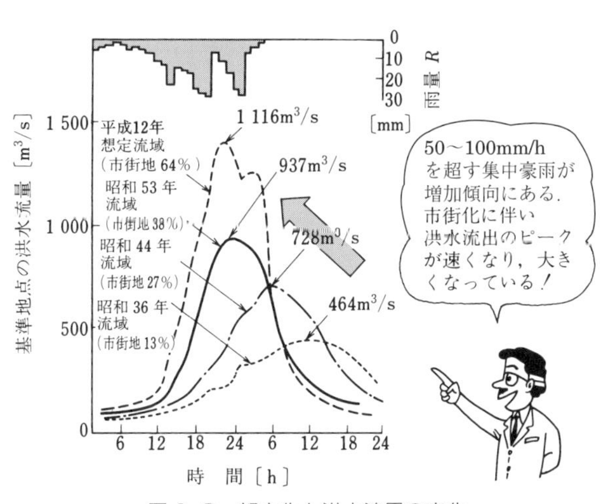

図 1·6　都市化と洪水流量の変化

3 国を治める者は水を治める

日本の河川の特徴

日本の河川は，国土の地理的な条件と気象的な条件とが相まって特有の性質を有しています．古くから先人たちが治山，治水に力を注いできたわけですが，日本の河川にはどのような特徴があるのかを知っておく必要があります．

日本の国土は，山岳地帯が多く地形が急なため，河川の流路が短く，河床こう配が急です．そのため洪水の流出を速くしており，また洪水流量（**計画高水流量**，一つの河川の支川を含めて流下させる計画上の最大流量）は，その流域面積に比べて，**比流量**（$m^3/s \cdot 1/km^2$）が非常に大きいのが特徴です．

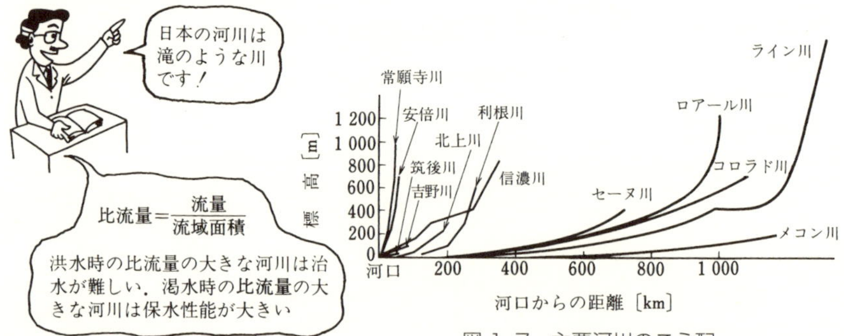

図 1·7　主要河川のこう配

ハイドログラフはシャープである

ハイドログラフとは，**図 1·8** に示すように洪水の流出量を時間ごとにどのように変化するかを表したものです．日本の河川のハイドログラフは，諸外国（大陸）の河川と比べると短時間に洪水が流出するため非常にシャープな形となります．

図 1·8 から諸外国の河川の洪水流出が日単位で変動しているのに比べ，日本の場合は時間単位で変動していることがよく分かります．以上のことは洪水を制御するうえで非常に重要なことになります．

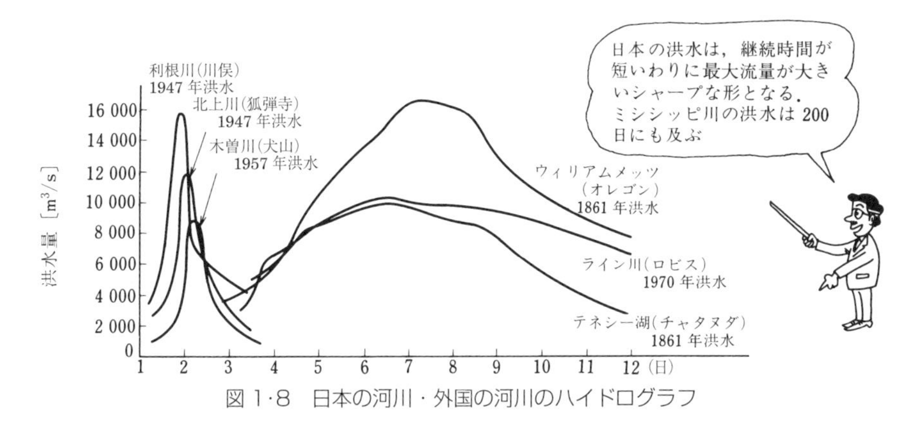

図 1·8　日本の河川・外国の河川のハイドログラフ

河状(かじょう)係数が大きい

日本の山地は極めて荒廃しやすく，土砂の崩壊や山の斜面の浸食が活発で，降水ごとに多量の土砂が河川に流出します．治水上，山の安定を図る**治山対策**は極めて大切で，砂防工事が必要となります．「SABO」は日本特有のもので国際共通語となっています．

日本の河川は，洪水時の最大流量と渇水時の最小流量の比で示す**河状係数**が極めて大きいのが特徴です．このことは洪水防御と水利用を考えるとき，水の管理を困難にしており，治水・利水の両面を考えた多目的ダムの建設などの対策が必要となってきます．

常に一定流量が流れているのが望ましい！

$$\text{河状係数} = \frac{\text{最大流量}}{\text{最小流量}}$$

日本の河川の河状係数は大きすぎる！治水・利水面で相矛盾している！

表 1·1　主要河川の河状係数

河川名	地点	河状係数	河川名	地点	河状係数
北上川	狐禅寺	172	ナイル	カイロ	30
阿武隈川	本宮	510	テームズ	ロンドン	8
雄物川	椿川	113	ミシシッピ	ミネソタ	119
信濃川	小千谷	130	ミズーリ	カンザス	75
利根川	栗橋	484	オハイオ	ピッツバーグ	364
天竜川	鹿島	1 010	ドナウ	ノイブルグ	17
木曾川	鵜沼	125	ライン	バーゼル	18
淀川	枚方	105	オーデル	ブレスラウ	111
紀ノ川	橋本	3 740	エルベ	ドレスデン	82
斐伊川	伊萱	271	ウェーゼル	バーデン	63
吉野川	中央橋	783	セーヌ	パリ	34
筑後川	瀬ノ下	372	ソーヌ	シャロン	75

人物紹介　ヨハネス・デ・レイケ（Johannis de Rijke，1842～1913）

明治政府が招聘したオランダ人土木技術者．淀川，木曽三川，九頭竜川などの主要な河川の改修に多くの実績を残し，わが国の近代河川改修の基礎を築いた人物（p.162 を参照）．

4 水は高所から低所へ流れる

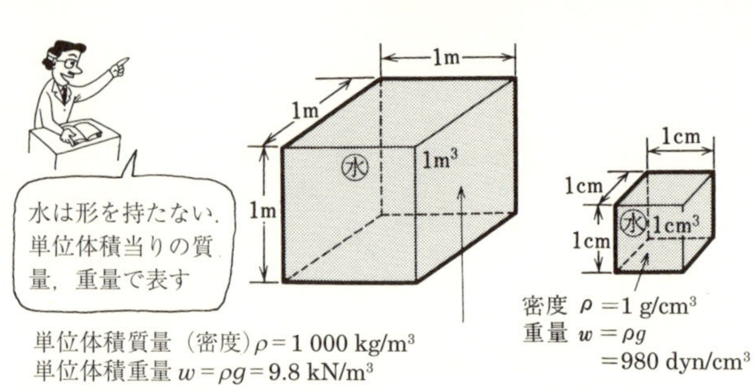

水の密度と重量

水の性質を一言でいえば,「水は高い所から低い所へ流れ，その形を持たず，非圧縮性流体」となります．

水の単位体積当りの質量を**密度** ρ〔kg/m³〕といい，密度に重力加速度が作用したものが**単位体積重量** w〔N/m³〕（ニュートン）である．

$$\text{単位体積重量 } w = \text{密度 } \rho \times \text{ 重力加速度 } g = \rho g \qquad (1\cdot1)$$

$$\text{重量 } W = wV = \rho g V \text{（ただし，} V\text{：物体の体積）} \qquad (1\cdot2)$$

密度の単位に g/cm³，kg/l，kg/m³ を，重量の単位には N/m³ を用います．水の密度は温度によって若干変化し，4℃のとき 1 g/cm³，1 kg/l，1 000 kg/m³ で，単位体積重量は 9.8 kN/m³（キロニュートン）となります．海水の密度は，含まれる塩分の濃度により 1 010～1 030 kg/m³ となる．

圧縮性，表面張力，毛管現象

水は，圧力を加えると密度が変化するが，その値は小さく通常は**非圧縮性流体**として扱う．大気圧 p_0 に相当する外力 98 kPa（キロパスカル）を加えたときの体積の減少の割合，**圧縮率**は，水温 20℃で約 43×10^{-6} で，一般に体積の変化を考える必要はない．

表 1·2 液体の密度

温度〔℃〕	水の密度〔kg/m³〕	水銀の密度〔kg/m³〕
0	999.87	13 595.46
4	1 000.00	13 585.58
10	999.73	13 570.77
15	999.10	13 558.46
20	998.23	13 546.16
50	988.07	13 472.72

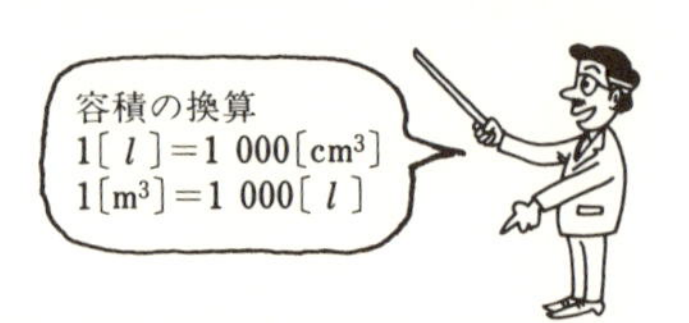

液体は，分子間引力により，液体表面では収縮する力が働く．この力を**表面張力** T といい，その大きさは**表 1·3** のとおり．この表面張力のため，水滴は植物の葉の上では球状となり，また，液体分子と固体分子との接触面には付着力が働く．この付着力と表面張力により，液体に細い管を入れると**図 1·9** に示すように管内の液面が上昇または下降する．この現象を**毛管現象**とい

う．液面の上昇高さまたは下降高さ h は，表面張力の鉛直分力 $\pi dT\cos\theta$ と管内の水の重量 $\rho g\frac{\pi d^2}{4}h$ のつり合いから次のとおり．

$$h=\frac{4T\cos\theta}{\rho gd}=\frac{4T\cos\theta}{wd} \tag{1・3}$$

ただし，T：表面張力（表 1·3），　θ：接触角（表 1·4）
ρ：液体の密度，　g：重力加速度
w：液体の単位体積重量，　d：管の内径

表 1·3　表面張力 T の値

物質	水				水銀	エチルベンゼン	ベンゼン
温度〔℃〕	0	10	15	20	15	20	20
T〔N/m〕	0.07564	0.07422	0.07349	0.07275	0.487	0.0223	0.02888

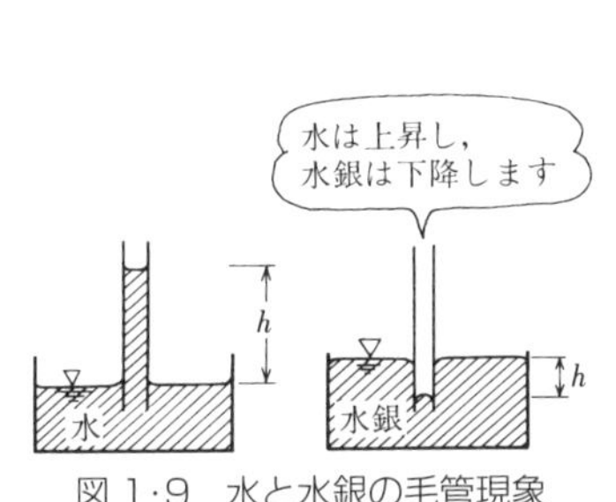

図 1·9　水と水銀の毛管現象

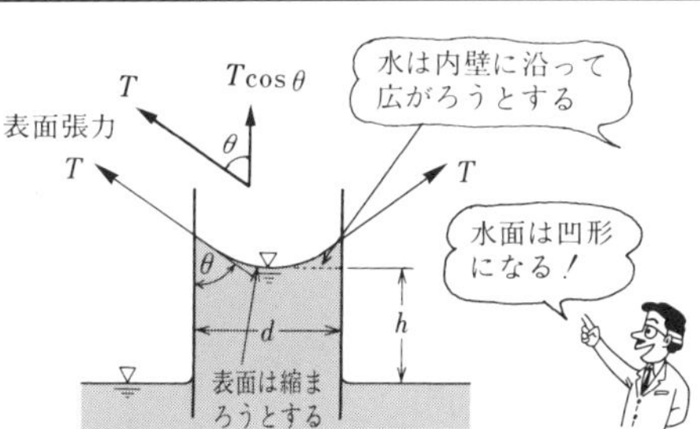

図 1·10　毛管現象による水面の上昇

接触角 θ は，物質により異なり**表 1·4** のとおり．水とガラスでは θ が 8〜9° と小さく，管内の液面は上方に引き上げられる．接触角が 90° 以上になれば h は負となり，管内の液面は外の液面以下となる．

表 1·4　接触角 θ

接触物質	接触角〔°〕
水とガラス	8〜9
水とよく磨いたガラス	0
水と滑らかな鉄	約 5
水銀とガラス	約 140

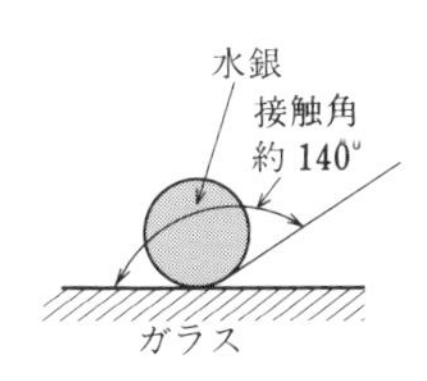

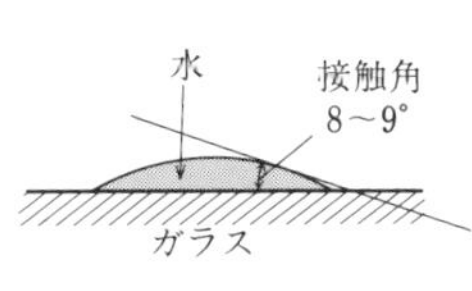

p.20［問題 1］,［問題 2］,［問題 3］に try!

トピックス　表面張力について

液体は，その表面をできるだけ小さくする性質（表面張力）を持っています．体積を一定にすれば球形のときが一番表面積が小さくなります．

5 水は形を変えるとき抵抗する？

水の粘性

空から降る雨は粒状ですが，地面に落ちると薄い層状となって水は流れます．水は一定の形を持っていません．丸い容器に入れれば丸くなり，四角い容器に入れれば四角い形になります．水は自ら形を保つことができず，なんの抵抗もなく自由に形を変えているように見えます．しかし，水の形状の変化を速くすると，液体の**粘性**による抵抗力（せん断応力，摩擦応力）が現れます．ここでは水の粘性について調べてみましょう．

流速分布

粘性を考えない場合を**完全流体**，その影響を考える場合を**粘性流体**という．**図 1·11** は，横断面内の流速分布図です．流速の等しい点を連ねた**等流速分布曲線**は，水路の壁面から順次，中心部に向かって速くなります．これは壁面と流水との間に**摩擦抵抗**（せん断応力 τ（タウ））が生じ，水の粘性によって抵抗力が流れの中心部に伝わっていくからです．壁面から離れるにつれ抵抗力は小さくなり，中心部ほど流速が大きくなります．

図 1·12 は，流れ方向の**鉛直流速分布曲線**です．流速分布は底面では水路壁との摩擦抵抗（表面摩擦）のため，また水面は表面張力のため小さくなります．したがって，流速は，水深によって異なり，図のような放物線となり，水位差，層間に速度差が生じていることから，摩擦抵抗があることが分かります．この摩擦を生ずる性質を**粘性**という．

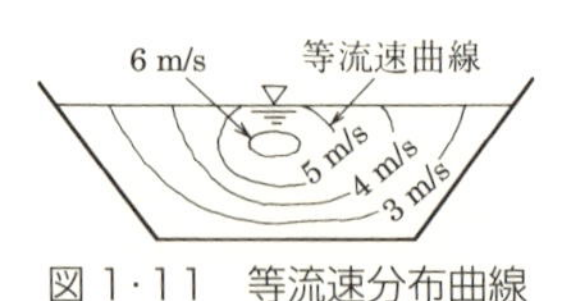

図 1·11　等流速分布曲線

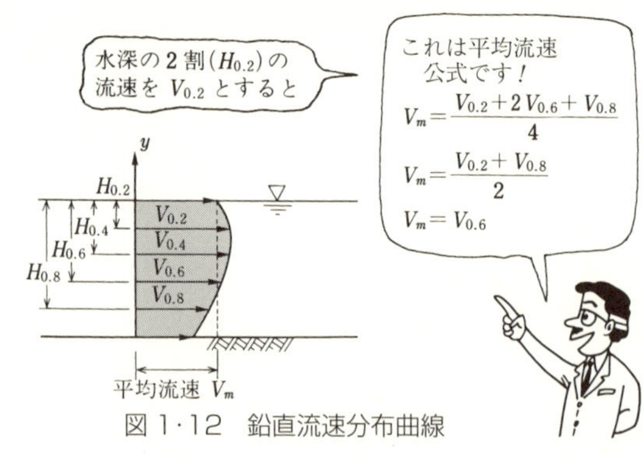

図 1·12　鉛直流速分布曲線

水の粘性係数 $\overset{ミュー}{\mu}$ 動粘性係数 $\overset{ニュー}{\nu}$

図 1·13 において，底面からの距離 y の流速を u，距離 Δy だけ離れた点の流速を $u+\Delta u$ とすると，Δy 間に働く**せん断応力（粘性力）**τ は，次のとおり．

$$\tau=\mu\tan\theta=\mu\frac{\Delta u}{\Delta y}=\mu\frac{du}{dy} \qquad (1\cdot4)$$

この式は，**Newton（ニュートン）の粘性方程式**です．比例定数 μ は，**粘性係数**で N·s/m^2（この単位を**ポアーズ**（P）という）または Pa·s（パスカル秒，kg/(m·s)）の単位を持ちます．なお，粘性を無視する場合を**完全流体**という．

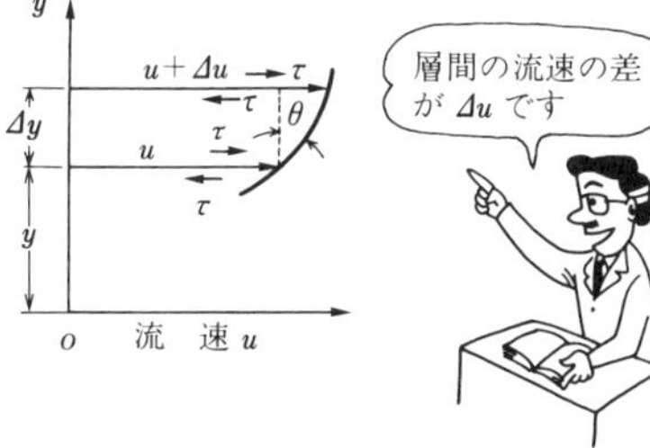

図 1·13　運動速度の変化率

粘性係数 $\overset{ミュー}{\mu}$ を密度 $\overset{ロー}{\rho}$ で割ったものを**動粘性係数** $\overset{ニュー}{\nu}$ という．

$$\nu=\frac{\mu}{\rho} \qquad (1\cdot5)$$

動粘性係数の単位は，cm^2/s または m^2/s（この単位を**ストークス**（St）という．1 St＝1 cm^2/s＝10^{-4} m^2/s）です．水の粘性係数 μ および動粘性係数 ν は，温度によって若干変化し**表 1·5** のとおり．**p.22** 重要事項 を 参照.

表 1·5　水の粘性係数および動粘性係数

温度〔℃〕	0	5	10	15	20	25	30	40	50
粘性係数〔Pa·s〕$\times10^{-3}$	1.794	1.519	1.310	1.138	1.002	0.895	0.800	0.654	0.549
動粘性係数〔m^2/s〕$\times10^{-6}$	1.794	1.519	1.310	1.139	1.004	0.898	0.803	0.659	0.556

p.20［問題 4］,［問題 5］に try!

トピックス　粘性について

水は分子記号で H_2O ですが，水素原子 H^+ は自分自身の酸素原子 O^- と結合しているだけでなく，隣の水分子の酸素原子とも緩い結合をしています．これによって隣り合った水分子が引き合って，ある種の粘っこさを示すのです．これが水の**粘性**です．

水や空気のように粘性係数が一定とする流体を **Newton 流体**といい，高分子流体や高濃度の懸濁物を含む流体は粘性係数が一定でなく，**非 Newton 流体**という．

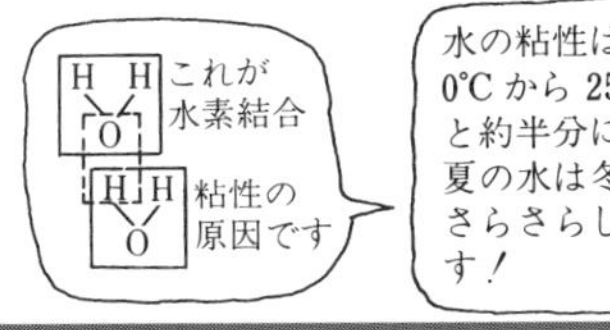

6 細い管を流れるとき μ(ミュー)が影響する

Hagen(1797～1884),ドイツの水理技師
Poiseuille(1769～1869),フランスの医師

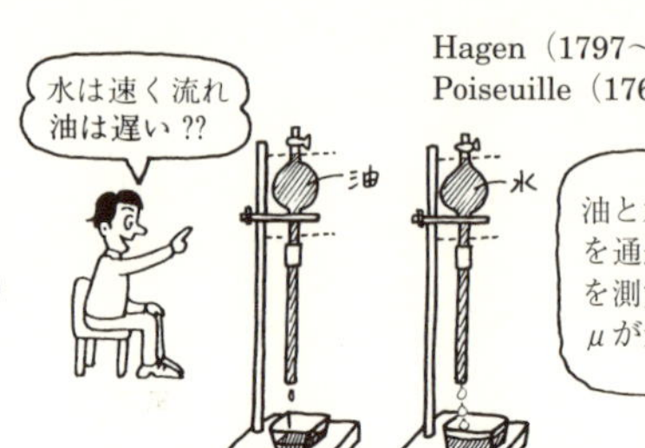

粘性係数測定装置

液体の粘性の大きさ,粘性係数,動粘性係数を求める場合,**図 1·14** に示す粘性係数測定装置を用います.

測定したい液体を球形ビーカに入れ,上部のコックを開くと球形内の液体は毛細管の中を通って落下します.この落下時間は液体の粘性の大きさによって異なる.この落下時間を測定することにより,粘性係数を求めることができる.毛細管の流れは,非常に遅く層流(p.64 を参照)の流れです.層流の流れにおいては,流量 Q は**ハーゲン・ポアジュールの法則**(p.79)により次のとおり.

$$Q = vA = \frac{\Delta p r_0^{\,2}}{8\mu l} \cdot \pi r_0^{\,2} = \frac{\pi r_0^{\,4}}{8\mu}\frac{\Delta p}{l}t \tag{1・6}$$

ただし,Q:t 秒間に毛細管を流下する流量,　r_0:毛細管の半径
l:毛細管の長さ,　μ:液体の粘性係数,　t:流下時間
$\Delta p = p_1 - p_2 = \rho g H$:圧力降下,$H=(H_1+H_2)/2$

粘性係数を求めてみよう

図 1·14 の粘性係数測定装置において,長さ l = 30 cm, 半径 r_0 = 0.5 mm の毛細管を取り付け,毛細管下端から球形ビーカの上・下目盛線までの高さをそれぞれ H_1 = 43 cm, H_2 = 33 cm に合わせた.球形ビーカの上下目盛線間の容積 Q は 50 cm³ である.

いま,球形ビーカに 20℃の水を入れ,上下目盛線間の流量が毛細管を通って落下する時間を測定したところ 2 分 46 秒であった.以上の実験結果から,粘性係数および動粘性係数を求めてみましょう.

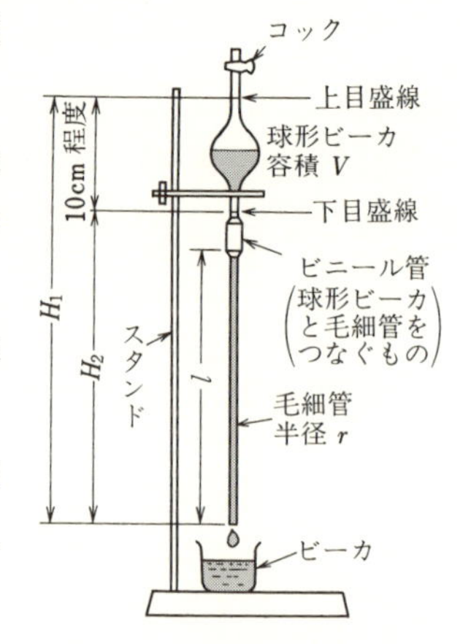

図 1·14　粘性係数測定装置

ハーゲン・ポアジュールの法則から，粘性係数μは次のとおり．

$$\mu=\frac{\pi r_0^{\,4}}{8Q}\frac{\Delta p}{l}t \qquad (1\cdot7)$$

$\pi=3.14$，$r_0=0.5\,\mathrm{mm}=0.5\times10^{-3}\,\mathrm{m}$，$Q=50\,\mathrm{cm^3}=50\times10^{-6}\,\mathrm{m^3}$，$l=0.3\,\mathrm{m}$，$t=166\,\mathrm{s}$，20℃の水の密度$\rho=998.2\,\mathrm{kg/m^3}$，$g=9.8\,\mathrm{m/s^2}$とすると

$$H=(H_1+H_2)/2=(0.43+0.33)/2=0.38\,\mathrm{m}$$

$$\Delta p=\rho gH=998.2\ \mathrm{kg/m^3}\times9.8\ \mathrm{m/s^2}\times0.38\ \mathrm{m}=3.717\times10^3\ \mathrm{N/m^2}$$

以上の値を式（1･7）に代入すると

$$\mu=\frac{3.14\times(0.5\times10^{-3}\,\mathrm{m})^4\times3.717\times10^3\,\mathrm{N/m^2}\times166\,\mathrm{s}}{8\times(50\times10^{-6}\,\mathrm{m^3})\times0.3\,\mathrm{m}}$$

$$=1.009\times10^{-3}\ \mathrm{N\cdot s/m^2}=1.009\times10^{-3}\ \mathrm{Pa\cdot s}$$

一方，動粘性係数νは式（1･5）から

$$\nu=\frac{\mu}{\rho}=\frac{1.009\times10^{-3}\,\mathrm{kgm/s^2\cdot s/m^2}}{998.2\,\mathrm{kg/m^3}}=1.011\times10^{-6}\,\mathrm{m^2/s}$$

No.1　動粘性係数を求めてみよう

直径2 cmの円管内を10℃の水が流速$v=10\,\mathrm{cm/s}$で流れている．管長4 mの間における圧力降下Δpは$42.14\,\mathrm{N/m^2}$（Pa）であった．この水の動粘性係数νを求めよ．

（解）　$Q=A\times v=3.14\times0.02^2/4\times0.1=3.14\times10^{-5}\ \mathrm{m^3/s}$（注1）

ハーゲン・ポアジュールの法則にしたがうものとすれば（注2）

$$\mu=\frac{\pi r_0^{\,4}}{8Q}\frac{\Delta p}{l}t=\frac{3.14\times(0.01\,\mathrm{m})^4\times42.14\,\mathrm{N/m^2}}{8\times3.14\times10^{-5}\,\mathrm{m^3/s}\times4\,\mathrm{m}}$$

$$=1.317\times10^{-3}\ \mathrm{N\cdot s/m^2}\ (\mathrm{Pa\cdot s})$$

表1･2より，10℃の水の密度$\rho=999.73\,\mathrm{kg/m^3}$

$$\nu=\frac{\mu}{\rho}=\frac{1.317\times10^{-3}\ \mathrm{N\cdot s/m^2}}{999.73\,\mathrm{kg/m^3}}=\underline{1.317\times10^{-6}\ \mathrm{m^2/s}}$$

（注1）p.58を参照
$Q=A\times v$

（注2）p.65を参照
$Re=\dfrac{v\times D}{\nu}=1\,518$
流れは層流

重要事項　力の拡散（μ）と速度の拡散（ν）

力の伝わりやすさを表す**粘性係数**μが大きいと，大きなせん断応力τが伝わるが，その伝播速度uは密度ρが大きければ小さい．速度の伝わりやすさを表す**動粘性係数**νは粘性係数μと密度ρによって決まる．

$$\tau=\mu\frac{\partial u}{\partial y}\ ,\quad \nu=\frac{\mu}{\rho}$$

7 物理量は基準を決めて表す

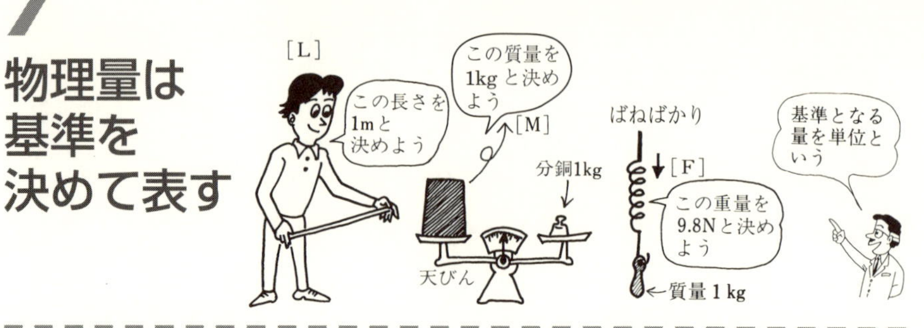

基本単位とは

長さ，質量，時間，密度，速度，加速度，力など多くの物理量を表す場合，最初に適切な物理量（**基本量**という）を選ぶと，これらを用いて他のすべての物理量（**組立量**という）を表すことができる．**表 1·6** に七つの基本量を示す．これらの単位を**基本単位**という．このうち水理学のような力学の分野では，長さ，質量，時間の三つの基本単位を取れば十分です．基本単位を組み合わせたものを**組立単位**という．ここでは，これら単位系の成り立ちについて調べてみましょう．

次元とは

［体積］は，縦，横，高さの長さ（Length）を掛けたものです．基本量は長さ［L］の 3 乗［L^3］となり，組立単位は cm^3，m^3 となる．［密度］は，［質量（Mass）］を体積で割ったもので，［M］/［L^3］=［ML^{-3}］，g/cm^3，kg/m^3 の組立単位となる．

［速度］は，［距離］を［時間（Time）］で割ったもので，［L］/［T］=［LT^{-1}］，km/h，m/s の組立単位となる．

表 1·6 の七つの物理量を表す基本量を定めれば，他の物理量（組立量）は基本量のべき数［$L^xM^yT^z$］の形で表すことができる．基本量をべき数で表したものを**次元**といい，指数が 0 のときは［L^0］= 1 となり，その基本単位を持たない(**次元解析**)．なお，単位をまったく持たない物理量を**無次元量**といい，レイノルズ数（p.64 を参照）やフルード数（p.146 を参照）などがある．

表 1·6　基本量・基本単位

基本量	基本単位
長さ［L］	m（メートル）
質量［M］	kg（キログラム）
時間［T］	s（秒）
電流	A（アンペア）
温度	K（ケルビン）
物質量	mol（モル）
光度	cd（カンデラ）

・長さ（Length），質量（Mass），時間（Time）を記号でそれぞれ［L］，［M］，［T］で表す
・次元解析をするときは［　］の記号を用いる

絶対単位系とは

力学の分野では，長さ［L］，質量［M］，時間［T］の三つの基本単位を選び，これらL，M，Tを基本量とする単位系を**絶対単位系**という．絶対単位系において，長さ［L］にcm，質量［M］にg，時間［T］にs（秒）の単位を用いたものを**CGS単位系**といい，［L］にm，［M］にkg，［T］にsを用いたものを**MKS単位系**という．このMKS単位系を拡張して，国際的に統一したものが**SI単位**です．

表1·7　絶対単位系

基本量	長さ［L］	質量［M］	時間［T］
CGS単位系	cm	g（グラム）	s（秒）
MKS単位系	m	kg（キログラム）	s（秒）

質量と重量

私たちは長い間，物体が持っている量（**質量**）をその物体の重量と考えていました．しかし，ニュートンの万有引力の発見により，物体の**重量**とはその物体を地球が引っ張る力，つまり**重力**であることが判明しました．**質量**とは，物体が本質的に持っている固有の量で，重力を生じさせる原因となるものです．両者には次の関係が成り立つ．

$$F=mg \tag{1·8}$$

ただし，F：重量〔N，dyn〕，m：質量〔kg，g〕

g：重力加速度（$g≒9.8\ \mathrm{m/s^2}=980\ \mathrm{cm/s^2}$）

重力加速度とは，地球が物体を引っ張るときの加速度です．質量60 kgの物体が地球上では$g=9.8\,\mathrm{m/s^2}$の重力加速度を受け重量588 Nとなる．同じ物体が月面では，重力加速度が約1/6ですから98 Nの重量となる．質量にはなんら変化がないわけです．重量は，加速度gの大きさによって異なることが分かります．質量は，地球の引力には関係のない物理量です．

p.20「問題6」にtry!

トピックス　質量はkg，重量（力）はNで！

ニュートンは，物体の静止あるいは運動の状態の変わりにくさ，すなわち**慣性**の大きさを表す量として質量を導入して，運動の第二法則を$F=ma$（F：力，a：加速度）の形で表現しました．私たちは長い間，質量と重量を明確に区別することなく用いてきました．便宜上，質量1 kgに働く重量を1 kgf（重量キログラム）としてきましたが，単位が同じであること，その意味が必ずしも明確でないことなどが混乱の原因となっていました．SI単位では，質量をkgで，重量（力）をNで表し，両者を明確に区別します．

8 工学系単位から SI 単位へ

人工衛星
SI単位は宇宙では楽だ
1960 年 国際度量衡総会で決議
kgfは使用しません
国際的に単位を統一しよう！
SI単位は地球の重力加速度 g にとらわれない
SI単位でいこう！
ロシア
中国
長さにm，質量にkg，時間は秒…ですね
アメリカ
日本

SI 単位とは

単位系を国際的に統一したものとして SI 単位があります．**SI 単位**（International System of Unit）は，絶対単位系のうち，長さ［L］に m，質量［M］に kg，時間［T］に s を用いた MKS 単位を拡張したものです．SI 単位では，質量の単位に kg を，物体に働く重量の単位には N（ニュートン）を用いる．ここでは地球の重力加速度 g にとらわれることなく宇宙時代の単位，SI 単位について調べてみましょう．

SI 単位の構成

SI 単位では，基本量として表 1·6 の七つを採り上げ，これを**基本単位**とし，他に二つの**補助単位**（**表 1·9**）および 10 の整数乗倍を構成するため 16 個の**接頭語**（**表 1·10**）から成り立つ．

接頭語は，例えば長さをメートルだけで表すと，数値の大小によっては不便です．ゆえに，10^3m を km，10^{-2}m を cm，10^{-3}m を mm，10^{-9}m を nm（ナノメートル）などのように補助的な単位として用いる．

表 1·8　SI 単位の構成

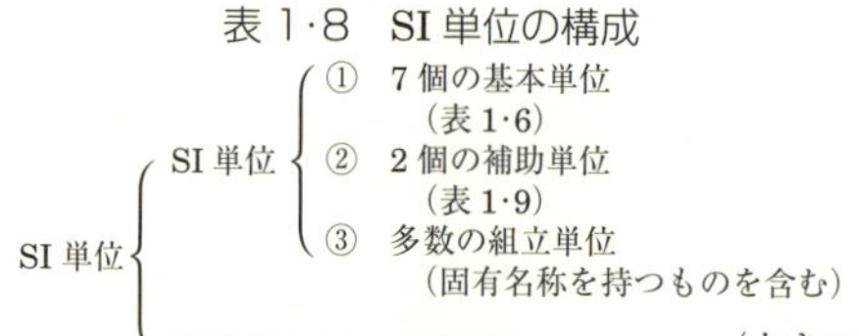

表 1·9　SI の補助単位

基本量	補助単位
平面角	rad（ラジアン）
立体角	sr（ステラジアン）

SI 単位の組立単位

SI 単位の組立単位には，力を表す **N**（ニュートン，kg·m/s^2），圧力・応力を表す **Pa**（パスカル，N/m^2），エネルギー・仕事・熱量を表す **J**（ジュール，N·m）など，**表 1·11** に示すように 9 個の固有の名称を持つものがある．

表 1·10　SI 接頭語

単位に乗じられる倍数	接頭語の名称	接頭語の記号	単位に乗じられる倍数	接頭語の名称	接頭語の記号
10^{18}	エ ク サ	E	10^{-1}	デ シ	d
10^{15}	ペ タ	P	10^{-2}	セ ン チ	c
10^{12}	テ ラ	T	10^{-3}	ミ リ	m
10^{9}	ギ ガ	G	10^{-6}	マイクロ	μ
10^{6}	メ ガ	M	10^{-9}	ナ ノ	n
10^{3}	キ ロ	k	10^{-12}	ピ コ	p
10^{2}	ヘ ク ト	h	10^{-15}	フェムト	f
10	デ カ	da	10^{-18}	ア ト	a

表 1·11　固有の名称を持つ SI 組立単位

量	単位の名称	単位記号	定　義
周　波　数	ヘ ル ツ	Hz	$1\,\mathrm{Hz} = 1\,\mathrm{s}^{-1}$
力	ニュートン	N	$1\,\mathrm{N} = 1\,\mathrm{kg \cdot m/s^2}$
圧　力，応　力	パ ス カ ル	Pa	$1\,\mathrm{Pa} = 1\,\mathrm{N/m^2}$
エネルギー，仕事，熱量	ジ ュ ー ル	J	$1\,\mathrm{J} = 1\,\mathrm{N \cdot m}$
仕事率，工率，電力	ワ ッ ト	W	$1\,\mathrm{W} = 1\,\mathrm{J/s}$
電 気 量，電 荷	ク ー ロ ン	C	$1\,\mathrm{C} = 1\,\mathrm{A \cdot s}$
電　圧，電　位	ボ ル ト	V	$1\,\mathrm{V} = 1\,\mathrm{J/C}$
静 電 容 量	フ ァ ラ ド	F	$1\,\mathrm{F} = 1\,\mathrm{C/V}$
電 気 抵 抗	オ ー ム	Ω	$1\,\Omega = 1\,\mathrm{V/A}$

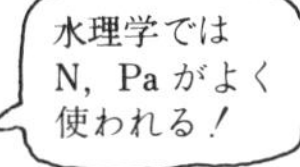

工学系単位（**重力単位系**）と **SI 単位**との違いは，重力加速度 $g = 9.8\,\mathrm{m/s^2}$ の取扱いです．工学系単位では質量 1 kg の物体に作用する重力を 1 kgf とし，SI 単位では $1\,\mathrm{kg} \times g = 9.8\,\mathrm{N}$ とする．工学系単位から SI 単位への換算は次のとおり．

力：$1\,\mathrm{kgf} = 9.8\,\mathrm{N}$，　圧力・応力：$1\,\mathrm{kgf/m^2} = 9.8\,\mathrm{N/m^2} = 9.8\,\mathrm{Pa}$

エネルギー：$1\,\mathrm{kgf \cdot m} = 9.8\,\mathrm{N \cdot m} = 9.8\,\mathrm{J}$，　仕事率：$1\,\mathrm{kgf \cdot m/s^2} = 9.8\,\mathrm{J/s} = 9.8\,\mathrm{W}$

No.2　接頭語の使い方

地球の円周は約 4 万 km です．これを適当な接頭語を使って表してみましょう．

（解）　4 万 $\mathrm{km} = 4 \times 10^4\,\mathrm{km} = 4 \times 10^4 \times 10^3\,\mathrm{m} = 4 \times 10^7\,\mathrm{m} =$ <u>40 Mm</u>（メガメートル）　（M（メガ）$= 10^6$）

トピックス　メートル法と接頭語

m および kg を基本とする度量衡（どりょうこう）の単位制度を**メートル法**といいます．メートル法の特徴は，一つの量の基礎の単位と補助の単位とが，10 進法の関係で結ばれていることです．基礎の単位の名称に，接頭語をつけることによって補助の単位が得られます．倍数を示すデカ，ヘクト，キロなどはギリシャ語の 10，100，1 000 を意味し，分数を示すデシ，センチ，ミリなどはラテン語の 10，100，1 000 を意味します．

9 水理でよく用いられるSI単位

SI単位の力の定義

SI単位は，MKS絶対単位の拡張です．重量などの力の単位は，質量1kgの物体に$a=1\,\mathrm{m/s^2}$の加速度を与えるときの力を**1N**（ニュートン）と定義します．

$$1\,\mathrm{N}=1\,\mathrm{kg}\times1\ \mathrm{m/s^2}=1\ \mathrm{kg\cdot m/s^2} \qquad (1\cdot9)$$

質量1kgに作用する重量Wは次のとおり．ただし，重力加速度$g=9.8\,\mathrm{m/s^2}$.

$$1\,\mathrm{kg}\times9.8\,\mathrm{m/s^2}=9.8\,\mathrm{kg\cdot m/s^2}=9.8\,\mathrm{N}$$

N（ニュートン）とは

ニュートンの運動の第二法則より,「物体の加速度aは，力Fの大きさに比例し，物体の質量mに反比例する」．力（重量）とは「質量×加速度」で表される．

表1·12　力の表し方

SI単位	定義	1kgの物体に力を加えて，$1\,\mathrm{m/s^2}$の加速度を生じさせる力を1N（ニュートン）とする．
	単位	$\mathrm{N}=(\mathrm{kg\cdot m/s^2})$（ニュートン）

$$a=\frac{F}{m},\quad F=ma \qquad (1\cdot10)$$

CGS絶対単位系においては，質量1gの物体に$a=1\,\mathrm{cm/s^2}$の加速度を与える力を**1 dyn**（ダイン）と定義します．

$$1\,\mathrm{N}=1\,\mathrm{kg\cdot m/s^2}=10^5\,\mathrm{g\cdot cm/s^2}=10^5\,\mathrm{dyn} \qquad (1\cdot11)$$

Pa（パスカル）とは

圧力・応力の単位は，単位面積〔$\mathrm{m^2}$〕当りに作用する力〔N〕の大きさで表し，［FL^{-2}］の組立単位を**Pa**（パスカル）と定義します．

$$1\,\mathrm{Pa}=1\,\mathrm{N/m^2} \qquad (1\cdot12)$$

水理学では，力（全水圧P），圧力（静水圧p）を求めることが中心となり，N, Paをよく用います．また，水力発電ではエネルギー・仕事を表す**J**（ジュール），**W**（ワット）なども用います．**表1·13**によく用いられるSI単位を示す．

仕事（**仕事量**）の定義は，力 F が物体に働いて力の方向に L 動いたとき，力は**仕事**をしたといい，力 × 距離［**FL**］で表す．仕事の単位は，1 N の力が働いて 1 m 変位したとき **1 J**（**ジュール**）とする．

また，仕事をする速さ，すなわち，単位時間〔s〕にする仕事を**仕事率**〔W〕という．

表 1·13　SI 単位

物理量	SI 単位
力	N $1\,\mathrm{N} = 1\,\mathrm{kg \cdot m/s^2}$
仕事	J $1\,\mathrm{J} = 1\,\mathrm{N \cdot m}$
仕事率	W $1\,\mathrm{W} = 1\,\mathrm{J/s}$
圧力 応力	Pa $\mathrm{N/m^2}$ $1\,\mathrm{Pa} = 1\,\mathrm{N/m^2}$

$$\left.\begin{array}{l} 1\,\mathrm{J} = 1\,\mathrm{N} \times 1\,\mathrm{m} = 1\,\mathrm{N \cdot m} \\ 1\,\mathrm{W} = 1\,\mathrm{J/s} \end{array}\right\} \quad (1 \cdot 13)$$

Let's try

No.3　水車の出力を求めてみよう

流量 $Q = 8\mathrm{m^3/s}$，落差 $h = 70\,\mathrm{m}$ で水車を回転させるとき，理論上何ワットの出力となるか．

（解）　水が持つ位置エネルギー $E_p = mgh$〔J〕が，理論上の出力となるから

出力 $P = \rho Qgh = 1\,000\,\mathrm{kg/m^3} \times 8\,\mathrm{m^3/s} \times 9.8\,\mathrm{m/s^2} \times 70\,\mathrm{m}$

$= 5\,488 \times 10^3\,\mathrm{kg \cdot m/s^2} \times \mathrm{m/s} = 5\,488\,\mathrm{kN \cdot m/s}$

$= 5\,488\,\mathrm{kJ/s} = \underline{5\,488\,\mathrm{kW}}$　　（注）p.114 を参照のこと

人物紹介　ニュートン（Newton，1642～1727）

イギリスの科学者・数学者．りんごが地面に落ちるのを見て，りんごを下に引く力が，どうして月をそのままにしておくのか疑問を持ち，宇宙のどの物体間にも引力が働いているという**万有引力の法則**を発見しました．SI 単位では力の単位に N を用います．

〔N〕:**〔kg·m/s〕**，**〔Pa〕**:**〔N/m²〕**

重要事項　Newton の運動法則

・第 1 法則（慣性の法則）

物体が外から力が働かないか，または二つ以上の力が働いても，それらがつり合っているときは，物体は静止あるいは等速度運動の状態を続ける（慣性系，p.56）．

・第 2 法則（運動の法則）

慣性系において，$F = ma$　（F：力，m：質量，a：加速度）

・第 3 法則（作用反作用の法則）

物体 A が物体 B に力が作用するときは，物体 B もまた物体 A に同じ直線上にあって大きさが等しく，向きが反対の力が作用する．

1 章のまとめ問題

（解答は p.191）

【問題 1】 容積 $100\,l$ の油の重量が 882 N であった．この油の密度 ρ，単位体積重量 w を求めよ．

【問題 2】 図 **1·15** に示す容器は水が満たされている．このとき，この容器内の水の重量はいくらか．

ただし，水の密度 ρ は $1\,000\,\mathrm{kg/m^3}$ とする．

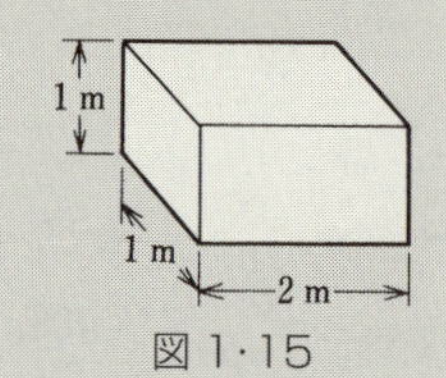

図 1·15

【問題 3】 内径 5 mm のガラス管を静水中と水銀中に立てたとき，毛管現象によって水または水銀が管内を上昇する高さを求めよ．

ただし，水，水銀の温度は 15℃，水とガラス管の接触角を $\theta=9°$，水銀とガラス管の接触角を $\theta=140°$ とする．

【問題 4】 20℃の水の粘性係数は $1.002\times10^{-3}\,\mathrm{Pa\cdot s}$ で，その密度は $998.20\,\mathrm{kg/m^3}$ である．このとき，動粘性係数はいくらか．

【問題 5】 図 **1·16** に示す面積 $2\,\mathrm{m^2}$ の平板を深さ 5 mm の水面に接して，0.1 m/s の速度で水平に動かすとき，平板に作用するせん断応力を求めよ．

ただし，水温を 20℃とする．

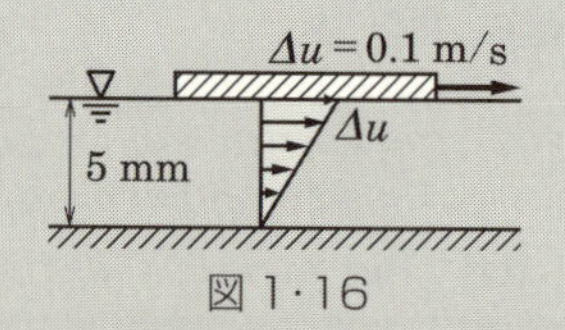

図 1·16

【問題 6】 体重（質量）60 kg の人が，上がりエレベーターの中で台ばかりに乗り，体重を測定したところ 66 kg であった．エレベーター内の重力加速度 g' はいくらか．

トピックス　水の循環周期は何日か

地球上の水の総量は約 14 億 km^3 で，その分布は**表 1·14** のとおり．

12 600 km^3 の大気中の水蒸気がすべて雨となって降ると，1 回で地球全体（表面積 5.1×10^8 km^2）で 25 mm の降水量となります．

年間降水量の世界の平均が 810 mm ですから 810/25＝32，つまり 1 年間に 32 回繰り返されます．365 日 /32 回＝11 日，ゆえに，水の蒸発・降水の循環速度は 11 日という計算になります．

河川水は 1 200 km^3 で総量の 0.0001 %にすぎず，私たちはこの少ない水を，11 日に 1 回という速い循環速度に支えられて利用しているにすぎない．水資源には根本的な制約があることを知っておきましょう．

表 1·14　地球上の水の分布と量

水の構成		量〔×10^{3}km^3〕	分布〔%〕
海　水	海洋・塩水湖	1 350 023	97.507
淡　水	氷	24 230	1.75
	湖	125	0.009
	川	1.2	0.0001
	地下水	10 125	0.722
水蒸気	大気中の水	12.6	0.001
生　物	動物・植物	1.2	0.0001
総　計		1 384 518	100

トピックス　大気大循環

地球の緯度によって太陽放射の受け方が異なり，赤道付近は暖かく，両極域は冷たい．この差を解消するため地球規模で大気の対流（**大気大循環**）が生じる．

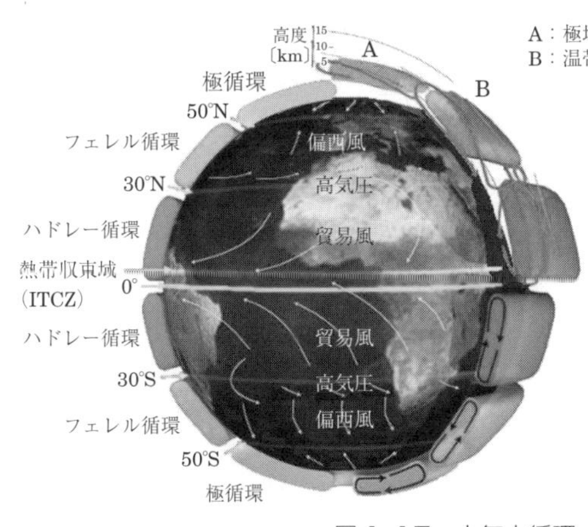

A：極域における対流圏界面
B：温帯における対流圏界面

太陽放射の緯度方向の差と地球自転効果によって三細胞構造の鉛直対流（赤道域のハドレー循環，中緯度のフェレル循環，高緯度の極循環）が生じる．それに伴って低緯度域で西向きの貿易風，中緯度で東向きの偏西風，高緯度で西向きの極偏東風の三つの水平循環が存在する．

図 1·17　大気大循環

（出典：内山久雄監修，内山雄介著：ゼロから学ぶ土木の基本 水理学，p.3，オーム社（2013））

重要事項　粘性流体中の物体に作用する力

流体の粘性によるせん断応力を考える場合，**ストークス（Stokes）の運動方程式**を用いる．流体の粘性が強ければ層流，慣性が強ければ乱流となる（p.64 を参照）．

静水中の粒子の**沈降速度** v は，粒子の形状・密度および液体の粘性によって決まる．沈降する直径 d の粒子には，下向きの重力 $W\ (= mg)$ と上向きの抵抗力 D および浮力 B が作用する．

$$重力\ W = \rho' g V = \rho' g \cdot \frac{4}{3}\pi\left(\frac{d}{2}\right)^3 = \frac{1}{6}\pi\rho' g d^3 \qquad (1)$$

$$抵抗力\ D = C_D A\,\frac{\rho v^2}{2} = \frac{1}{2}C_D\rho\,\frac{\pi d^2}{4}v^2 \ （実験式） \qquad (2)$$

$$浮力\ B = \frac{4}{3}\pi\left(\frac{d}{2}\right)^3\rho g = \frac{\pi}{6}\rho g d^3 \qquad (3)$$

ただし，ρ：水の密度，ρ'：粒子の密度，C_D：粒子の抵抗係数（図 **1·19**）
A：物体の投影面積

沈降速度 v は，$W = B + D$ の状態でつり合い，抵抗係数 C_D は，$Re < 1$ のとき

$C_D = \frac{24}{Re} = \frac{24\nu}{vd}$（p.77，図 3·21）より，次のとおり．

$$\therefore\quad 沈降速度\ v = \frac{1}{18}\frac{g}{\nu}\left(\frac{\rho'}{\rho} - 1\right)d^2 \qquad (1 \cdot 14)$$

式（1·14）を**ストークスの法則**という．

Stokes（1819〜1903）．イギリスの数学者．

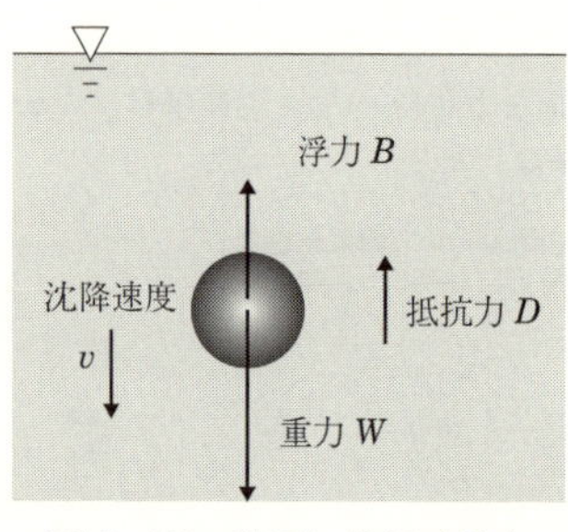

図 1·18　粒子に作用する力

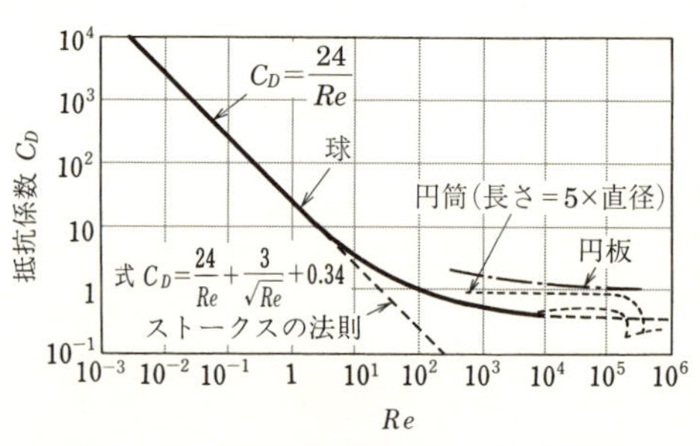

図 1·19　球の抵抗係数 C_D と Re の関係
（土木学会編「水理公式集」より）

［例題］　直径 0.01 cm，密度 $\rho' = 2.65\ \mathrm{g/cm^3}$ の粒子の沈降速度を求めよ．ただし，水温 20℃，$Re < 1$，動粘性係数 $\nu = 1.01\times10^{-2}\ \mathrm{cm^2/s}$ とする．

（解）　沈降速度 $v = \frac{1}{18}\frac{g}{\nu}\left(\frac{\rho'}{\rho} - 1\right)d^2$

$$= \frac{1}{18}\times\frac{980}{1.01\times10^{-2}}\times\left(\frac{2.65}{1} - 1\right)\times0.01^2 \fallingdotseq 0.89\ \mathrm{cm/s}$$

$$= \underline{8.9\times10^{-3}\ \mathrm{m/s}}$$

2章

静　水　圧

静止している水は，水平な水面を形作ります．水は，一般に密度が一定で均一です．また，横方向へ流れ出すことに対して抵抗する力がないので，重力の方向に対して，水はどの部分も最も低い位置で落ち着きます．その結果，静止している水面は，鉛直な重力に対して直角となり水平な面となります．以上から水を容器に入れた場合，大気と接している水面（これを**自由水面**という）は，重力に対して直角な水平面となることが理解できます．

静止している流体の内部には，液体の粘性にかかわらず相対運動がないから，せん断応力（摩擦応力）は働きません．表面張力も水面近くのごく薄い部分だけです．その結果，水中に働く力は，水の重量のために生ずる圧力（これを**静水圧**という）だけです．この静水圧は，水面からの水の重量がそのまま直接掛かってきます．横方向を含めてすべての方向の静水圧は，同じ大きさとなり，固体の場合に比べて大いに異なります．

水理学では，水が静止している場合と流れている場合の２通りを考えなければなりません．水が静止している場合には圧力と量（容量）を，水が流れている場合には圧力と量（流量）と粘性による摩擦抵抗が問題となります．ここでは静水圧についてその性質を知り，水面下にある水理構造物に作用する静水圧の強さを求め，構造物を安全に設計するためにはどのようにすればよいのかを学びます．また，水圧機で用いられる**パスカル（Pascal）の原理**，浮力の問題などの**アルキメデス（Archimedes）の原理**についても学習します．

1 静水圧の性質は三つ

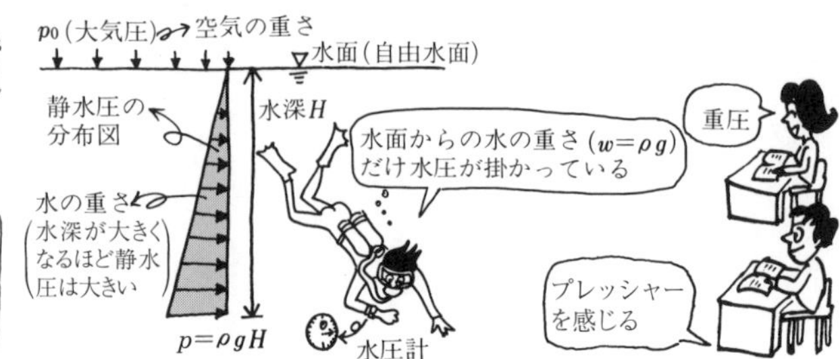

静水圧の性質

地球上の物体は，すべて**大気圧**（p_0，1 気圧）の影響を受けます．さらに水面下に潜ると水圧も受けます．大気圧は空気の，水圧は水の重量によって生じます．静止している水中の圧力（**静水圧**）はどのような力であり，その性質はどのようなものか調べてみましょう．

静水圧の性質は，次のとおり．

[**性質 1**] 静水圧は，面に対して垂直に作用する．

[**性質 2**] 水中の任意の点の静水圧は，すべての方向に対して等しい．

[**性質 3**] 静水圧は，水深に比例する（同一水平面上の静水圧はすべて等しい）．

静水圧 p，全水圧 P

液体は，分子の配列が不規則で，分子間距離も一定ではない．分子は，自由に飛び回り，固体のように固有の形を保てない．ある面に衝突する無数の水分子の力は，斜め方向から当たる力が互いに打ち消され，結果として壁面に垂直な衝突力だけが働く．この水分子が単位面積当りを垂直に押す力，圧力を**静水圧**または単に**水圧**という．静水圧 p は，単位面積当りに作用する力の大きさ N/m² （＝Pa）で表す．一方，面積 A 全体に作用する水圧の合計を**全水圧** P といい，単位は N（ニュートン）で表す．

$$\left.\begin{aligned}&全水圧\ P=p\times A\\&静水圧\ p=\frac{P}{A}\end{aligned}\right\}\qquad(2\cdot 1)$$

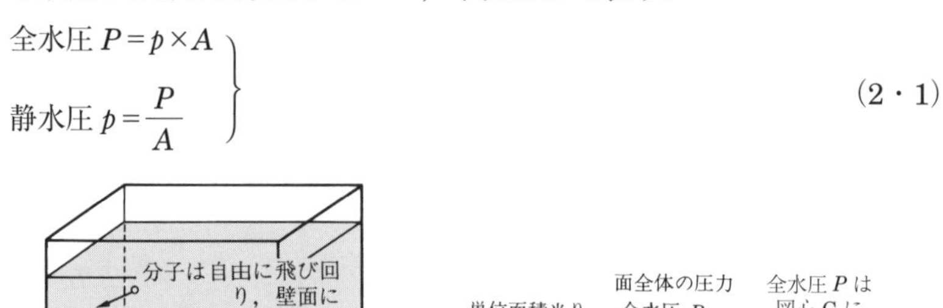

図 2·1　水分子の運動

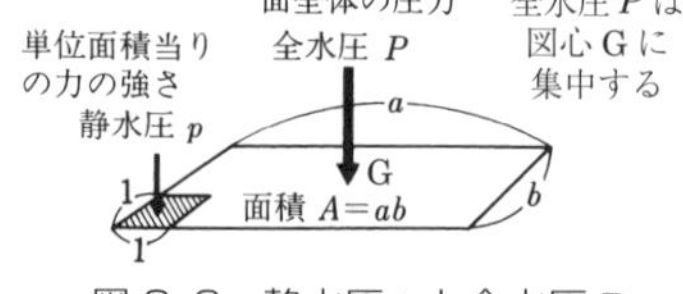

図 2·2　静水圧 p と全水圧 P

静水圧は，面に垂直に作用する．**図2·3**の水面下の微小三角形の各面に作用する静水圧 p_1，p_2，p_3 のつり合い式は，次のとおり．なお，水の密度を ρ とする．

水平分力　$\Sigma H=0$ から，$p_1 l_1 = p_3 l_3 \sin\theta$　(1)

鉛直分力　$\Sigma V=0$ から，$p_2 l_2 = p_3 l_3 \cos\theta + \dfrac{1}{2} l_1 l_2 \rho g$　(2)

一方，$l_1 = l_3 \sin\theta$，$l_2 = l_3 \cos\theta$ から，式（1），式（2）は次のとおり．

$$p_1 = p_3 \tag{3}$$

$$p_2 = p_3 + \frac{1}{2} l_1 \rho g \tag{4}$$

この微小三角形を無限に小さくすると，$l_1 \rho g = 0$ となる．ゆえに

$$p_1 = p_2 = p_3 \qquad (2\cdot2)$$

以上から，水中の任意の点における水圧はすべての方向に対して等しいことがわかる．向きは違っても同じ大きさです．

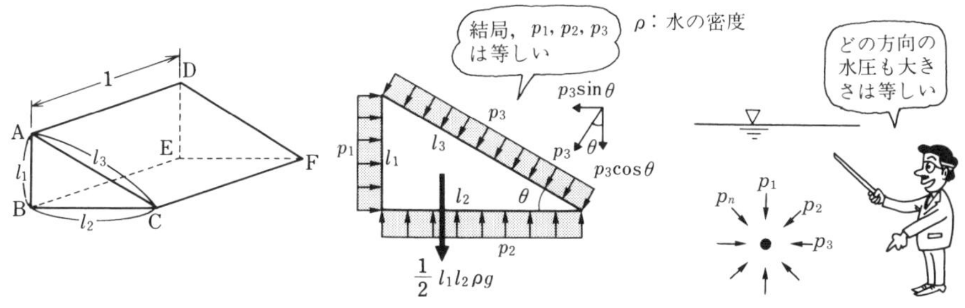

図2·3　三角柱に働く力のつり合い　　図2·4　1点に作用する水圧

深く潜るほど圧力は大きい

静水圧は，水の重量によって生じる．水は横方向に流れ出すことに抵抗しないため，静水圧 p は水深 H に比例し，三角分布となる．

$$p = \rho g H \qquad (2\cdot3)$$

水面下10 mの点の静水圧の大きさは次のとおり．なお，N（kg·m/s^2），Pa（N/m^2）

$$p = \rho g H = 1\,000\ \mathrm{kg/m^3} \times 9.8\ \mathrm{m/s^2} \times 10\ \mathrm{m}$$
$$= 98\,000\ \mathrm{kg \cdot m/s^2 \cdot 1/m^2} = 98\ \mathrm{kPa}$$

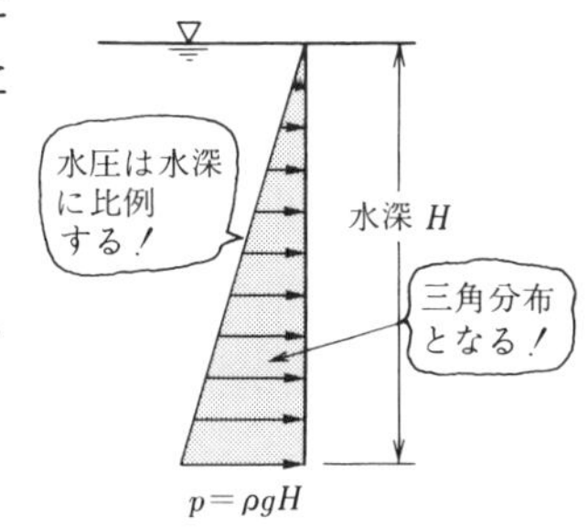

図2·5　水深と水圧

2

大気の質量は 1.2 kg/m³，水の質量は 1 000 kg/m³

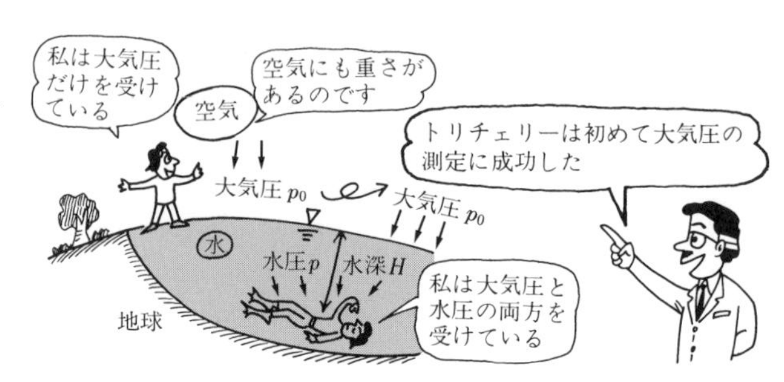

大気圧 p_0 の大きさ

水面下に潜れば，大気圧 p_0 以外に水圧の影響を受けます．静圧力を表すとき，真空を基準として大気圧と水圧の両方を考える場合を**絶対圧**といい，大気圧を基準とする場合を**ゲージ圧**という．ここでは大気圧の大きさを調べ，絶対圧とゲージ圧の関係を調べてみましょう．

図 2·6 は**トリチェリーの実験**です．シャーレに水銀を満たし，一方，試験管に水銀を入れ，口を指で押さえシャーレの中に逆に立てたときの水銀柱の高さを調べたものです．水銀柱の高さは，1 気圧のもとでは常に 0.76 m となる．これは水銀柱の重量と大気圧 p_0 がつり合っているためで，1 気圧の大きさは水銀を 0.76 m 押し上げる力を持っている．水銀の密度（ρ_q）を 13 590 kg/m³ とすると，大気圧 p_0 の大きさは次のとおり．

$$p_0 = \rho_q gH = 13\,590\ \mathrm{kg/m^3} \times 9.8\ \mathrm{m/s^2} \times 0.76\ \mathrm{m}$$
$$= 101.2 \times 10^3\ \mathrm{N/m^2} = 101.2\ \mathrm{kPa}$$

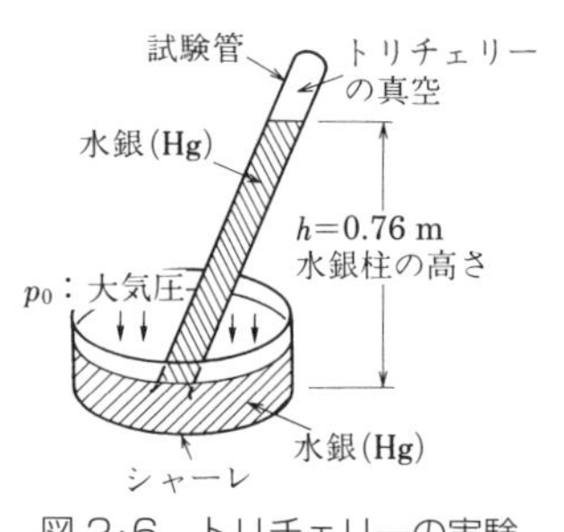

図 2·6　トリチェリーの実験

絶対圧とゲージ圧

水圧は，水深に比例する（$p=\rho gH$）．式（2·4）から，圧力 p を生ずる水深 H を求めることができる．H は，圧力 p を水の単位体積重量（$w=\rho g$）で割ったもので，**圧力水頭**あるいは単に**水頭**という．

$$H = \frac{p}{\rho g} \tag{2・4}$$

大気圧 p_0 = 101.2 kPa を水頭に換算すると次のとおり．ただし，$w=\rho g$= 9.8 kN/m³ とする．

$$H=\frac{p_0}{\rho g}=\frac{101.2\,\mathrm{kPa}}{9.8\,\mathrm{kN/m^3}}=\frac{101.2\,\mathrm{kN/m^2}}{9.8\,\mathrm{kN/m^3}}=10.33\,\mathrm{m}$$

以上から，大気圧 p_0 を水頭で表せば 10.33 m となります．空気の重さによって私たちは生まれながら水面下 10 m の水圧に相当する大気圧を受けている．

$$\left.\begin{array}{ll}\text{ゲージ圧} & p=\rho gH \\ \text{絶対圧} & p'=p_0+p=p_0+\rho gH\end{array}\right\} \quad (2\cdot5)$$

No.1　圧力を求めよう

図 2·7 において，液体 A は水であり，液体 B は水銀である．水面下 5 m と 7 m の点のそれぞれの圧力 p_1，p_2 を求めよ．また，p_2 を水頭に換算せよ．

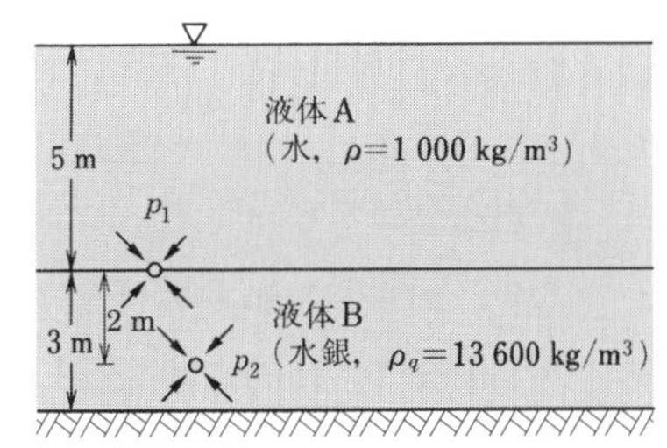

図 2·7　異なる液体の圧力

（解）　水面下 5 m までは水なので

$$p_1=\rho gH$$
$$=1\,000\,\mathrm{kg/m^3}\times9.8\,\mathrm{m/s^2}\times5\,\mathrm{m}$$
$$=49\times10^3\,\mathrm{N/m^2}=\underline{49\,\mathrm{kPa}}$$

水面下 7 m の圧力は，5 m 分の水圧と 2 m 分の水銀圧が加わるから

$$p_2=\rho gH+\rho_q gH=1\,000\,\mathrm{kg/m^3}\times9.8\,\mathrm{m/s^2}\times5\,\mathrm{m}+13\,600\,\mathrm{kg/m^3}\times9.8\,\mathrm{m/s^2}\times2\,\mathrm{m}$$
$$=49\,\mathrm{kPa}+266.56\,\mathrm{kPa}=\underline{315.6\,\mathrm{kPa}}$$

$$\text{水頭 } H=\frac{315.6\,\mathrm{kN/m^2}}{9.8\,\mathrm{kN/m^3}}=\underline{32.20\,\mathrm{m}}$$

No.2　ゲージ圧，絶対圧を求めよう

水面下 20 m の点の水圧は，ゲージ圧，絶対圧ではいくらか．
ただし，大気圧 $p_0=101.2$ kPa とする．

（解）　ゲージ圧 $p=\rho gH=1\,000\,\mathrm{kg/m^3}\times9.8\,\mathrm{m/s^2}\times20\,\mathrm{m}=\underline{196.0\,\mathrm{kPa}}$

絶対圧 $p'=p_0+\rho gH=101.2\,\mathrm{kPa}+196.0\,\mathrm{kPa}=\underline{297.2\,\mathrm{kPa}}$

人物紹介　トリチェリー（Torricelli，1608～1647）

イタリアの物理学者．当時，自然が真空を嫌うという自然の真空嫌悪説を否定し，ポンプで水を引き上げられるのは空気の重さのためであることを証明するため実験を行いました．実験から大気圧は水銀柱の高さ 0.76 m，水頭に換算して約 10 m であることを発見しました．図 2·6 のガラス管上部の真空は人類が作った最初の真空です．

3 圧力 p と液体の高さ h はつり合う

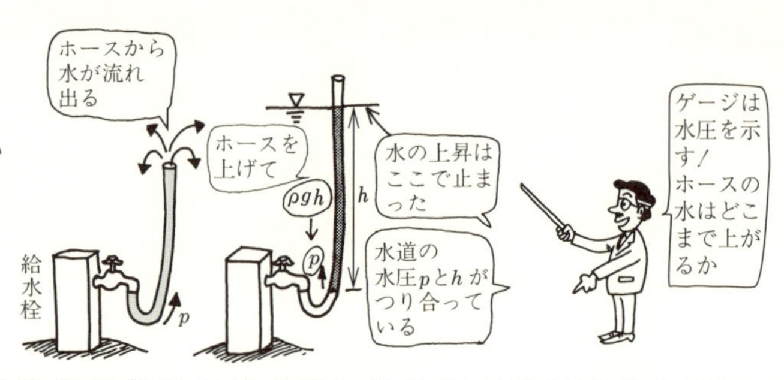

圧力計の原理

水圧 p は，水深に比例する．$p=\rho gH$ の関係から，開水路においては，水深 H を測ることにより水圧の大きさが分かります．一方，管水路においては，水圧を測りたい箇所に小さな穴をあけ，透明な細管をつけて管内を上昇する水の高さ h を測ることにより，水圧が分かります．図 2·9 に示す細管を**マノメータ**または**ピエゾメータ**という．ここではマノメータなどの圧力計の原理について調べてみましょう．

比重が異なる 2 種類の液体と U 字管を準備します．密度の大きい液体 A（ρ_1）を U 字管に入れ，次に液体 B（ρ_2）を U 字管の一方に入れると，**図 2·8** の（b）の状態でつり合いました．静水圧の［性質 3］から，同一液体内の同一水面上の圧力は等しいから，液体 A，B の境界点に水平線を引いたとき，同じ高さの点①と②の圧力は等しい．

点①の圧力　$p_1=\rho_1 gh_1$

点②の圧力　$p_2=\rho_2 gh_2$

$$\therefore \quad \rho_1 h_1=\rho_2 h_2 \qquad (2\cdot6)$$

以上は点①，②の圧力を h_1，h_2 のように水頭の形で測定しているのであり，これが**圧力計の原理**です．

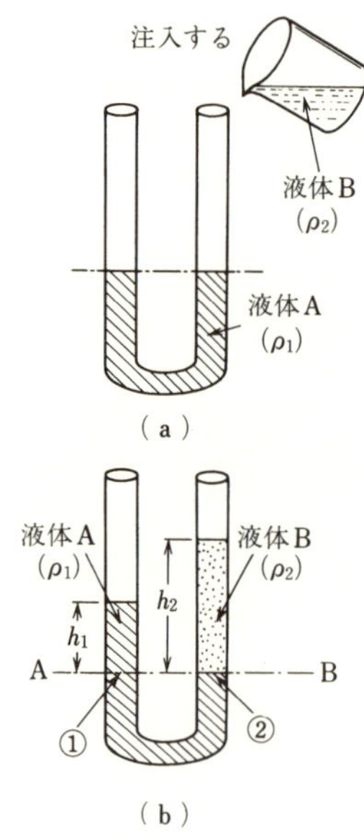

図 2·8　圧力計の説明図

マノメータ

図 2·9（a）はマノメータの一般的なもので，図 2·9（b）は圧力が小さい場合の傾斜マノメータ，図 2·9（c）は圧力が大きい場合の水銀マノメータです．圧力の大きさによって使い分けます．

水(ρ)

h

p

hを測定するのです！

$p=\rho gh$　(2・7)

(a)一般の場合

水(ρ)

l

θ

h

$p=\rho gl\sin\theta$

$=\rho gh$　(2・8)

(b)圧力が小さい場合（傾斜マノメータ）

水(ρ)

h　h_2　h_1

A　B

水銀(ρ_q)

AB線から管中心までの高さh_1と，水銀の高さh_2を測定する

$p+\rho gh_1=\rho_q gh_2$

$\therefore\ p=\rho_q gh_2-\rho gh_1$

(2・9)

(c)圧力が大きい場合（水銀マノメータ）

図2·9　各種マノメータ

水銀差圧計

2断面間の圧力差を測定するものに**差圧計**があります．**図2·10**はベンチュリー管の2断面間の圧力差を求めるための**水銀差圧計**です．断面A，Bの圧力をそれぞれp_A，p_Bとすると，水と水銀の境界AB線上の点①，②の圧力は，p.24の静水圧の［性質3］から等しい．

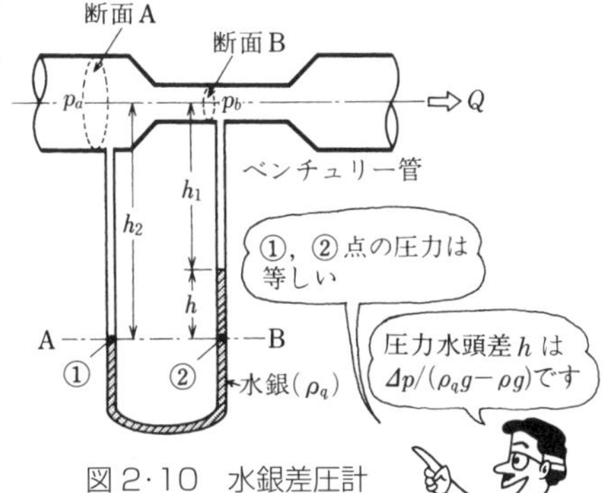

図2·10　水銀差圧計

左側　$p_{①}=p_a+\rho gh_2$　(1)

右側　$p_{②}=p_b+\rho gh_1+\rho_q gh$　(2)

式(1)＝式(2)から

$$p_a+\rho gh_2=p_b+\rho gh_1+\rho_q gh$$

$$\text{差圧}\ \Delta p=p_a-p_b=\rho_q gh-\rho g(h_2-h_1)$$

$$=\rho_q gh-\rho gh=hg(\rho_q-\rho)\qquad(2\cdot10)$$

No.3　差圧計

図2·10のベンチュリー管の2断面間に水銀差圧計を用いて圧力差を測定したところ，水銀差$h=20$ cmとなった．圧力差はいくらか．

ただし，$\rho_q=13.6\ \mathrm{g/cm^3}$

(解)　差圧$\Delta p=hg(\rho_q-\rho)=0.2\ \mathrm{m}\times9.8\ \mathrm{m/s^2}\times(13\,600-1\,000)\ \mathrm{kg/m^3}$

$=24.7\times10^3\ \mathrm{N/m^2}=\underline{24.7\ \mathrm{kPa}}$

4 私は力持ち

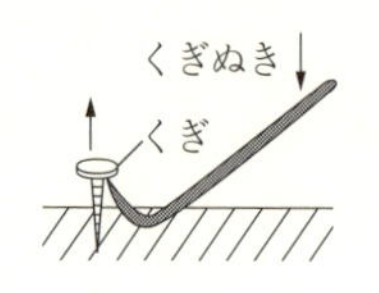

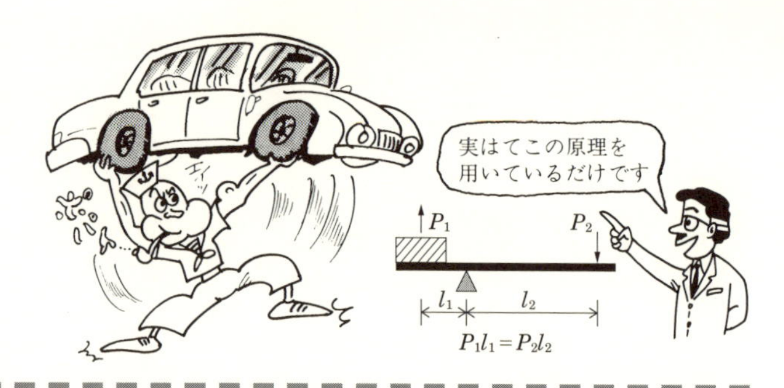

パスカルの原理

「密閉した容器内の静止している液体の一部に圧力を加えると，その圧力は増減することなく液体の各部に伝わる」（**図 2·11**）．以上は**パスカルの原理**です．

液体は，均一で連続しており非圧縮性流体です．そのため密閉した容器内に水を満たしてその一部に圧力を加えると，その圧力は容器の壁のすべての部分に同じ大きさで瞬間的に伝わる．この性質を応用したものとして，小さな力で大きな力を得る**水圧機**があります．ここでは水圧機の原理について調べてみましょう．

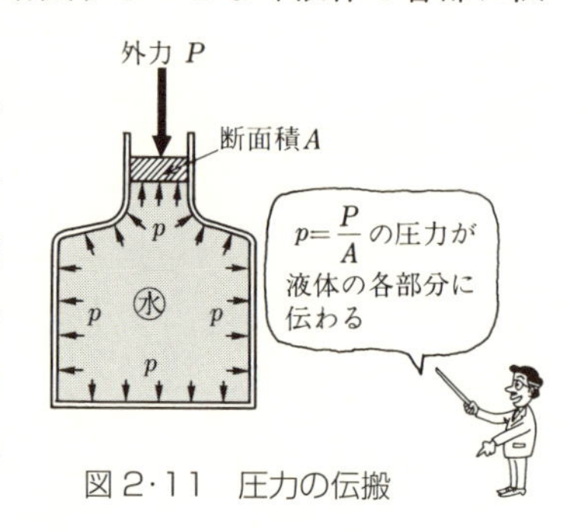

図 2·11　圧力の伝搬

水圧機の原理

図 2·12 は，A，B 両開口部にピストンを備え，水を入れた密閉容器です．両ピストン（断面積 A_1，A_2）に P_1，P_2 の力を加えたとき，任意の点 C の圧力の強さ p_C は次のとおり．

$$p_C=\frac{P_1}{A_1}+\rho gH=p_1+\rho gH \qquad (1)$$

$$p_C=\frac{P_2}{A_2}+\rho g(h+H)$$
$$=p_2+\rho g(h+H) \qquad (2)$$

ピストン
断面積 A_1
$p_1=\dfrac{P_1}{A_1}$
ピストン
断面積 A_2
$p_2=\dfrac{P_2}{A_2}$
A B P_1 P_2 h H p_1 p_2 C p_C 水

図 2·12　水圧機の原理

ρgh は P/A に比べて微小ですから，無視すると（1），（2）から次式が成り立つ．

$$\frac{P_1}{A_1}=\frac{P_2}{A_2} \qquad (2\cdot 11)$$

以上が水圧機の原理であって，A_1，A_2 の面積比を大きくしておけば小さな力で非常に大きな力を得ることができる．このように大きな力が得られるのは，小さいピストンが大きいピストンより長い距離を動くからであり，**「てこの原理」**と同様に，力と距離の積は等しいわけです．P_1 の方は，P_2 の A_2/A_1 倍だけ長い距離を動く．実際の水圧機では P_1 には小さいポンプが使われ，細い管を通じて圧力室に水または油が押し込まれます．

No.4　水圧機

図 2·13 において，A，B の内径をそれぞれ $D_1 = 5$ cm，$D_2 = 15$ cm とする．ピストン B 上の物体の重量 40 kN を持ち上げるため，A 点に必要な力を求めよ．

（解）
$$P_1 = P_2 \times \frac{A_1}{A_2} = P_2 \times \frac{\pi D_1{}^2/4}{\pi D_2{}^2/4} = P_2 \left(\frac{D_1}{D_2}\right)^2$$
$$= 40\ \text{kN} \times \left(\frac{0.05\ \text{m}}{0.15\ \text{m}}\right)^2$$
$$= \underline{4.44\ \text{kN}}$$

40 kN
P_1
荷重
ピストン A
$D_1 = 5$ cm
ピストン B
$D_2 = 15$ cm
㊌

図 2·13　水圧機

No.5　供試体の強さを調べよう

図 2·14 に示す水圧機において，直径 10 cm の供試体に 20 MPa（$= 20 \times 10^6$ Pa）の圧力をかけたい．加えるべき圧力 p を求めよ．

ただし，ピストンの自重は無視する．

（解）　供試体に加える P は次のとおり．
$$P = 20\ \text{MPa} \times \frac{\pi \times 0.1^2}{4}\ \text{m}^2$$
$$= 0.157\ \text{MPa} \cdot \text{m}^2$$
$$= 0.157\ \text{MN}$$
$$p = \frac{P}{A} = \frac{0.157\ \text{MN}}{\pi \times 0.2^2/4\ \text{m}^2}$$
$$= 5.0\ \text{MN/m}^2 = \underline{5.0\ \text{MPa}}$$

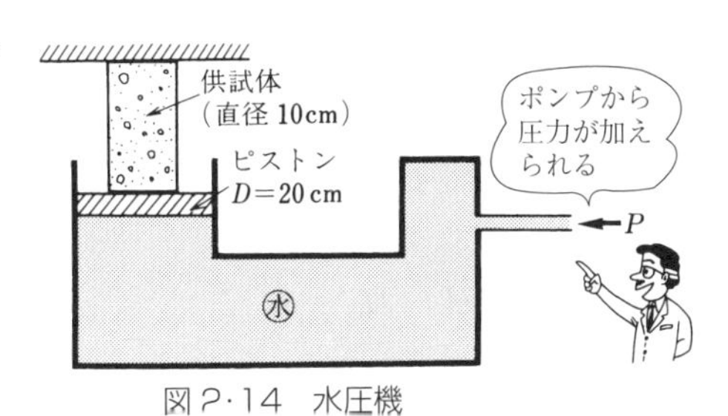

図 2·14　水圧機

人物紹介　パスカル（Pascal，1623～1662）

フランスの数学者・哲学者．「人間は考える葦（あし）である」は有名な言葉．トリチェリーの真空の実験はその後パスカルによっても詳しく実験され，大気の圧力に基づく現象と液体の圧力によって引き起こされる現象とは本質的に同じであると考えた．この研究から，閉じた管の中では液体の一部に加えられた圧力は衰えることなく伝えられ，液体が接しているすべての面に直角に働くことを発見した．SI 単位では圧力の単位に Pa を用います．

5 水圧は面に垂直に作用する

p.24，静水圧の性質を確認して下さい！

等変分布荷重　等分布荷重　水深H

側壁に作用する水圧　底面に作用する水圧

水平な平面の水圧 鉛直な平面の水圧

水圧の原因は，水の重量 w（$=\rho g$）です．水は均質であり同じ深さであれば水圧は等しい．また，水は形を持たないため横方向への移動に対して抵抗がなく，そのため側壁を押す力も，その点から上の水の重量と等しい．ここでは水槽の底面，鉛直面に作用する水圧について調べてみましょう．

図2·15 の水槽底面に作用する水圧 p は，水深 H に相当する水圧 $p=\rho gH$ が下向きに働く．底面全体に作用する全水圧は底面積を A（$=bd$）とすると

$$P=p\times A=\rho gHA \qquad (2\cdot12)$$

水の体積を V とすると $\rho gAH=\rho gV$ から，全水圧 P は水槽内の水の全重量と等しい．また，作用点Cは，底面積の図心を通る．

図2·16 の水槽の側壁に作用する水圧は水深に比例するから三角分布となる．側壁全体 A（$=bH$）に作用する全水圧 P および作用点の位置 H_C は次のとおり．

$$\left.\begin{aligned}&P=\frac{1}{2}p\times H\times b=\frac{1}{2}\rho gHA=\rho gH_GA\\&H_C=\frac{2}{3}H,\quad H_C'=\frac{1}{3}H\\&\quad\text{ただし，}H_G=H/2\ \text{（図心の水深）}\end{aligned}\right\} \qquad (2\cdot13)$$

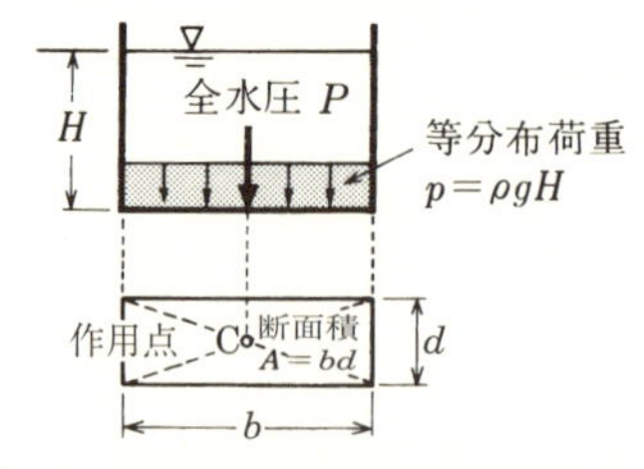

図2·15　水平な平面に作用する水圧

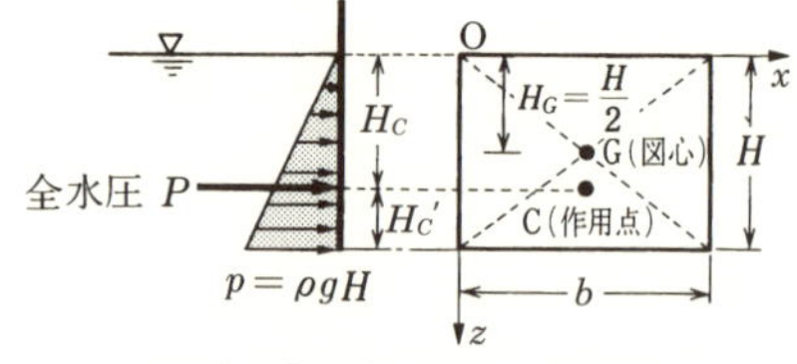

図2·16　鉛直な平面に作用する水圧

基本的な考え方

図 2·17 において，水深を z 軸とするとき，水深 z の静水圧は $p=\rho gz$ であり，微小面積 ΔA（$=b\Delta z$）に働く全水圧 ΔP は，$\Delta P=\rho gz\cdot\Delta A$ となる．平面全体 A に働く全水圧 P は，各微小面積に働く静水圧の合計であるから

$$P=\Sigma\Delta P=\rho g\Sigma z\cdot\Delta A=\rho g\int_A zdA=\rho gH_GA \qquad (2\cdot14)$$

ただし，$\int_A zdA$ は O 点（水面）における一次モーメント（$=AH_G$）

全水圧 P の作用点 C の位置 H_C は，全水圧 P の O 点のモーメント $P\cdot H_C$ と各微小面積 ΔA に作用する全水圧 ΔP の O 点のモーメント $\Delta P\cdot z$ の合計と等しい．

$$P\cdot H_C=\Sigma z\cdot\Delta P=\int_A zdp$$

$$H_C=\frac{\int_A zdP}{P}=\frac{\rho g\int_A z^2dA}{\rho gH_GA}=\frac{\int_A z^2dA}{H_GA}=\frac{I_x}{H_GA} \qquad (2\cdot15)$$

ただし，I_x は x 軸における断面二次モーメント

図心における断面二次モーメントを I_G，断面二次半径を $r=\sqrt{I_G/A}$ とすると $I_x=I_G+AH_G{}^2$ より式（2·15）は

$$H_C=H_G+\frac{r^2}{H_G} \qquad (2\cdot15')$$

長方形の場合，$r=\sqrt{3}\,H/6$，$H_G=H/2$ であるから（p.40，平面図形の性質）

$$H_C=H_G+\frac{r^2}{H_G}=\frac{H}{2}+\frac{1/12\cdot H^2}{H/2}=\frac{2}{3}H$$

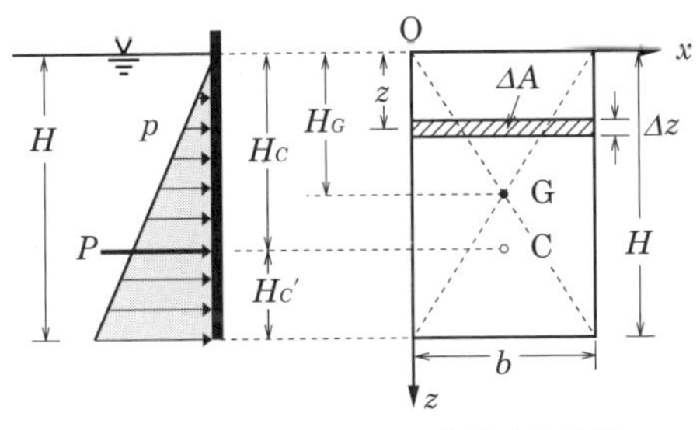

図 2·17　鉛直な平面に作用する水圧

6 三角形の頭を切れば台形

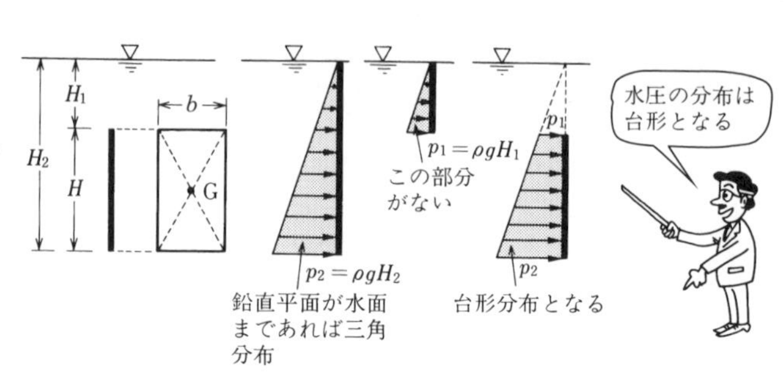

台形分布の水圧

鉛直な平面に作用する水圧は三角分布となることが分かりました．それでは鉛直な平面が水面下にある場合，この平面にはどのような水圧が作用するのか考えてみましょう．

図 2·18 において，幅 b，長さ H の長方形の板が，上端が水面下 H_1，下端が水面下 H_2 の位置にある．もし，この板の上端が水面に達していれば水圧分布は三角形となるが，上端部分がないのでその部分を取り除くと台形分布となる．ここではこのような台形分布となる場合の水圧の求め方を調べる．

全水圧 P，作用点 H_C

図 2·18 に示すような場合の全水圧 P は，台形分布荷重の体積を求めればよい．

$$P=\frac{p_1+p_2}{2}Hb,\ p_1=\rho gH_1,\ p_2=\rho gH_2,\ A=bH \text{ から}$$

$$P=\frac{\rho g\,(H_1+H_2)}{2}A \qquad (2\cdot16)$$

なお，水面から鉛直平面の図心までの距離を H_G とすると

$$H_G=H_1+\frac{H_2-H_1}{2}=\frac{H_1+H_2}{2}$$

式（2·16）は H_G を用いて表すと

$$P=\rho gH_GA \qquad (2\cdot17)$$

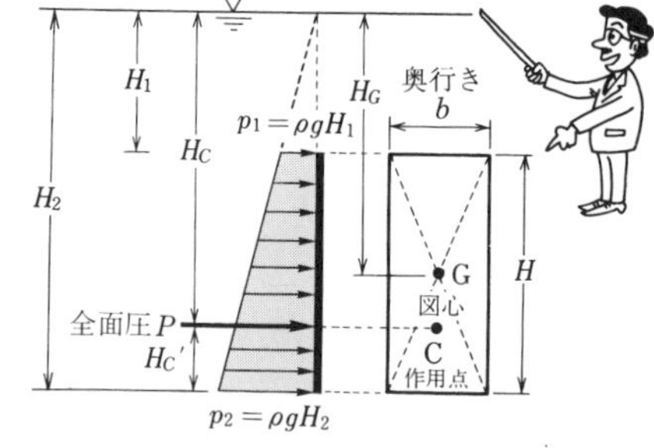

図 2·18　台形分布の水圧の求め方

作用点の位置 H_C' は，台形分布図の図心（p.40 を参照）を通るから

$$\left.\begin{aligned} H_C'&=\frac{H}{3}\,\frac{2p_1+p_2}{p_1+p_2}=\frac{H}{3}\,\frac{2H_1+H_2}{H_1+H_2} \\ H_C&=H_2-H_C' \end{aligned}\right\} \qquad (2\cdot18)$$

No.6　せきに作用する水圧

幅 2 m の水路をせき止めたところ**図 2·19** のようになった．このせき板に作用する全水圧とその作用点の位置を求めよ．

（解）　上流側の全水圧 P_1，作用点の位置 H_{C1}'

$$P_1 = \rho g H_G A = 1\,000\ \mathrm{kg/m^3} \times 9.8\ \mathrm{m/s^2} \times 1.5\ \mathrm{m} \times 6\ \mathrm{m^2} = 88.2\ \mathrm{kN}$$

$$H_{C1}' = \frac{1}{3} H_1 = 1\ \mathrm{m}$$

下流側の全水圧 P_2，作用点の位置 H_{C2}'

$$P_2 = \rho g H_G A = 9.8\ \mathrm{kN}$$

$$H_{C2}' = \frac{1}{3} H_2 = 0.33\ \mathrm{m}$$

全水圧 P および作用点の位置 H_C'

$$P = P_1 - P_2 = \underline{78.4\ \mathrm{kN}}$$

作用点の位置は，$PH_C' = P_1 H_{C1}' - P_2 H_{C2}'$ から

$$H_C' = \frac{P_1 H_{C1}' - P_2 H_{C2}'}{P} = \underline{1.08\ \mathrm{m}}$$

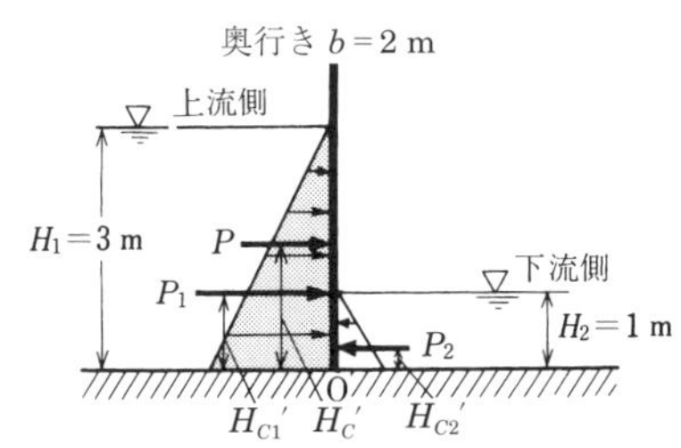

図 2·19　せき板に作用する水圧

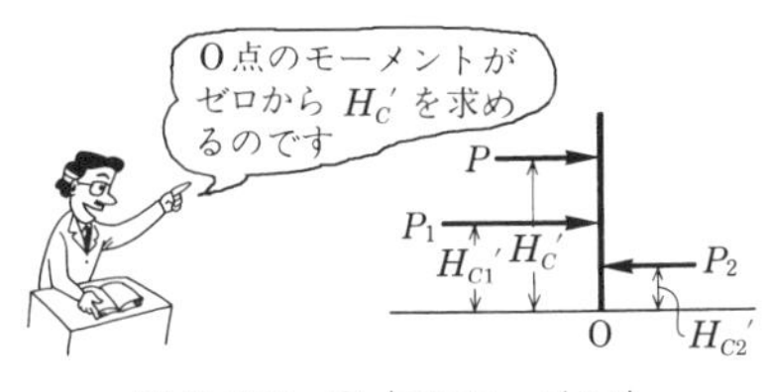

図 2·20　O 点のモーメント

No.7　コンクリートブロックの側面に作用する水圧

2 m×2 m×2 m のコンクリートブロックが水面下 5 m の位置にある．鉛直平面に作用する全水圧 P と作用点の位置 H_C を求めよ．

（解）　$P = \rho g H_G A = 1\,000\ \mathrm{kg/m^3} \times 9.8\ \mathrm{m/s^2} \times 4\ \mathrm{m} \times 4\ \mathrm{m^2} = \underline{156.8\ \mathrm{kN}}$

ただし，$H_G = (3+5)/2 = 4\ \mathrm{m}$

$$H_C' = \frac{H}{3} \frac{2H_1 + H_2}{H_1 + H_2} = 0.92\ \mathrm{m}$$

$$H_C = H_2 - H_C' = 5 - 0.92 = \underline{4.08\ \mathrm{m}}$$

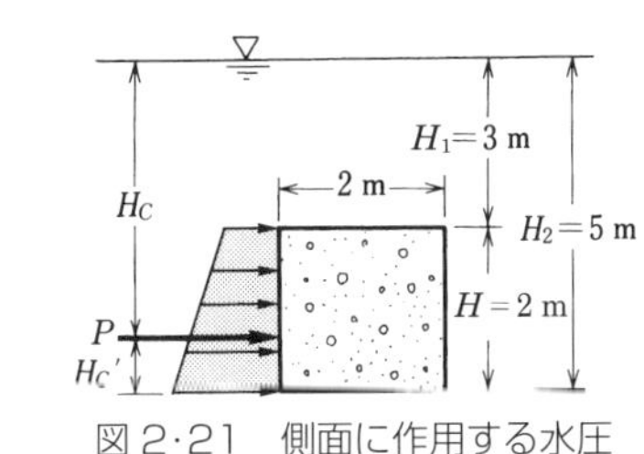

図 2·21　側面に作用する水圧

p.54［問題 1］に try!

トピックス　図心と重心について

重心は，物体の各部分に働く重力の作用と等価な合力の作用点，質量の中心です．図心は，平面図形の面積の中心です．等密度の材質でできている平面では，図心と重心の位置は一致します．静水圧では図心と重心が一致し G で表す．作用点は C とする．

7

面が傾いても同じ

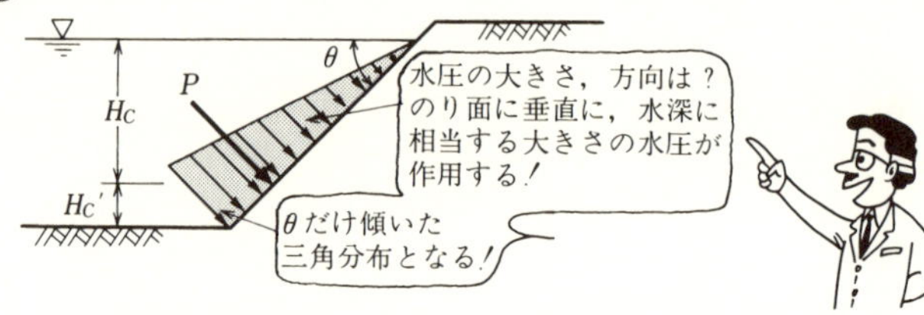

三角分布の場合

河川堤防ののり面のように，傾斜した平面に作用する全水圧はどのようになるのか考えてみましょう．

面が傾斜していても水圧は面に垂直に，しかも水深に相当する力が働く．ゆえに，鉛直平面で水圧分布（三角分布，台形分布）が，傾斜面と水面となす傾斜角 θ だけ傾くだけのことで，今までと同様に求めることができる．

図 2･22 の場合において，のり面方向に s 軸をとると，奥行き b 当りののり面に作用する全水圧 P は，のり面の長さ S のとき次のとおり．

$$P=\frac{1}{2}\rho gHSb,\quad H_G=\frac{H}{2},\quad A=Sb \text{ から}$$

$$\left.\begin{aligned} &P=\rho gH_GA \\ &H_C=\frac{2}{3}H,\quad H_C'=\frac{1}{3}H \\ &S_C=\frac{2}{3}S,\quad S_C'=\frac{1}{3}S \end{aligned}\right\} \qquad (2\cdot19)$$

水深 H とのり面からの距離 S との関係は，$H=S\sin\theta$ です．

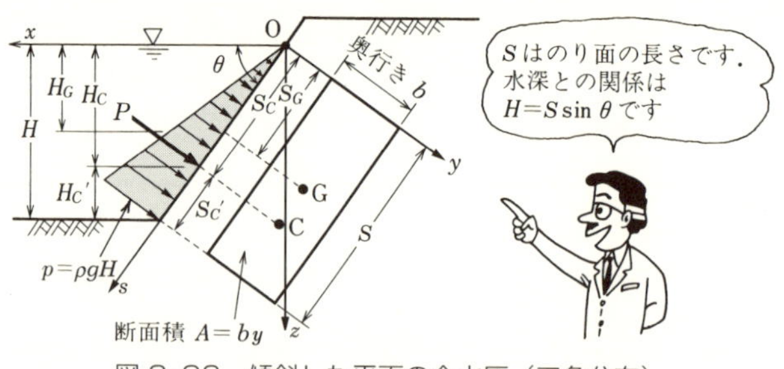

図 2･22　傾斜した平面の全水圧（三角分布）

台形分布の場合

図 2·23 の堤防下の断面 $b \times H$ の長方形暗きょのふたに作用する全水圧 P は次のとおり．

水圧分布は，上端 p_1，下端 p_2 の台形分布となります．

$$P = \frac{p_1 + p_2}{2} Sb$$

$p_1 = \rho g H_1$，$p_2 = \rho g H_2$，$A = Sb$ から

$$P = \frac{\rho g (H_1 + H_2)}{2} A$$

図心までの水深を H_G とすれば

$$H_G = \frac{H_1 + H_2}{2}$$

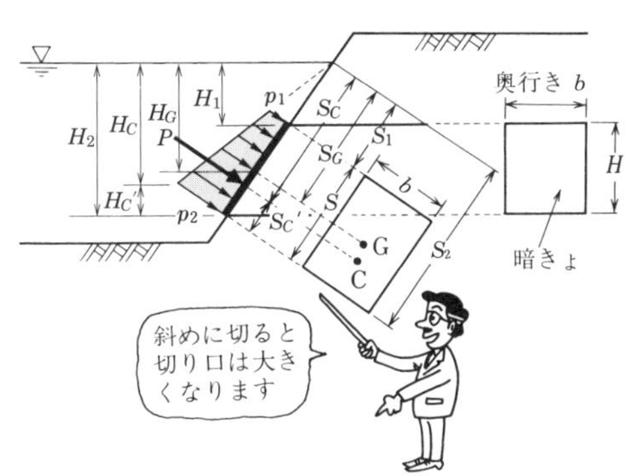

図 2·23　傾斜した平面の全水圧（台形分布）

$$\therefore \quad P = \rho g H_G A \qquad (2 \cdot 20)$$

$$作用点の位置 \ S_C' = \frac{S}{3} \frac{2p_1 + p_2}{p_1 + p_2} = \frac{S}{3} \frac{2H_1 + H_2}{H_1 + H_2} \qquad (2 \cdot 21)$$

$$\left. \begin{array}{l} S_C = S_2 - S_C' \\ H_C = S_C \sin\theta \\ H_C' = S_C' \sin\theta \end{array} \right\}$$

No.8　取水口の門扉の水圧

図 2·24 に示す取水管（2 m×1 m）の門扉に作用する全水圧，作用点の位置を求めよ．

ただし，$S_1 = 3$ m とする．

(解)　門扉の長さ S，面積 A

$$S = \frac{H}{\sin\theta} = \frac{2\,\text{m}}{\sin 30^\circ} = 4\,\text{m}$$

$$A = S \times b = 4\,\text{m}^2$$

$$H_1 = S_1 \sin 30^\circ = 1.5\,\text{m}$$

$$H_2 = S_1 + S \sin 30^\circ = 3.5\,\text{m}$$

$$H_G = (H_1 + H_2)/2 = 2.5\,\text{m}$$

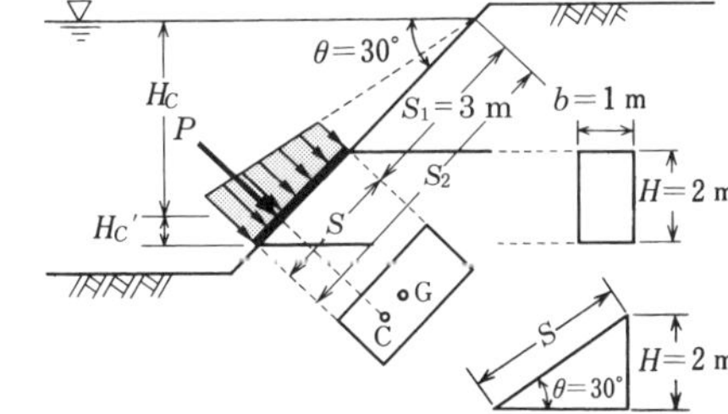

図 2·24　傾斜した平面の全水圧

$$\therefore \quad P = \rho g H_G A = 1\,000\,\text{kg/m}^3 \times 9.8\,\text{m/s}^2 \times 2.5\,\text{m} \times 4\,\text{m}^2 = \underline{98\,\text{kN}}$$

$$S_C' = \frac{S}{3} \frac{2H_1 + H_2}{H_1 + H_2} = \frac{4}{3} \times \frac{2 \times 1.5 + 3.5}{1.5 + 3.5} = 1.73\,\text{m}, \quad S_C = 7 - 1.73 = \underline{5.27\,\text{m}}$$

8 これですべて解決！一般式

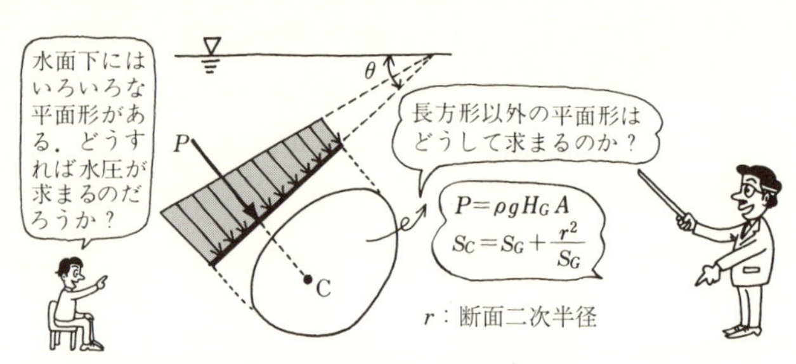

全水圧 P を求める一般式

これまでに長方形の平面が，①水面に対して平行，②鉛直，あるいは③傾斜している場合の全水圧の求め方を学習しました．

長方形以外の平面に作用する全水圧はどのようになるのか．ここでは，平面の形状がどのような場合であっても，全水圧が求められる一般式について考えてみましょう．

図 2·25 において，任意の断面形状をしている平面が水面と θ の角度で傾斜している場合，この平面に作用する全水圧とその作用点の位置を求める．

水圧分布は台形分布ですが，分布図の体積を求める場合，奥行きが水深によって異なるため，今までどおりには求められない．そこで，平面を水面（y 軸）と平行な無数の直線で分割し，それぞれの微小断面積 ΔA（$=b\Delta S$）を長方形とみなす．水深 H の微小断面積 ΔA に作用する全水圧 ΔP は，次のとおり．

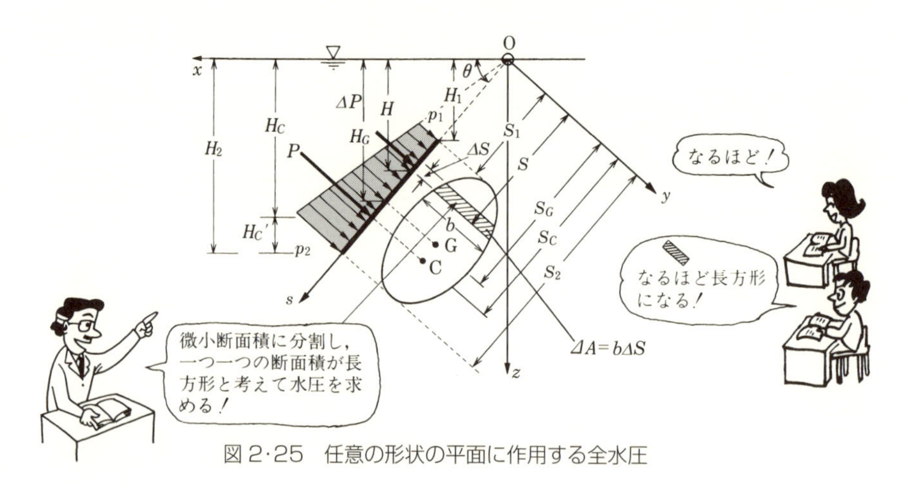

図 2·25 任意の形状の平面に作用する全水圧

$$\Delta P = p\Delta A = \rho g H \Delta A = \rho g S \sin\theta \, \Delta A$$

全水圧 P は，分割された微小断面積に作用する全水圧 ΔP の総和です．

$$P = \Sigma \Delta P = \rho g \sin\theta \sum_A S\Delta A = \rho g \sin\theta \int_A S dA$$

$\sum_A S\Delta A$ は，微小断面積の x 軸に関する断面一次モーメントの総和です．

$$\therefore \quad \sum_A S\Delta A = \int_A S dA = S_G A$$

ゆえに，全水圧 P は次のとおり．

$$P = \rho g \sin\theta \, S_G A = \rho g S_G \sin\theta \, A = \rho g H_G A \qquad (2 \cdot 22)$$

ただし，$H_G = S_G \sin\theta$

以上から，「平面に作用する全水圧 P は，平面の図心 G における水圧 $p_G = \rho g H_G$ に平面の断面積 A を掛ければよい」ことが分かる．

作用点の位置を求める一般式

作用点の位置を求める一般式は次のとおり．全水圧 P とその作用点の位置 S_C の O 点におけるモーメントは，各微小断面積 ΔA に作用する全水圧 ΔP とその距離（傾斜距離）S のモーメントの合計と等しい．

$$\therefore \quad PS_C = \sum_A S\Delta P = \int_A S dp$$

$$S_C = \frac{\sum_A S\Delta P}{P} = \frac{\rho g \sin\theta \sum_A S^2 \Delta A}{\rho g S_G \sin\theta \, A} = \frac{\sum_A S^2 \Delta A}{S_G A} = \frac{\int_A S^2 dA}{S_G A}$$

上式の分子 $\sum_A S^2 \Delta A$ は，平面 A の x 軸に関する断面二次モーメントです．

$$\therefore \quad \sum_A S^2 \Delta A = \int_A S^2 dA = I_x$$

$$\therefore \quad S_C = \frac{I_x}{S_G \mathrm{A}}$$

A　G　G　G　y_G　x　x

軸を変えると断面二次モーメントは変わります

なお，平面 A の図心における**断面二次モーメント**を I_G とすると，$I_x = I_G + S_G{}^2 A$ から

$$\therefore \quad \left. \begin{aligned} S_C &= \frac{I_G + S_G{}^2 A}{S_G A} = S_G + \frac{I_G}{S_G A} = S_G + \frac{r^2}{S_G} \\ H_C &= S_G \sin\theta \end{aligned} \right\} \qquad (2 \cdot 23)$$

ただし，断面二次半径 $r = \sqrt{I_G / A}$

全水圧の作用点 C は，常に平面の図心 G より少し深い位置となる．

9

図形の図心を探せ！

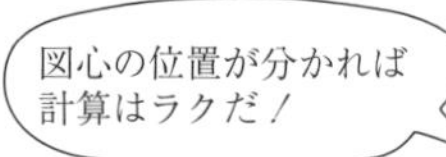

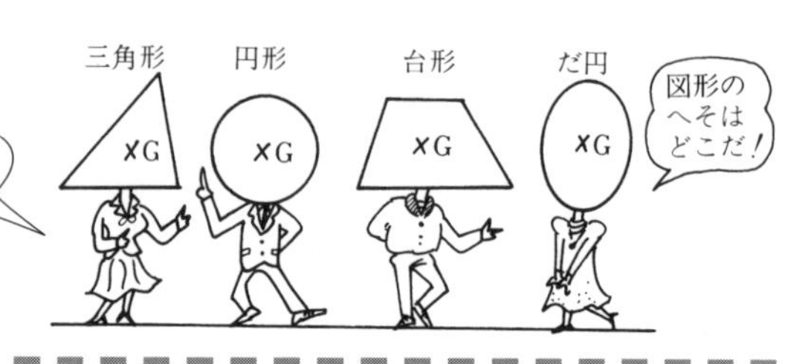

平面に作用する全水圧を求める一般式

式（2・24）から，平面図形の図心までの水深 H_G（または S_G）と断面二次半径 r が分かれば，どのような形状の平面図形でもその全水圧と作用点の位置を求めることができる．

$$
\left.
\begin{aligned}
&\text{全水圧} \quad P=\rho g H_G A \\
&\text{作用点} \quad S_C=S_G+\frac{r^2}{S_G} \\
&\qquad\qquad H_C=S_C\sin\theta
\end{aligned}
\right\} \qquad (2\cdot24)
$$

ただし，$r=\sqrt{I_G/A}$，　r：断面二次半径，　I：断面二次モーメント

表 2·1　平面図形の性質

図　形	面積 A	図心 y_G	図心回りの断面二次モーメント I_G	断面二次半径 r
b, h, G, y_G	bh	$\dfrac{h}{2}$	$\dfrac{bh^3}{12}$	$\dfrac{\sqrt{3}}{6}h$
h, G, b, y_G	$\dfrac{bh}{2}$	$\dfrac{h}{3}$	$\dfrac{bh^3}{36}$	$\dfrac{\sqrt{2}}{6}h$
a, h, G, b, y_G	$\dfrac{(a+b)h}{2}$	$\dfrac{h}{3}\ \dfrac{2a+b}{a+b}$	$\dfrac{h^3}{36}\ \dfrac{a^2+4ab+b^2}{a+b}$	$\dfrac{h\sqrt{2(a^2+4ab+b^2)}}{6(a+b)}$
a, d, G, y_G	πa^2	a	$\dfrac{\pi a^4}{4}$	$\dfrac{d}{4}$
a, b, G, y_G	πab	b	$\dfrac{\pi ab^2}{4}$	$\dfrac{a}{2}$

No.9 円管の門扉にかかる圧力

図 2·26 に示す直径 1 m の円形断面の取水口の門扉に作用する全水圧とその作用点の位置を求めよ．

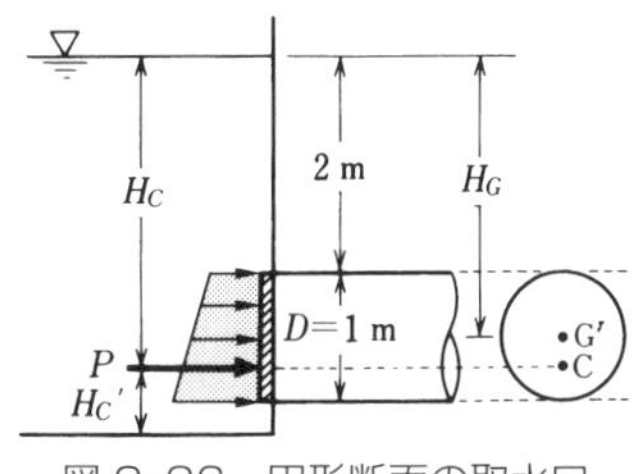

図 2·26 円形断面の取水口

（解） $H_G = 2.5\ \mathrm{m}$，$A = \pi D^2/4 = 0.785\ \mathrm{m}^2$ から

全水圧 $P = 1\,000\ \mathrm{kg/m^3} \times 9.8\ \mathrm{m/s^2} \times 2.5\ \mathrm{m} \times 0.785\ \mathrm{m^2} = \underline{19.23\ \mathrm{kN}}$

$r = D/4 = 0.25\ \mathrm{m}$ から作用点の位置 H_C は

$$H_C = H_G + \frac{r^2}{H_G} = 2.5\ \mathrm{m} + \frac{(0.25\ \mathrm{m})^2}{2.5\ \mathrm{m}} = \underline{2.53\ \mathrm{m}}$$

No.10 円管の門扉にかかる圧力

図 2·27 に示すのりこう配 30°の河川堤防の直径 2 m の取水口がある．この取水口の門扉に作用する全水圧とその作用点の位置を求めよ．

（解） 円形断面を 30°の角度で切ると，切口はだ円となる．だ円の長径 $S = 2a$ は

$$S = 2a = \frac{2\ \mathrm{m}}{\sin 30^\circ} = 4\ \mathrm{m},\ a = 2\ \mathrm{m}$$

短径 $2b = 2\ \mathrm{m}$ から，門扉の面積 A は

$A = \pi ab = 3.14 \times 2\ \mathrm{m} \times 1\ \mathrm{m} = 6.28\ \mathrm{m^2}$

断面二次半径 $r = a/2 = 1\ \mathrm{m}$

$H_G = (S_1 + a)\sin 30^\circ = 5 \sin 30^\circ = 2.5\ \mathrm{m}$

$P = \rho g H_G A = 1\,000\ \mathrm{kg/m^3} \times 9.8\ \mathrm{m/s^2} \times 2.5\ \mathrm{m} \times 6.28\ \mathrm{m^2} = \underline{153.86\ \mathrm{kN}}$

$$S_C = S_G + \frac{r^2}{S_G} = 5\ \mathrm{m} + \frac{(1\ \mathrm{m})^2}{5\ \mathrm{m}} = 5.2\ \mathrm{m}$$

$H_C = 5.2\ \mathrm{m} \cdot \sin 30^\circ = \underline{2.60\ \mathrm{m}}$

p.54［問題 2］に try!

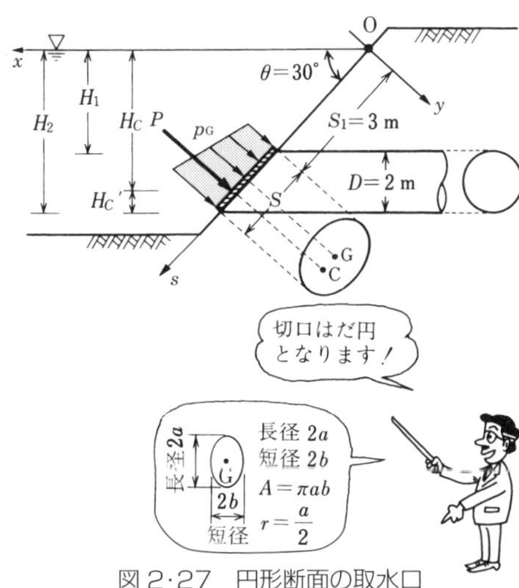

図 2·27 円形断面の取水口

トピックス 図形（部材）の力学的性質

断面二次モーメントは，面積×(距離)^2 で求められ，部材の曲げに対する強さを表す．断面二次半径は，断面二次モーメントを面積で割った値の平方根で座屈強さを表す．

10 力の合成で求める！

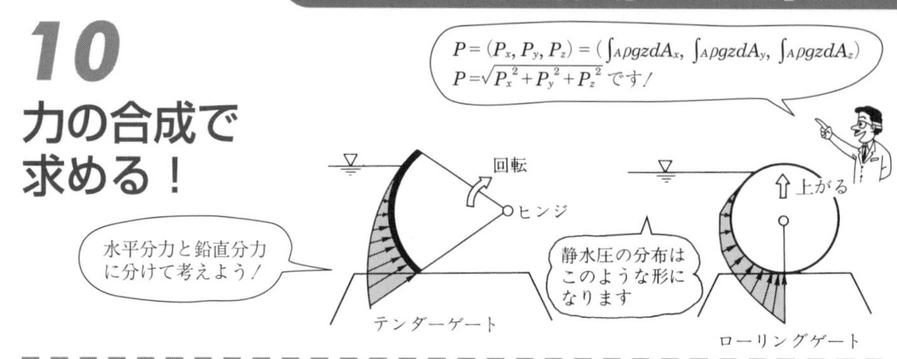

テンダーゲートに作用する全水圧

ダムの放水路やせきに用いられる**テンダーゲート**，**ローリングゲート**などは曲面です．この曲面に作用する全水圧を求めてみましょう．

静水圧は面に垂直に，しかも水深に比例して作用するから，その分布状態は**図 2·28** のような形になる．また，全水圧 P の作用方向は中心点 O に向かい，水平となす角度は β となる．ゆえに，全水圧 P を水平分力 P_x と鉛直分力 P_z に分け，$P=\sqrt{P_x^2+P_z^2}$ から求める．

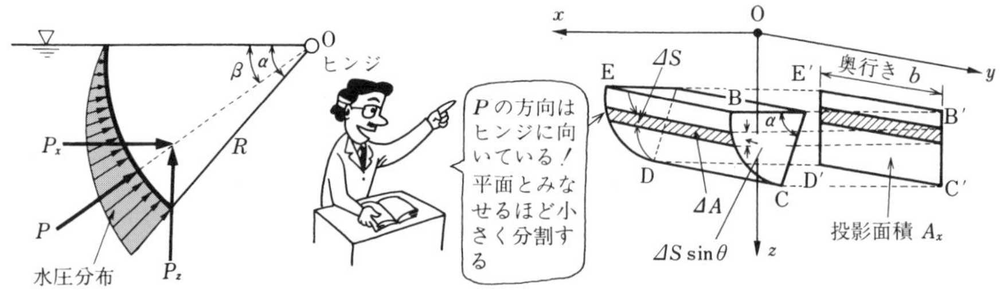

図 2·28　曲面の静水圧の分布図　　図 2·29　水平分力 P_x の求め方

水平分力 P_x 鉛直分力 P_y

いま，半径 R，中心角 α，奥行き b のテンダーゲートに作用する全水圧 P を求める．

曲面を水面 Oy に平行な無数の直線で分割すると，それぞれが平面とみなし得る幅 ΔS，奥行き b の帯状の微小断面積 ΔA（$b\Delta S$）が得られる．水深 H の微小断面積 ΔA に作用する全水圧 ΔP は，次のとおり．

$$\Delta P=\rho gH\Delta A=\rho gHb\Delta S \quad (1)$$

微小断面積が水平面となす角を θ とすれば，水平分力 ΔP_x，鉛直分力 ΔP_z は

$$\Delta P_x=\rho gHb\Delta S\sin\theta \quad (2)$$

$$\Delta P_z=\rho gHb\Delta S\cos\theta \quad (3)$$

曲面全体に作用する全水圧 P の yz 面の水平分力 P_x，鉛直分力 P_z は，微小断面積に働くそれぞれの分力の総和となる．

$$P_x=\sum_A \rho gHb\Delta S\sin\theta=\rho gb\sum_A H\Delta S\sin\theta=\rho gb\sin\theta\int_A HdS \qquad (4)$$

$$P_z=\sum_A \rho gHb\Delta S\cos\theta=\rho gb\sum_A H\Delta S\cos\theta=\rho gb\cos\theta\int_A HdS \qquad (5)$$

曲面を水平方向に投影したB′C′D′E′の面積を A_x，その図心までの水深を H_G とすれば，式（4）から次の関係が成り立つ．

$$b\sum_A H\Delta S\sin\theta=b\sin\theta\int_A HdS=H_GA_x$$

$$\therefore\quad P_x=\rho gb\sum_A H\Delta S\sin\theta=\rho gb\sin\theta\int_A HdS=\rho gH_GA_x \qquad (2\cdot 25)$$

一方，式（5）から $Hb\Delta S\cos\theta$ は，微小断面積 ΔA を底面としたときの水面までの体積を表す．BC を底とし，水面までの体積を V とすると

$$P_z=\rho gb\sum_A H\Delta S\cos\theta=\rho gb\sin\theta\int_A HdS=\rho gV \qquad (2\cdot 26)$$

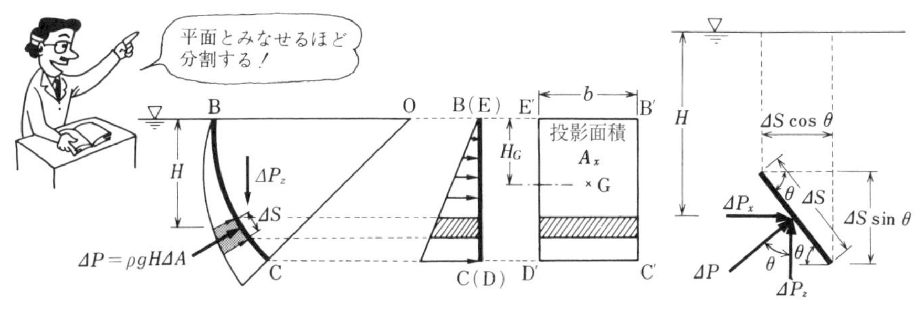

図 2·30　水平分力・鉛直分力の説明図

以上から，任意の曲面に作用する全水圧は，次のようになる．

（1）曲面に作用する全水圧の水平分力 P_x，P_y は，その曲面を水平方向（xz 面，yz 面）に投影して得られる投影面積（鉛直平面）A_x，A_y に働く全水圧に等しく，その作用点の位置は鉛直平面の場合と同様です．

（2）曲面に作用する全水圧の鉛直分力 P_z は，その曲面を底面として水面までの鉛直水柱の重量に等しい．その作用点の位置は水柱の重心を通る鉛直線上です．

（3）曲面に作用する全水圧 P は，次のとおり．

$$\left.\begin{aligned}&P_x=\rho gH_GA_x,\quad P_y=\rho gH_GA_y,\quad P_z=\rho gV\\&\therefore\quad P=\sqrt{P_x{}^2+P_y{}^2+P_z{}^2},\quad P=\sqrt{P_x{}^2+P_y{}^2}\text{ のとき }\ \beta=\tan^{-1}\frac{P_z}{P_x}\end{aligned}\right\}\qquad (2\cdot 27)$$

11 まずは，解いてみましょう

この水圧は大きい！
ヒンジ
全水圧は，すべてこのヒンジで受け持っているのです！
全水圧 P

$$P=\sqrt{P_x^{\,2}+P_z^{\,2}}$$

$$\beta=\tan^{-1}\frac{P_z}{P_x}$$

テンダーゲートに作用する全水圧

半径 $R=5$ m，中心角 $\alpha=60°$ のテンダーゲートが図 **2·31** のように設置されている．奥行き 1 m 当りに作用する全水圧 P を求めてみましょう．

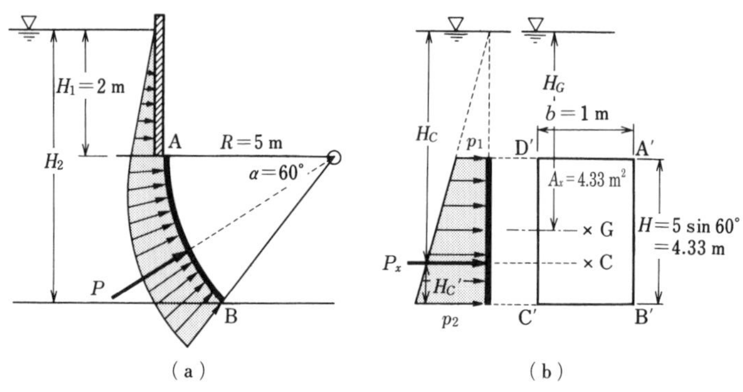

図 2·31　水平分力 P_x の求め方

水平分力 P_x は，曲面を水平方向に投影した鉛直平面 A_x に働く全水圧に等しい．ゆえに，図 2·31 (b) の鉛直平面 A′B′C′D′ に作用する全水圧を求めればよい．

$$P_x=\rho g H_G A=1\,000\ \mathrm{kg/m^3}\times 9.8\ \mathrm{m/s^2}\times 4.17\ \mathrm{m}\times 4.33\ \mathrm{m^2}$$
$$=176.95\ \mathrm{kN}$$

ただし，$H_G=H_1+\dfrac{H}{2}$

$$=2+2.17=4.17\ \mathrm{m}$$

$$H_C'=\frac{H}{3}\,\frac{2H_1+H_2}{H_1+H_2}$$
$$=\frac{4.33}{3}\times\frac{2\times 2+6.33}{2+6.33}=1.79\ \mathrm{m}$$

$$H_C=H_2-H_C'=6.33-1.79=4.54\ \mathrm{m}$$

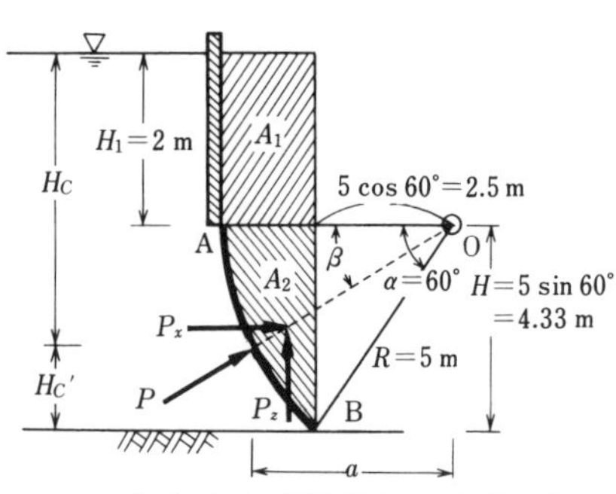

図 2·32　鉛直分力 P_z の求め方

鉛直分力 P_z は，ABを底面とする水面までの水柱の重量ですから，まず断面積 A を求める．

$$A = A_1 + A_2 = \boxed{A_1} + A_2 = \square + (\triangledown - \triangledown)$$

$$= 2.5 \times 2 + \left(3.14 \times \frac{5^2}{6} - \frac{1}{2} \times 5 \cdot \sin 60^\circ \times 5 \cdot \cos 60^\circ\right) = 12.67\ \mathrm{m}^2$$

$$\therefore \quad V = bA = 1 \times 12.67 = 12.67\ \mathrm{m}^3$$

$$\therefore \quad P_z = \rho g V = 1\,000\ \mathrm{kg/m^3} \times 9.8\ \mathrm{m/s^2} \times 12.67\ \mathrm{m^3} = 124.17\ \mathrm{kN}$$

作用点までの距離 a は，ヒンジの位置O点におけるモーメントがゼロになることにより，次のとおり．

$$P_x (H - H_C') = P_z a$$

$$\therefore \quad a = \frac{P_x (H - H_C')}{P_z} = \frac{176.95\ \mathrm{kN} \times (4.33\ \mathrm{m} - 1.79\ \mathrm{m})}{124.17\ \mathrm{kN}} = 3.62\ \mathrm{m}$$

以上から，全水圧 P および水面となす角 β は，次のとおり．

全水圧　$P = \sqrt{P_x{}^2 + P_z{}^2} = \sqrt{176.95^2 + 124.17^2} = \underline{216.20\ \mathrm{kN}}$

$$\beta = \tan^{-1} \frac{P_z}{P_x} = \tan^{-1} \frac{124.17}{176.95} = \underline{35^\circ 3'}$$

投影面が重なる場合の取扱い

(1) 投影面が重なる場合には注意を要します．**図 2·33** においてBCとCDの鉛直平面の投影が重なる場合，水平分力は互いに等しく向きが反対ですから打ち消し合います．ゆえに，ABの投影面積 A_x についてのみ考えればよい．

(2) **図 2·34** の鉛直分力 P_z は，ABCの水柱（V_1）の重量が上向きに働き，BCDEFの水柱（V_2）の重量が下向きに働く．結果としてACDEF（$V = V_2 - V_1$）の重量が下向きの鉛直分力となる．

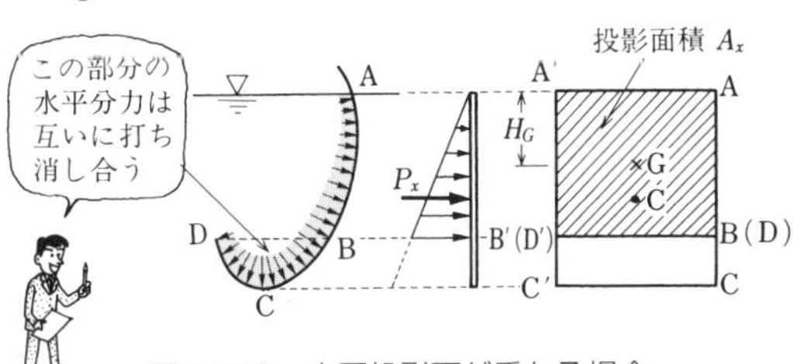

図 2·33　水平投影面が重なる場合

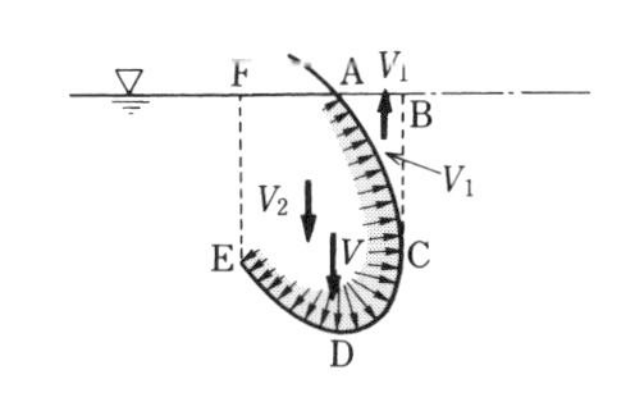

図 2·34　鉛直投影面が重なる場合

p.54［問題 3］に try!

12 水中では体は軽くなる

アルキメデスの原理

「水中にある物体は，それが排除した体積の水の重量に等しい浮力を受ける」．以上は，**アルキメデスの原理**です．なぜ水中にある物体は浮力を受けるのか調べてみましょう．

図 2·35 に示す任意の形状の物体が水面下にあります．この物体にはあらゆる方向から面に垂直に水圧が作用している．**図 2·35** (a) に示すように，水平方向の投影面積 A_{x1}，A_{x2} はどの方向を取っても等しい．ゆえに，曲面の水平分力 P_x は互いに打ち消し合い，残る水圧は鉛直方向だけとなる．

図 2·35 (b) において，EABCF の水柱の重量 $\rho g V_1$ が上向きに，EADCF の水柱の重量 $\rho g V_2$ が下向きに作用する．したがって，両者の差 $\rho g V$ $(=\rho g V_1 - \rho g V_2)$ が上向きに働く水圧となり，この力が**浮力**です．つまり，水深の違いによる水圧の差が浮力となる．水中にある物体の体積を V，水の単位体積重量を w $(=\rho g)$ とすれば，浮力 B は次のとおり．

$$B = w(\text{EABCF の体積}) - w(\text{EADCF の体積}) = \rho g V \qquad (2 \cdot 28)$$

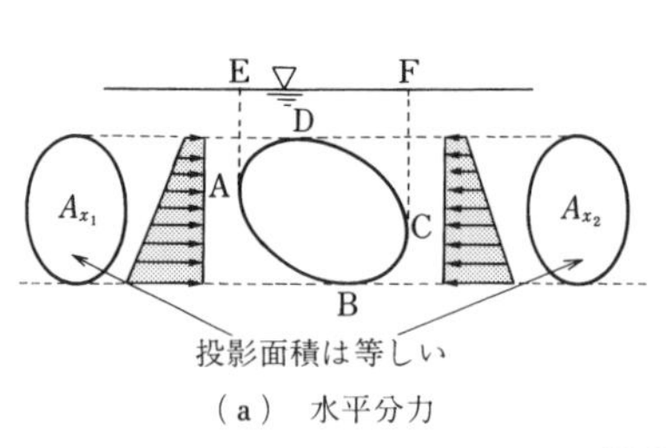

（a） 水平分力

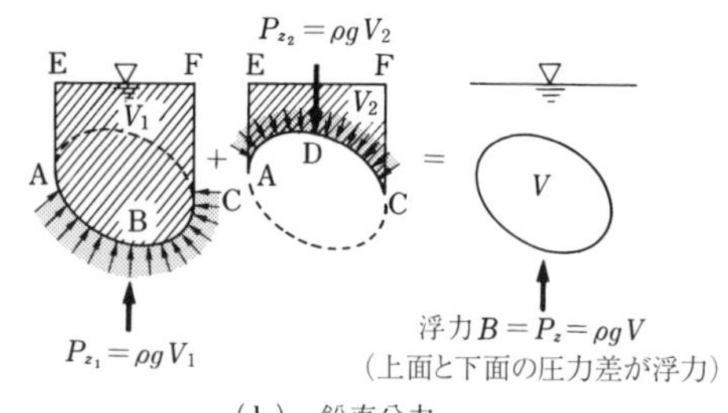

（b） 鉛直分力

図 2·35 水中の物体

密度の求め方

物体の密度を求めるために，次の実験を行いました．

(1) **図 2·36** (a) において，石の空中重量をばねばかりで測定したところ，その重さ W は 84.28 N でした．

(2) 図 2·36 (b) に示す水槽の重さは 49 N です．

(3) 図 2·36 (c) に示すように，水槽を台ばかりに載せたまま石の水中重量を測ると 51.94 N を示し，台ばかりは 81.34 N を示した．つまり，石は 32.34 N の浮力を受け軽くなり，一方台ばかり上の水槽の水面はその体積分だけ上昇し，台ばかりの重さが 32.34 N (浮力 B) だけ増えます．$B=\rho gV$ より石の体積 V は，$32.34\,\mathrm{kgm/s^2}/(1\,000\,\mathrm{kg/m^3}\cdot 9.8\,\mathrm{m/s^2}) = 3.3\times 10^{-3}\,\mathrm{m^3} = 3.3\,l = 3\,300\,\mathrm{cm^3}$ です．

(4) 図 2·36 (d) で，ばねばかりの石を水槽に沈めると，台ばかりの重量は 133.28N となりました．これは水槽の重量と石の重量の和です．

(5) 石の単位体積重量 w は次のとおり．

$$w = W/V = 84.28\,\mathrm{N}/3.3\times 10^{-3}\,\mathrm{m^3} = 25.54\times 10^3\,\mathrm{N/m^3}$$

(6) 石の密度 ρ は，式 (1·1) から次のとおり．

$$\rho = \frac{w}{g} = \frac{25.54\times 10^3\,\mathrm{N/m^3}}{9.8\,\mathrm{m/s^2}} = 2.61\times 10^3\,\mathrm{kg/m^3}$$

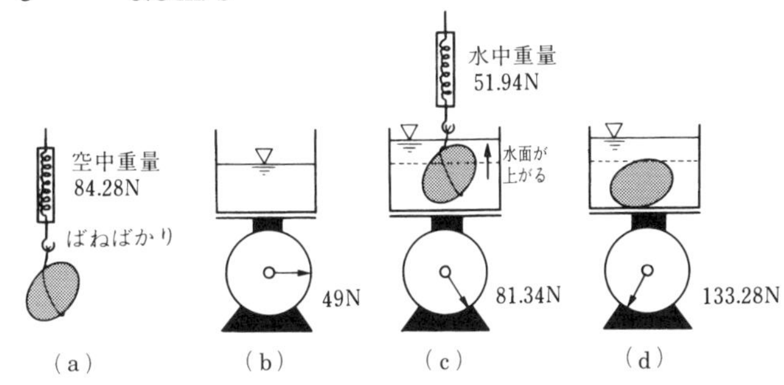

図 2·36 密度を求める実験

人物紹介 アルキメデス (Archimedes, BC 287〜212)

ギリシャの数学者・技術者．シラクサの王ヒエロン 2 世は，金細工師に作らせた金の王冠が本物であるか疑い，アルキメデスに王冠を傷付けないで調べるように命じました．ある日，アルキメデスは，ふろに入ろうとして一杯にくんであった水がこぼれるのに気が付きました．このとき，こぼれた水の量は水の中に入れた身体の体積に等しいことに気が付き，“王冠を水の中につけるなら，水の高さが増し体積を知ることができる．王冠と同じ重さの金塊と比較して体積が等しいなら，王冠は純金であると判断できる”と考え付いたのです．実験の結果，王冠には銀が入っていることが分かり，金細工師は処刑されたということです (参考：金の密度 19.3 g/cm^3，銀の密度 10.5 g/cm^3)．

13 浮体の重量と浮力は等しい

浮体のつり合い

水面下にある物体は，その物体が排除した水の重量だけの浮力を受ける．浮力の中心，**浮心 C** は，水面下の体積の中心です．いま，ある物体を水面下に置いた瞬間をとらえると，物体が重い場合は沈む．沈むと水面下の体積が増大し浮力が大きくなり，やがて物体の重量とつり合って静止する．浮力が物体の重量と等しくならない場合は沈んでしまいます．反対に物体が軽い場合は浮き上がる．浮き上がると水面下の体積が減り，浮力は小さくなり，やがて物体の重量とつり合い，物体は静止する．このように，船舶などの浮体は，常に重量 W と浮力 B が等しい状態を保っている．

図 2·37（a）に示すように，浮体が水面で切られる面を**浮揚面**といい，浮揚面から浮体の最も深い点までの水深を**喫水**（きっすい）という．

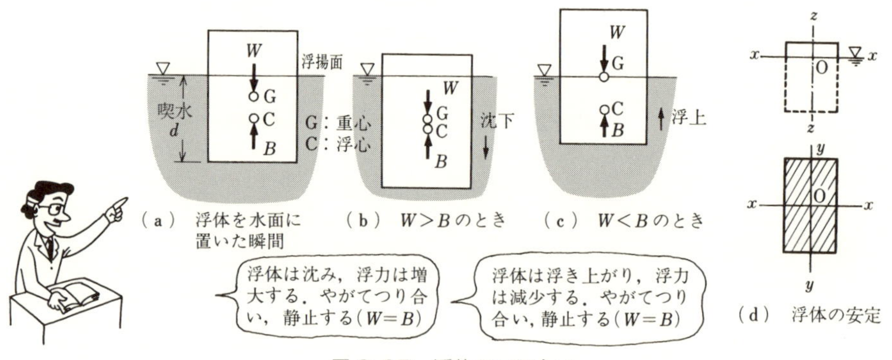

図 2·37　浮体のつり合い

浮体の安定

図 2·38 において，浮体が静止状態にあるときは，重量 W と浮力 B は同一鉛直線上にある．浮体が傾くと，水面下の体積の形状が変わり浮心 C が C′に移動する．このため，重量 W と浮力

B は同一鉛直線上ではなくなり偶力が働く．この偶力が浮体の傾きを元に戻す方向に働くとき**復元力**があるといい，この場合，浮体は**安定**している．偶力が浮体をますます傾けるように働くときは，浮体は**不安定**です．浮体が安定か不安定かの判断は，次式により判定する．

$$\overline{GM} = \frac{I_y}{V} - \overline{CG} \tag{2・29}$$

$\overline{GM} > 0$　安定（復元力がある）

$\overline{GM} = 0$　中立（静止状態）

$\overline{GM} < 0$　不安定（ますます傾く）

ただし，$\overline{GM}$: メタセンター高

I_y: 浮揚面の Oy 軸の周りの断面二次モーメント(注)

V: 水面下にある物体の体積

$\overline{CG}$: 浮体が静止の位置にあるときの浮心と重心との距離

浮体の鉛直軸 z と浮力 B の作用線の交点 M（傾心）を**メタセンター**，$\overline{GM}$ を**メタセンター高**という．$\overline{GM}$ は，M が G より上のとき，$\overline{CG}$ は G が C より上のとき正とする．$\overline{GM} > 0$ のとき浮体に復元力が働き**安定**，$\overline{GM} = 0$ のとき静止状態で**中立**，$\overline{GM} < 0$ のとき偶力は転倒モーメントとなり**不安定**となる．

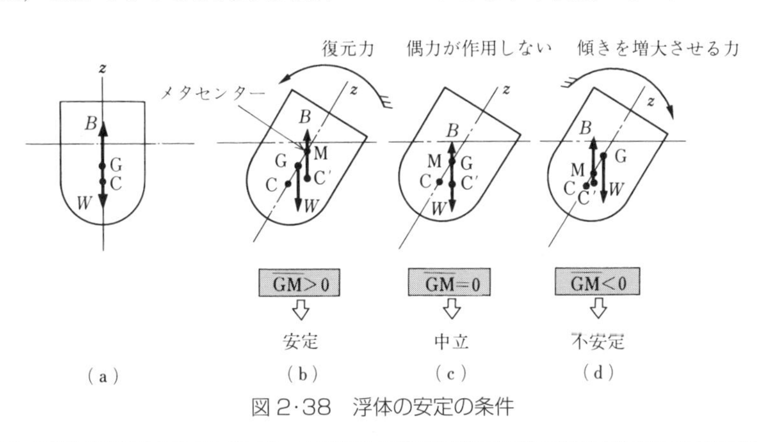

図 2·38　浮体の安定の条件

ポイント　断面二次モーメントについて

（注）　断面二次モーメントは，曲げモーメントに対する図形の変形のしにくさを表す．式(2·29) で分かるように，I_x, I_y のうち値の小さい値について，すなわち浮体平面の長軸の周りの傾きについて検討すればよい．

14 ケーソンは浮体としてえい航する

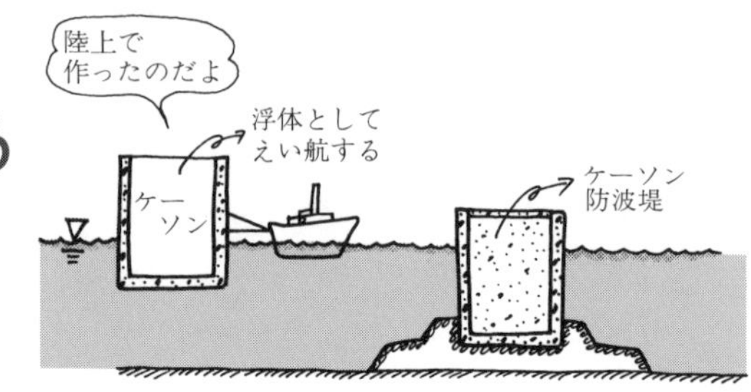

ケーソンえい航時の安定の検討

防波堤に用いられるケーソンは陸上で製作され，浮体として海上を設置場所までえい航されます．そこでケーソンは，設置場所までの海上輸送時の浮体としての安定の問題を検討しておかなければなりません．

いま，**図 2·39** に示す長さ 10 m，幅 8 m，高さ 7 m，底壁および側壁の厚さ 40 cm の中空の鉄筋コンクリートケーソンを海上に浮かべるときの安定を調べてみましょう．

(1) ケーソンの重量 W は，鉄筋コンクリートの密度を 2 400 kg/m^3 とすれば次のとおり．

$$W = 2\,400\,\mathrm{kg/m^3} \times 9.8\,\mathrm{m/s^2} \times (10\,\mathrm{m} \times 8\,\mathrm{m} \times 7\,\mathrm{m} - 8.8\,\mathrm{m} \times 7.2\,\mathrm{m} \times 6.6\,\mathrm{m})$$
$$= 3\,335.7\,\mathrm{kN}$$

(2) 浮力 B は，喫水 d〔m〕，海水の密度を 1 025 kg/m^3 とすれば，次のとおり．

$$B = 1\,025\,\mathrm{kg/m^3} \times 9.8\,\mathrm{m/s^2} \times (10\,\mathrm{m} \times 8\,\mathrm{m} \times d)$$
$$= 803.6\,d\ \text{〔kN〕}$$

(3) 浮力 B と重量 W はつり合いますから，喫水 d は次のとおり．

$B = W$ より

$803.6\,d = 3\,335.7$

$d = 4.15\,\mathrm{m}$

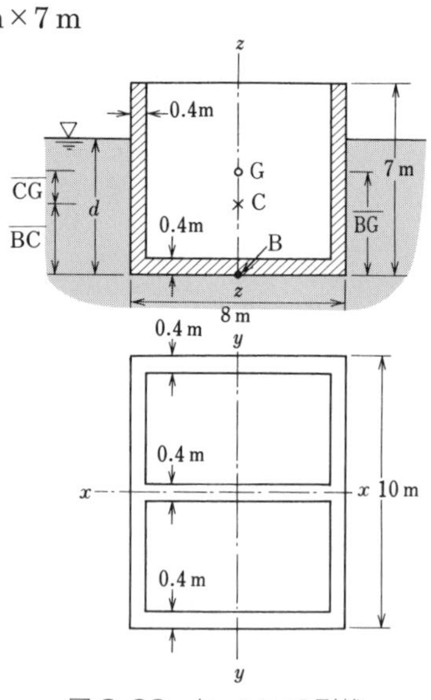

図 2·39　ケーソンの形状

(4) ケーソンの底面からケーソンの重心までの高さは，次のとおり．

$$W\times\overline{\mathrm{BG}}=2\,400\,\mathrm{kg/m^3}\times9.8\,\mathrm{m/s^2}\left\{10\times8\times7\times\frac{7}{2}-8.8\times7.2\times6.6\times\left(0.4+\frac{6.6}{2}\right)\right\}$$

$$W\times\overline{\mathrm{BG}}=2\,400\,\mathrm{kg/m^3}\times9.8\,\mathrm{m/s^2}\times(1\,960\,\mathrm{m^4}-1\,547\,\mathrm{m^4})$$

$$=9\,713.8\,\mathrm{kN\cdot m}$$

$$\therefore\quad \overline{\mathrm{BG}}=\frac{9\,713.8\,\mathrm{kN\cdot m}}{3\,335.7\,\mathrm{kN}}=2.91\,\mathrm{m}$$

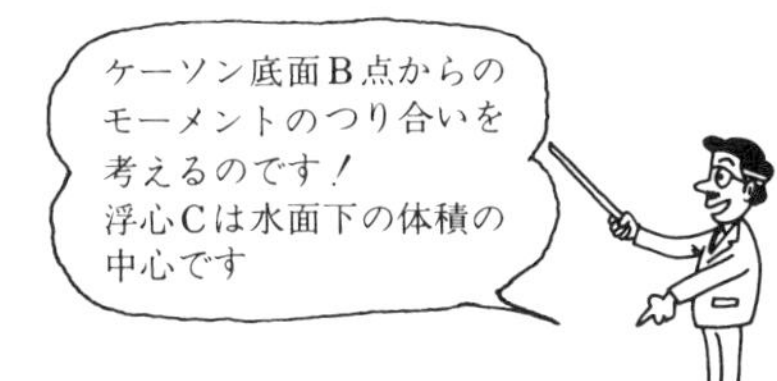

(5) 浮心Cまでの高さは，次のとおり．

$$\overline{\mathrm{BC}}=\frac{4.15\,\mathrm{m}}{2}=2.08\,\mathrm{m}$$

$$\therefore\quad \overline{\mathrm{CG}}=\overline{\mathrm{BG}}-\overline{\mathrm{BC}}=2.91\,\mathrm{m}-2.08\,\mathrm{m}=0.83\,\mathrm{m}$$

(6) ケーソンの y 軸の断面二次モーメント I_y，水面下の体積 V は，次のとおり．なお，断面二次モーメントは x 軸，y 軸それぞれの断面二次モーメント I_x，I_y のうち小さい方を用いる．

$$I_x=\frac{bh^3}{12}=\frac{8\times10^3}{12}=666.7\,\mathrm{m^4}$$

$$I_y=\frac{10\times8^3}{12}=427\,\mathrm{m^4}$$

$$V=10\,\mathrm{m}\times8\,\mathrm{m}\times4.15\,\mathrm{m}=332\,\mathrm{m^3}$$

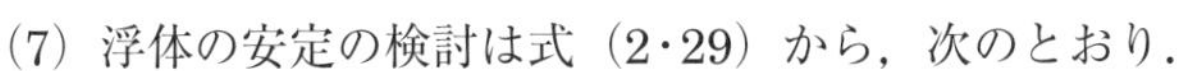

(7) 浮体の安定の検討は式（2・29）から，次のとおり．

$$\overline{\mathrm{GM}}=\frac{I_y}{V}-\overline{\mathrm{CG}}=\frac{427}{332}-0.83=1.29-0.83=0.46\,\mathrm{m}>0\quad（安定）$$

以上から，このケーソンは傾いたときの復元力があり安定している．

p.54［問題 4］に try!

トピックス　ケーソン（caisson）

水中の構造物または基礎の構築のため，あらかじめ地上で製造しておく主として鉄筋コンクリート製の構造物．所定の位置まで浮揚・えい航して中埋して設置します．そのため浮体の安定を検討します．ケーソン防波堤はケーソンを堤体とする防波堤であり，ケーソン基礎は，ケーソンを沈下させて設けた基礎のことです．

15 水平でない水面？？

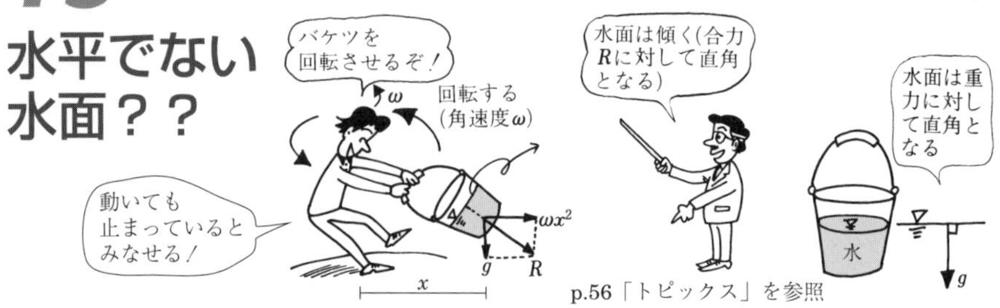

p.56「トピックス」を参照

重力以外の加速度を受ける水面

静止している水面は，鉛直な重力に対して直角となり水平な面となる．容器に入れた水を容器ごと運動させると，水は重力以外の加速度を受ける．水面は重力と重力以外の加速度による力（**質量力**：質量があるがゆえに作用する加速度）の合力に対して直角となり，水平とはならない．水面は容器に対して相対的に静止する．ここでは重力以外の加速度を受ける**水面形**について調べてみましょう．

水が直線運動をする場合の水面形

図 2·40 のように，水を入れた容器を水平に加速度 a で引く場合の水面形を考える．

容器の水（質量 m）は，慣性により $F=-ma$ の加速度と重量 $W=mg$ の力を受ける．水面は $\sqrt{F^2+W^2}=m\sqrt{a^2+g^2}$ の合力に対して直角となる．したがって，水面の傾き θ および水面形の高さ z は，次のとおり．なお，水面の傾きは加速度によって起こるので，等速運動をするようになれば，水に作用する力は重力のみの作用となり水面は水平に戻ります．

$$\tan\theta=\frac{F}{W}=\frac{ma}{mg}=\frac{a}{g},\quad \theta=\tan^{-1}\frac{a}{g},\quad z=\frac{a}{g} \tag{2・30}$$

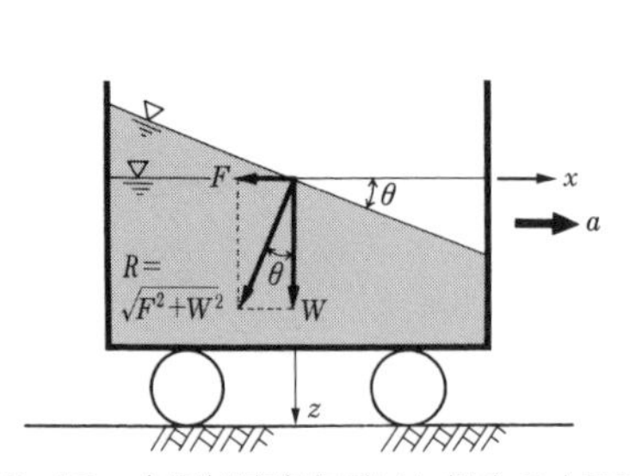

図 2·40　水平加速度を受けた場合の水面形

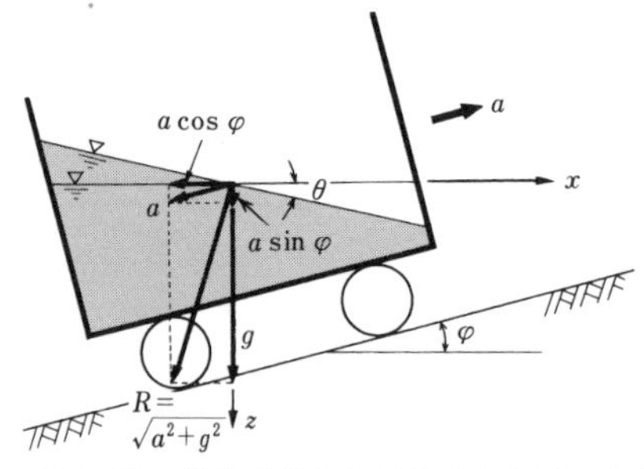

図 2·41　鉛直成分のある加速度を受ける水圧

重力以外の加速度を受ける場合

水平加速度だけが働く場合には，静水圧は今までどおり $p=\rho gH$ ですが，鉛直加速度が加われば水圧は変わってきます．

図2·41において，傾斜角 φ の斜面に沿って加速度 a で容器を引き上げる場合，慣性による $-a$ の加速度の鉛直分力は $-a\sin\varphi$ であり，これに重力加速度 g が加わります．水面はこれと $-a\cos\varphi$ の合力 R と直角になり，水圧は次のとおり．

$$p=\rho g'H=\rho(g+a\sin\varphi)H \qquad (2\cdot31)$$

水が回転運動をする場合

半径 r の円筒容器中の水を回すと中心部の水面が低くなる（渦あり，強制渦）．この場合，水には遠心力による加速度と重力との合力 R が作用し，水面はこの合力 R と直角となる．遠心力による加速度は，回転半径を x，**角速度**（円運動において動径ベクトルが1秒間に回転する角度〔rad/s〕）を ω とすれば，ω^2x で表される．回転半径が大きくなるほど遠心力による加速度が大きくなり，水面の傾きも大きくなる．**水面形の高さ z** は次のとおり．なお，水圧は各点から水面までの重量であり，水圧はその点の水深に等しい．

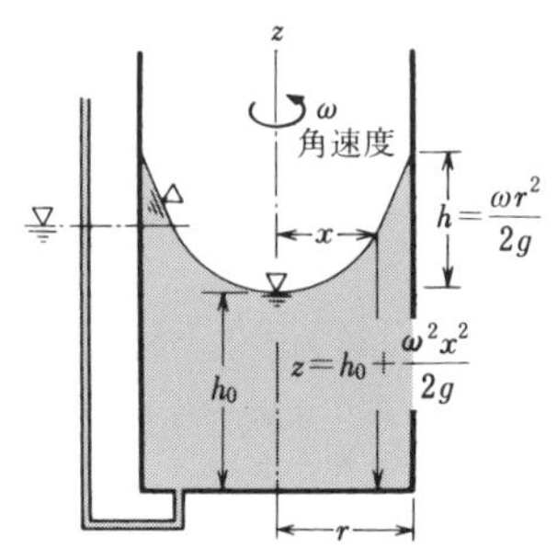

図2·42　水が回転運転をする場合

$$z=h_0+\frac{\omega^2x^2}{2g} \qquad (2\cdot32)$$

No.11　水面の傾き

(1) **図2·43**のトラックが時速80 kmで走っている．5秒で停止するとき水面の傾斜角はいくらか．

(2) 容器に水を入れて，鉛直方向に $10\,\mathrm{m/s^2}$ の加速度で引き上げるとき，水面から1 mの点の水圧はいくらか．

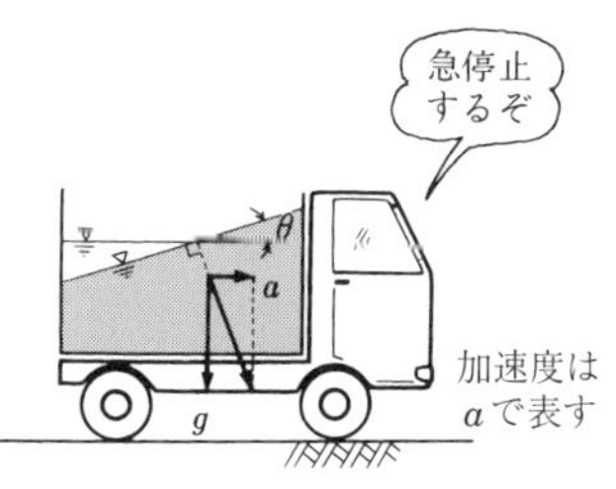

図2·43　急停止のトラック

（解）　(1)　80 km/h = 22.2 m/s

$$\text{加速度}\quad a=\frac{22.2\ \mathrm{m/s}}{5\ \mathrm{s}}=4.4\ \mathrm{m/s^2},\quad \theta=\tan^{-1}\frac{4.4}{9.8}=\underline{24°11'}$$

$$(2)\quad p=\rho g'H=1\,000\ \mathrm{kg/m^3}\times(9.8+10\sin 90°)\ \mathrm{m/s^2}\times 1\ \mathrm{m}=\underline{19.8\ \mathrm{kPa}}$$

2章のまとめ問題

（解答は p.192）

【問題 1】 幅 2 m のせき板を 0.5 m の越流水深で水が流れている．このせき板（上流側）に作用する全水圧と作用点の位置を求めよ．

越流水深 $H_1 = 0.5$ m

$H_2 = 2$ m

せき板幅 $B = 2$ m

図 2·44 せき

【問題 2】 図 **2·45** の高さ 1.2 m，奥行き 1 m の水門 AB は，点 O で回転する構造になっている．

(1) 水深 1.5 m のとき，この水門に作用する全水圧と作用点の位置を求めよ．

(2) この水門が回転を起こすのは水深が何 m 以上のときか．ただし，自重は無視する．

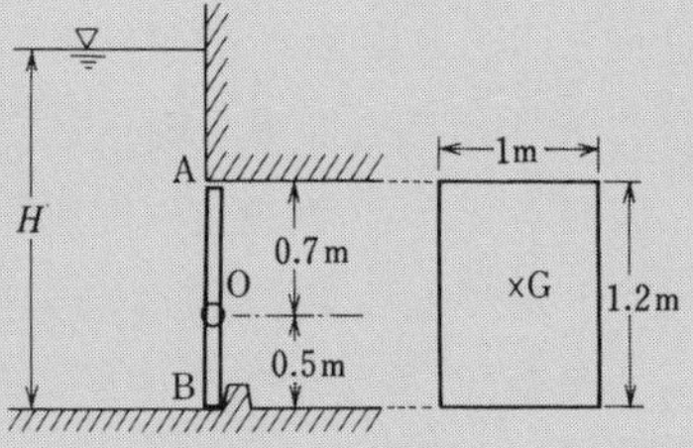

図 2·45 長方形断面の取水口

【問題 3】 図 **2·46** に示す直径 2 m のローリングゲート（奥行き 3 m）に作用する全水圧と作用点の位置を求めよ．

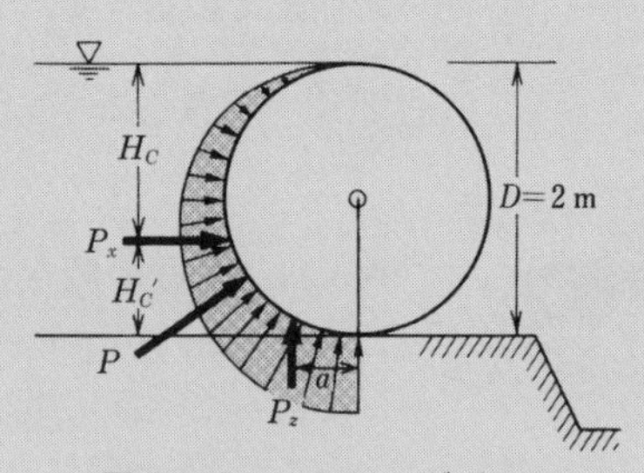

図 2·46 ローリングゲート

【問題 4】 図 **2·47** に示す長さ 10 m，幅 5 m，高さ 2 m の浮桟橋（ポンツーン）の重量は 686 kN である．

(1) これを海水に浮かべるときの喫水を求めよ．ただし，海水の密度を 1 025 kg/m^3 とする．

(2) 喫水が 1.5 m となるためには，どれだけの荷重を積載することができるか．

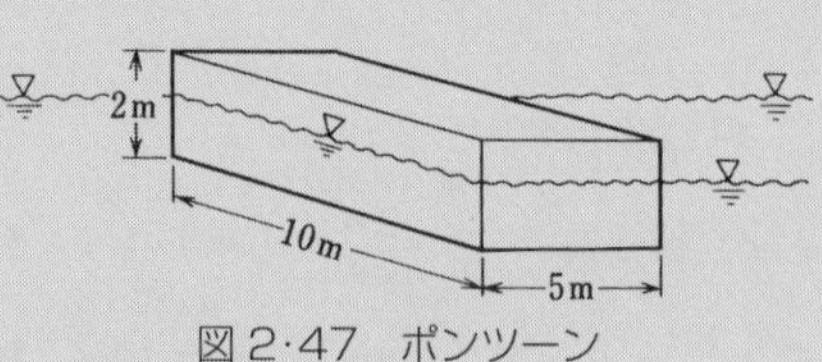

図 2·47 ポンツーン

トピックス　プールの排水溝は危険

図 2·48 のプール の排水溝から流量 $Q=300\,l/\text{s}$ 排水するとき，排水溝 B の流入直後の圧力を求めてみましょう．

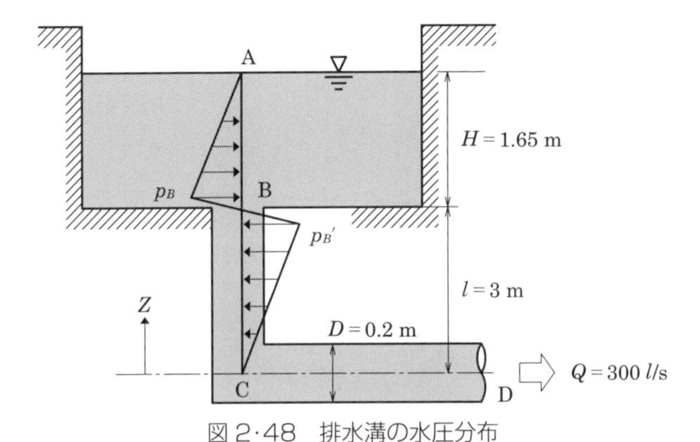

図 2·48　排水溝の水圧分布

プール内の水圧は，三角形の分布となり，$P_B=\rho gH=16.17\,\text{kN/m}^2$ となる．管流直後の B 点（水圧 $P_B{}'$）と管流出部 D 点でベルヌーイの定理（p.69）を立てると

$$\frac{v_B{}^2}{2g}+l+\frac{p_B{}'}{\rho g}=\frac{v_D{}^2}{2g}+0+\frac{p_D}{\rho g}$$

$l=3\,\text{m}$，$Z_D=0$，$p_D=0$，$v_B=v_D$ より，

$$\frac{p_B{}'}{\rho g}=-l=-3\,\text{m}$$

$$p_B{}'=-3\,\text{m}\times\rho g=-29.4\,\text{kN/m}^3 \quad \text{（負圧）}$$

B–C 間の任意の位置 Z と B 点でベルヌーイの定理を立てると

$$\frac{v_B{}^2}{2g}+l+\frac{p_B{}'}{\rho g}=\frac{v_Z{}^2}{2g}+Z+\frac{p_Z}{\rho g}$$

$v_B=v_Z$，$p_B{}'/\rho g=-3\,\text{m}$，$l=3\,\text{m}$ より

$$\frac{p_Z}{\rho g}=-Z$$

C 点より上方に向かって圧力（負圧）は減少する．C–D 間は $p_C/\rho g=p_D/\rho g=0$ となる．管へ入る直前の水圧 $p_B/\rho g=H=1.65\,\text{m}$ が管へ入った瞬間 $p_B{}'/\rho g=-3\,\text{m}$ ($p_B{}'=-29.4\,\text{N/m}^2$) となる．排水溝に足を取られると抜け出せない．

トピックス　しんかい6500

海洋科学技術センターの「しんかい 6500」は，水深 6 500 m まで潜れる世界一の有人潜水調査船です．650 気圧とはどのような圧力でしょうか．

1 気圧が 101.2 kPa(p.26 を参照)ですから，101.2 kPa×650＝65.78 MPa となります．

なお，海水を潜ることになるので，ρ＝1 000 kg/m^3→ρ＝1 010～1 030 kg/m^3 だけ圧力は大きくなります．

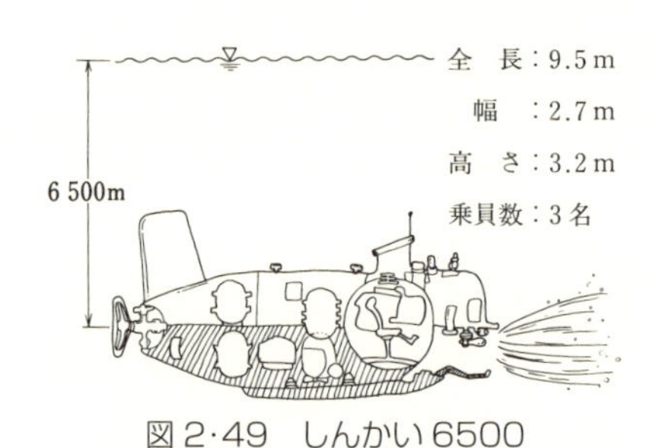

図 2·49　しんかい 6500

トピックス　慣性と慣性力

慣性とは，「物体は，外力を受けない限り等速直線運動をする（Newton の第 1 法則）」をいう．例えば，観測者が電車外で電車内の物体を見ている場合，電車が発車しても物体は元の位置に留まり，電車と同じ加速度 a で等速運動をする（慣性系座標）．

ところが，電車内の観測者は，物体が静止して見える．加速度を受けている物体が静止するためには，加速度 a と反対の力$-a$ が必要である．この反対の力を慣性力という．**慣性力**とは，電車に乗っている観測者にしか感じることのできない見かけの力である．電車が加速・減速するとき，車内の物体は外力を受けていないのに後ろ向き（$-ma$），前向き（ma）の力を受ける（非慣性系座標）．

慣性とは，プラットフォームから電車を見る場合の等速直線運動をいい，慣性力とは電車に乗っている観測者にしか感じない「見かけの力（$-ma$）」をいう．なお，運動の第 1 法則が成り立つ座標系を**慣性系**，成り立たない座標系を**非慣性系**という．

3章

水の運動

一般に，水は静止状態にあることは少なく，重力と圧力の作用によりたえず「高い所から低い所へ」，「圧力の大きい方から小さい方へ」移動しています．

水の流れには，大きく分けると大気圧と接する自由水面を持つ**開水路**の流れと持たない**管水路**の流れ，あるいは，時間を基準として流れを見た場合，流量が一定な**定常流**（平水時の河川の流れ）と変化する**非定常流**（洪水時の増水期・減水期の流れ）に分けられます．さらに定常流の流れには，場所を基準として見た場合，断面が一様な**等流**と一様でない**不等流**があります．

等流とは，定常流の水路において，流れのどの断面を取っても流速および流積の変わらない水路の状態が一様なもので，人工水路などの流れが該当する．一般に，河川の水路は断面がたえず変化しており不等流ですが，相当長い区間にわたって水路の断面が一様であれば，その区間を**等流水路**とみなしています．

水の流れは，粘性による摩擦力，固定壁境界などから渦が発生し回転運動が生じるが，非圧縮・非粘性・非回転（渦なし）の理想流体（完全流体）を**ポテンシャル流**と定義し，様々な流れを表すことができる．

水が流れる場合には，水の粘性による水粒子間あるいは水路の壁面と水粒子との間に摩擦および渦が生じ，エネルギーの損失が生じる．水の流れを理解するには，自然界の大原則である質量保存則，エネルギー保存則およびニュートン（Newton）の運動法則などを水にあてはめたオイラー（Euler）の**連続方程式・運動方程式**，**ベルヌーイの定理**，**力積-運動量の法則**などが基本となります．

この章では，流れの種類，連続の式，ベルヌーイの定理，摩擦損失水頭，平均流速公式および運動量の法則などについて学習します．

1 水の流れの定義

Euler（1707～1783），数学者

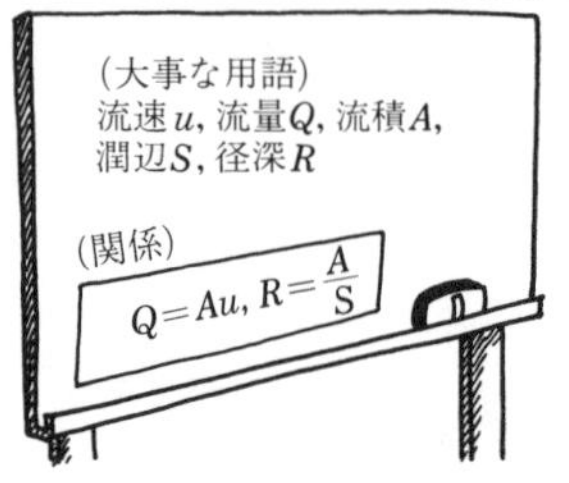

「ゆく河の水は絶えずして，しかももとの水にあらず」「方丈記」より

流速・流量

水路のある固定点を通る水粒子の速さと向きを持つ流れを**流速** u（$=dx/dt$，x：距離，t：時間）で表す．流速 u は，$[\mathrm{LT}^{-1}]$の次元で，単位は m/s，cm/s などが用いられる．

流量 Q とは，単位時間（1秒間）に水路のある断面（流積 A）を通過する水の体積をいい，$[\mathrm{M}^3\mathrm{T}^{-1}]$の次元で，単位は m^3/s，l/s，cm^3/s などが用いられる．

$$Q=\int_A udA=Au,\quad u=\frac{Q}{A} \tag{3・1}$$

流積・潤辺・径深

水路内の流れ方向の切口を**水路断面**という．水路断面のうち，水が流れる部分の面積を**流積 A** という．

流積のうち，水が周囲の壁および底と接している長さを**潤辺 S** といい，流積 A を潤辺 S で割ったものは水路断面の平均的な水深を示し，**径深 R** という．

$$R=\frac{A}{S} \tag{3・2}$$

(1) 幅が広く，水深の浅い河川の場合：$R \fallingdotseq H$（H は水深）

（長方形断面（幅 B，水深 H）の場合，B が大きいとき $H/B \to 0$ より，$R=A/S=BH/(B+2H)=H/(1+2H/B) \fallingdotseq H$）

(2) 円形管水路の場合：$R=D/4$（D は管の内径）

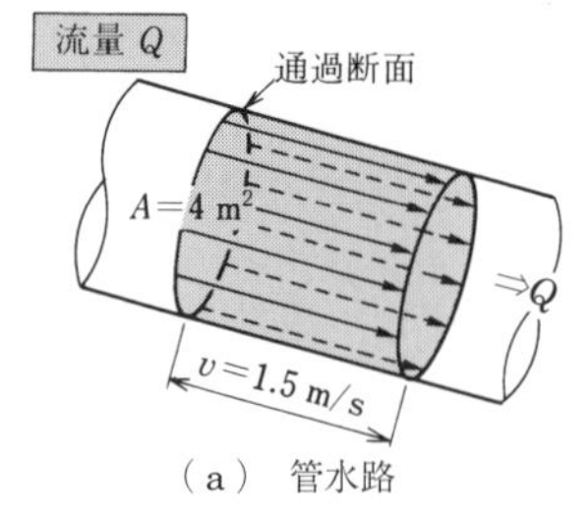

（a） 管水路

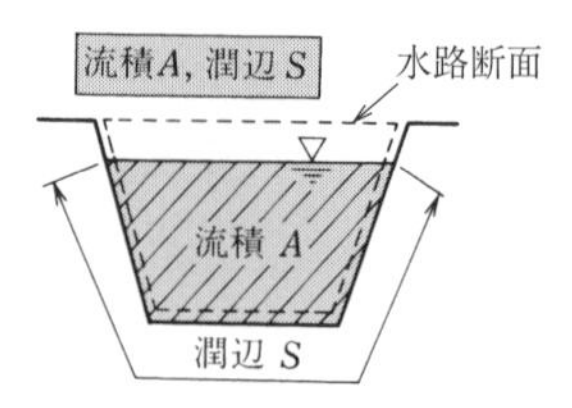

（b） 開水路

図3·1 流量，流積，潤辺

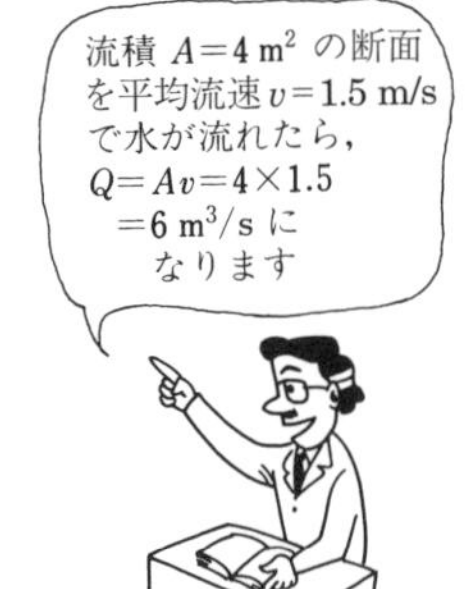

流速 u と平均流速 v

流速 u は，粘性および固体壁境界の渦の影響により，水路断面の位置で異なる．流れの計算を簡単にするため**平均流速** v を用いる．断面平均流速 v は，断面内の各点の水粒子の流速 u を平均化し，その断面全体の流速としたものです．

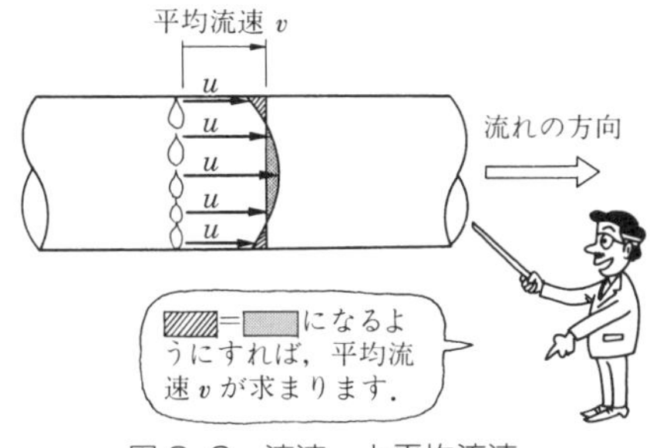

図 3·2　流速 u と平均流速 v

No.1　水路断面・流積・潤辺・径深

図 **3·3** の水路の水路断面，流積，潤辺，径深を求めよ．

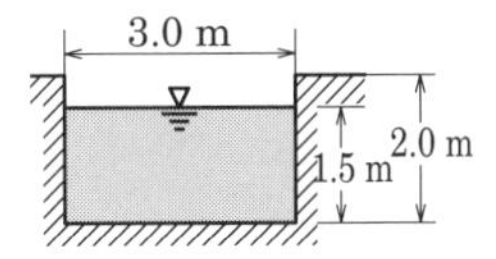

図 3·3　長方形断面水路

（解）　水路断面 $=3.0\times2.0=\underline{6.0\ \mathrm{m}^2}$

流積 $A=3.0\times1.5=\underline{4.5\ \mathrm{m}^2}$

潤辺 $S=3.0+2\times1.5=\underline{6.0\ \mathrm{m}}$

径深 $R=A/S=4.5/6.0=\underline{0.75\ \mathrm{m}}$

No.2　流量を求めよう

内径 0.1 m の管を平均流速 2 m/s で流れているとき，流量を求めよ．

（解）　流積 $A=\pi D^2/4=3.14\times0.1^2/4=0.00785\ \mathrm{m}^2$

流量 $Q=Av=0.00785\times2=0.0157\ \mathrm{m}^3/\mathrm{s}=15.7\times10^{-3}\ \mathrm{m}^3/\mathrm{s}=\underline{15.7\ l/\mathrm{s}}$

p.94［問題 1］に try!

重要事項　流速 u と平均流速 v，水の運動の取扱い

流速は，速さと向きを持つ．二次元の空間において，水粒子が x, y, z の方向に u, v, w の流速を持つとき，流速ベクトル u（u, v, w）で表し，単に流れ方向（x）の断面の平均流速を表すとき v とする．完全流体の流れを**流速ポテンシャル流** ϕ（渦度＝0，渦なし・非回転の流れ）という．

$$u=(u,v,w)=\left(\frac{\partial\phi}{dx},\frac{\partial\phi}{dy},\frac{\partial\phi}{dz}\right)$$

水の運動を個々の水粒子を追跡し，その時々の位置，速度（時間の関数）を考えるとき **Lagrange 法**（ラグランジェ）といい，ある固定点を流れる速度（場の関数，座標位置（x, y, z）の関数）を考えるとき **Euler 法**（オイラー）という．

2

水の通り道（河道）

水路とは　水が一定の道筋を絶え間なく継続的に流れるとき，この道筋を**水路**という．水路の流れには，大気圧と接する自由水面を持つ**開水路**の流れと，自由水面を持たない**管水路**の流れがある．ここでは開水路と管水路の流れについて調べてみましょう．

管水路の定義　管水路の流れは，閉じた断面内を大気圧以上の水圧が作用する流れをいう．水は管内の圧力差で流れ，圧力の高い位置から低い位置へ流れる．水路の形状が途中で変化したときには，管の壁面に及ぼす圧力の大きさが変化する（流れが速くなると圧力が減少する）．

(1) 周囲が壁で囲まれていて，断面が閉じている．

(2) 管の中を，水が充満して流れている．

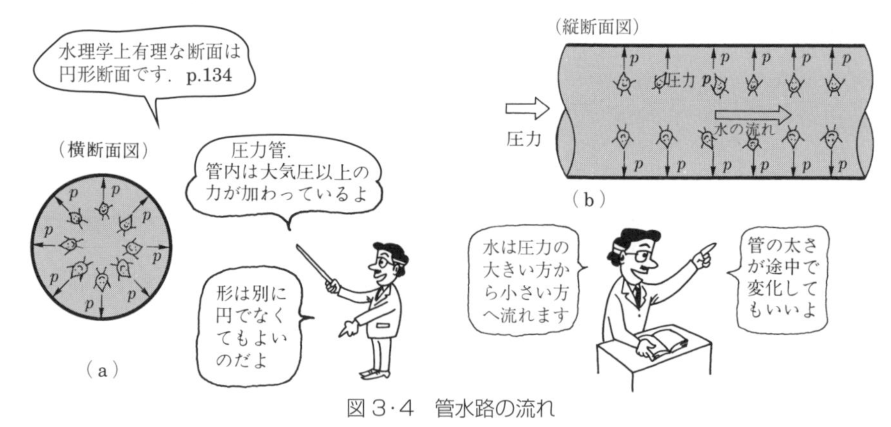

図 3·4　管水路の流れ

開水路の定義　開水路の流れは，大気圧と接し，拘束を受けない**自由水面**を持つ流れをいう．自由水面があるため，常流・射流（p.146 を参照）などの流れが生じます．流れの方向は，水に作用する重力で決まり，高い所から低い所へ流れる．**図 3·5** (c) のように，たとえ壁面が管の形をしていても下水道管のように自由水面を持っていれば開水路の流れとなる．

(1) 水面が大気圧に接している．

(2) 水面は，流量，水路断面の変化によって上下する．

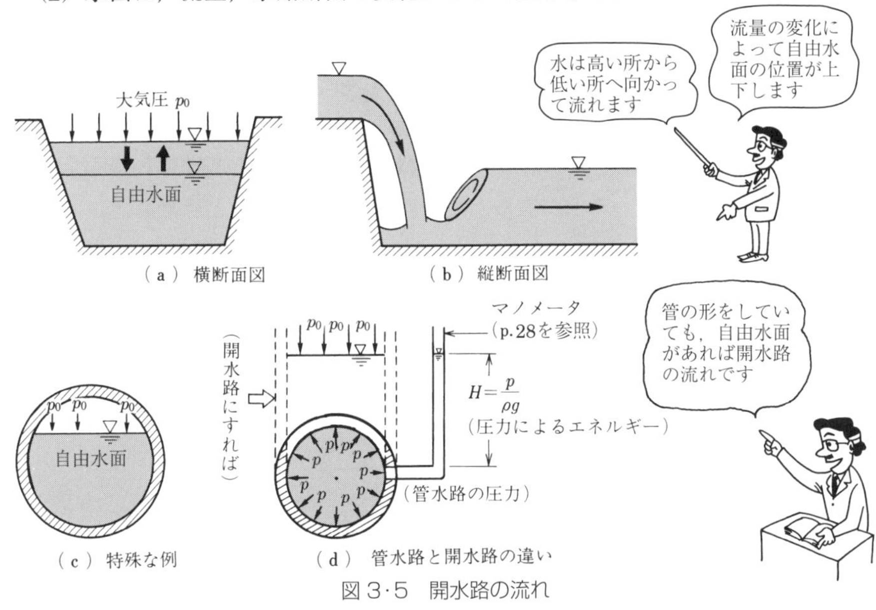

図 3·5　開水路の流れ

管水路と開水路の違い

図 3·5 (d) は，管水路と開水路の流れの特徴を表しています．管水路内には大気圧以上の圧力が閉じ込められており，この圧力をマノメータの水位の上昇量で読み取る．もし管水路の上半分を除いて開水路の形にすれば，図のようにマノメータの水位まで水面が上がる．開水路の水は，水面位置の高い所から低い方に流れ，管水路の水は圧力の高い所から低い方に流れる．このような水の運動を**流れ**といい，流れの速さを**流速**という．

重要事項　管水路・開水路の流れ

管水路の流れは，断面平均流速を用いた管軸に沿う一次元の流れとして取り扱う．開水路の流れは，壁面（潤辺）に作用する摩擦力と重力の流れ方向の分力がつり合った流れ（等流）が基本となる．

3 流量と時間，場所の関係

定常流と非定常流

水路の一断面において，時間 t を基準にして考えてみると，流積および流速が時間の経過とは無関係に一定な流れ，すなわち流量 Q が時間によって変化しない流れを**定常流**（$dQ/dt=0$）という．これとは逆に，時間が経過するにつれて流量が変化する流れを**非定常流**（$dQ/dt\neq0$）という．

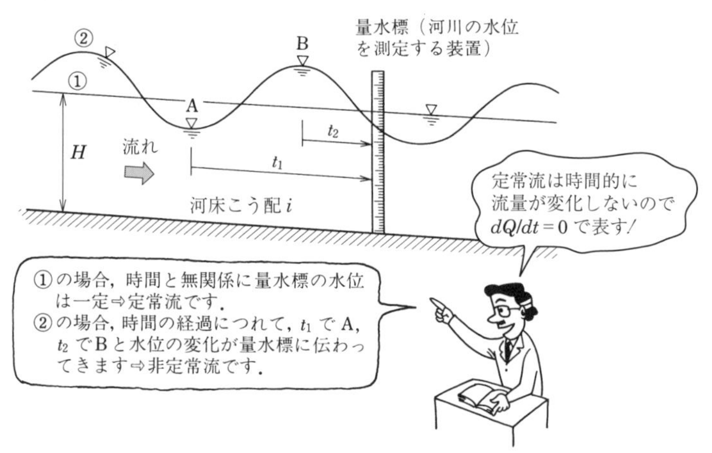

図 3·6 定常流と非定常流

等流と不等流

水路の流れを各断面ごと，つまり場所を基準に観察してみましょう．

定常流の中で，水路内のどの断面においても，流積および流速の等しい流れ，つまり一様こう配，一様断面で水路床を含む壁面に作用する摩擦力と重力がつり合った流れを**等流**（$dH/dx=0$）という．これとは逆に，各断面によってこれらが変化する流れを**不等流**（$dH/dx\neq0$）という．不等流でもその変化が緩やかなものを漸変流（ぜんへんりゅう），そうでないものを**急変流**という．一般には，水路の断面がたえず変化しており不等流ですが，ある一定区間，流れの状態が一様な場合には等流とみなして取り扱う．

流れの分類

流れを時間の経過に着目して考えると定常流と非定常流に，場所に着目すると等流と不等流に分類される．現実に私たちが接する流れは，次のとおり．なお，非定常等流は存在しない．

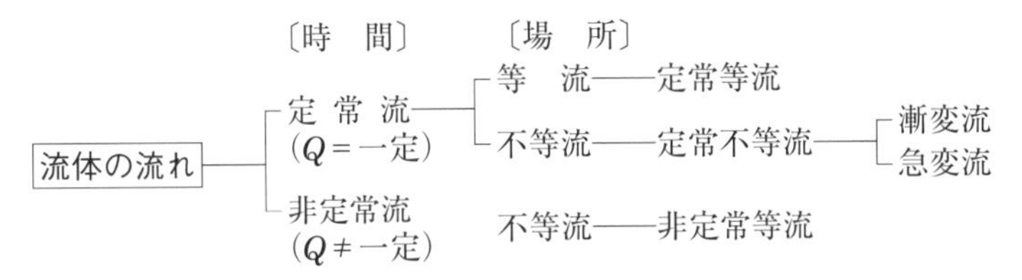

ハイドログラフ

時間の経過と流量の関係をグラフにしたものを**ハイドログラフ**（p.7，図1·8）という．自然河川のように数多くの支川が本川に合流する場合，降水時の時間ごと，場所ごとの流量の変動は非常に重要であり，ハイドログラフが威力を発揮します．

重要事項　開水路の流れの分類（流れの基本方程式）

式（3·16）のベルヌーイの定理に，時間変化による加速度 $\partial v/\partial t=\dfrac{\partial}{\partial t}\left(\dfrac{Q}{A}\right)$ を加えると，次の**流れの基本方程式**が成り立つ．

ベルヌーイの定理 $H_e=\dfrac{v^2}{2g}+H+z$

$$\frac{\partial}{\partial t}\left(\frac{Q}{A}\right)+\frac{1}{2g}\frac{\partial}{\partial x}\left(\frac{Q}{A}\right)^2+\frac{\partial}{\partial x}H=-\frac{\partial}{\partial x}z-\frac{\partial}{\partial x}h_f=i-\frac{\partial}{\partial x}h_f \qquad (3\cdot3)$$

ただし，v＝流速＝Q/A，Q：流量，A：流積，H：水深，z：水路床の高さ
i：水路床こう配＝$-\partial z/\partial x$，h_f：損失水頭，式（3·21）

式（3·3）において，時間 t に関する偏微分の存在の有無によって非定常流，定常流，さらに流れ方向 x に関する偏微分の存在の有無によって不等流，等流に分類する．

① $\dfrac{\partial Q}{\partial t}=0$，$\dfrac{\partial H}{\partial x}=0$ のとき，定常等流（等流）

② $\dfrac{\partial Q}{\partial t}=0$，$\dfrac{\partial H}{\partial x}\neq0$ のとき，定常不等流（不等流）

③ $\dfrac{\partial Q}{\partial t}\neq0$，$\dfrac{\partial H}{\partial x}\neq0$ のとき，非定常不等流（不等流）

4 水粒子の動き方

層流と乱流

流体の流れを粒子で見た場合，流速や粘性に応じて流体粒子の動きが異なる．水粒子がそれぞれの位置関係を乱すことなく整然と流れるとき，この流れを**層流**という．流速がある限界値を超えて大きくなると，水粒子が入り乱れて渦を巻く状態となり，**乱流**となる．

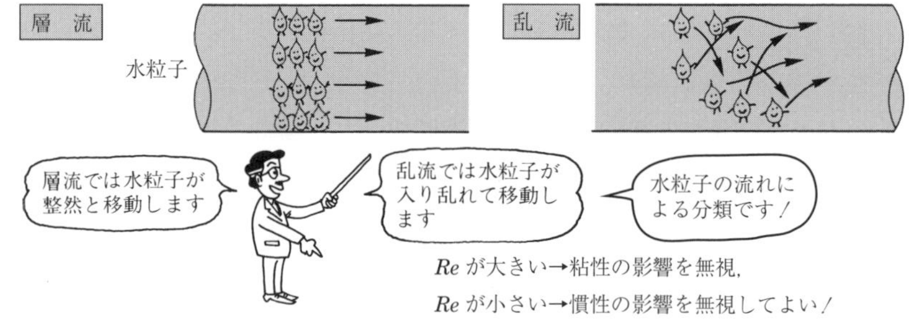

図 3·7　層流と乱流

レイノルズ数

図 3·8 のように，水槽の水をガラス管から排出する．下流にコックを用いて流量を調節できるようにしておき，ガラス管の入口に別の細い管を取り付け，水と同じ密度の着色液をガラス管に流し込む．コックを少しずつ開いていくと，ガラス管内の流速は少しずつ大きくなるが，ガラス管内の流速が小さいときは，着色液はガラス管と平行にくっきりとした直線を描き，流速が増すにつれ着色液の線は波を打ち，やがて水と入り混じって渦（流体の回転運動）を巻く状態となる．

これは**レイノルズの実験**で，着色液が直線をなしている（粘性力 τA に支配された）状態が層流，渦を巻いた（慣性力 ma に支配された）状態が乱流，波打った状態がその中間です．層流・乱流の流れの状態を表すのに**レイノルズ数** Re を用いる．レイノルズ数 Re は，（慣性力）/（粘性力）で求められる無次元量です．

$$\left.\begin{aligned} Re &= \frac{4Rv}{\nu}（一般形）\\ Re &= \frac{Dv}{\nu}（円管）\end{aligned}\right\} \qquad (3\cdot4)$$

　ただし，D：管の直径，v：平均流速，ν：水の動粘性係数

円管の場合，$Re < 2\,000$ のとき層流，$Re > 4\,000$ のとき乱流，$2\,000 < Re < 4\,000$ のとき層流にも乱流にもなる過渡状態（遷移領域，p.77）です．

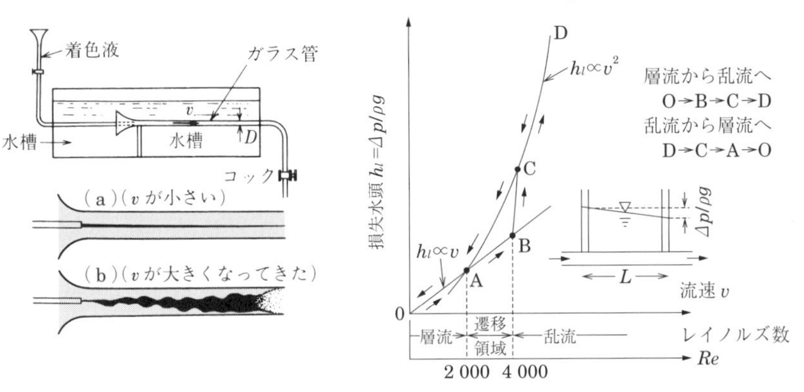

図 3·8　レイノルズの実験（損失水頭とレイノルズ数の関係）

No.3　層流・乱流の判別

　直径 1.5 cm のガラス管に 0.05 l/s の水を流した場合，流れは層流，乱流，過渡状態のいずれになるか．

　ただし，水の動粘性係数は $1.146 \times 10^{-6}\,\mathrm{m^2/s}$（15℃）とする．

（解）　流量 $Q = 0.05\,l/\mathrm{s} = 50\,\mathrm{cm^3/s}$，流積 $A = 3.14 \times 1.5^2/4 = 1.77\,\mathrm{cm^2}$，平均流速 $v = Q/A = 50/1.77 = 28.2\,\mathrm{cm/s} = 0.282\,\mathrm{m/s}$，直径 $D = 1.5\,\mathrm{cm} = 0.015\,\mathrm{m}$

レイノルズ数 $Re = Dv/\nu = 0.015 \times 0.282/1.146 \times 10^{-6} = 3\,691$

$2\,000 < Re < 4\,000$ から過渡状態である．

重要事項　Reynolds の物理的意味

図 3・8 において，管長 L，流速 v とすると，

$$慣性力（運動量）= ma = \rho\,[\mathrm{L}^3]\frac{v}{[\mathrm{L}]/v} = \rho v^2\,[\mathrm{L}^2] \qquad \left(ただし\ \tau = \frac{\mathrm{L}}{\mathrm{S}}\right)$$

$$粘性力 = せん断力（接線応力）\times 面積 = \mu\,\frac{v}{[\mathrm{L}]}\,[\mathrm{L}^2] = \mu v\,[\mathrm{L}]$$

$$Re = \frac{慣性力}{粘性力} = \frac{\rho v^2\,[\mathrm{L}^2]}{\mu v\,[\mathrm{L}]} = \frac{v\,[\mathrm{L}]}{\mu/\rho} = \frac{v\,[\mathrm{L}]}{\nu} \qquad （\mathrm{L}\ は管の直径\ \mathrm{D}\ に該当）$$

5 流れの連続性

流速 $u(u, v, w)$ のとき，

$$\frac{\partial u}{\partial x}+\frac{\partial v}{\partial y}+\frac{\partial w}{\partial z}=0$$

$\frac{dQ}{dx}=0$ で表す！

自然界には質量保存則があります．これは水の流れにもあてはまります

水は非圧縮性だから成り立つ！

●連続の式●

$Q=A_1v_1=A_2v_2=$ 一定

（質量保存則から）

連続の式

図 3·9 のように，管水路の断面の形や断面積が途中で変化する場合の流れを考えてみましょう．

1 本の管水路において，流量 Q は管の途中で水の出入りがないわけですから，水路の形状変化とは関係なく**質量保存則**から質量 ρQ は常に一定です．

図 3·9 において，①，②断面の流積をそれぞれ A_1，A_2，平均流速を v_1，v_2，とすると，断面①に単位時間に流入する質量 $\rho Q=\rho A_1v_1$ と，断面②から単位時間に流出する質量 $\rho Q=\rho A_2v_2$ は等しい．式（3·5）は，自然界の質量保存則を水にあてはめたもので **Euler**（オイラー）**の連続方程式**（**連続の式**，p.95 を参照）です．

$$\rho Q=\rho A_1v_1=\rho A_2v_2=\text{一定}$$

$$\therefore \quad Q=A_1v_1=A_2v_2(\text{一定}) \qquad (3 \cdot 5)$$

図 3·9　連続の式

流線・流跡線および流管

流体内部の流れを示す線（水の流れに沿って一つの曲線を考え，その接線の各瞬間の速度ベクトルの方向と一致するような曲線）を**流線**という．一方，一つの水粒子の運動経路を描いてみると流れの筋道，**流跡線**ができます．両者の関係は，**図**

3·10 に示すとおりで，定常流（Q＝一定）の流れにおいては両者は一致する．

定常流の流れにおいて，水粒子は常に流線に沿って流れ，流線を横切って流れることはない．ゆえに，任意の流線で囲まれた想像上の管を考えることができ，これを**流管**という．

定常流では，流管の形は時間的に不変です．流管を用いると，管水路・開水路の流れの全体あるいはその一部をすべて表すことができ，流れを一般化することができる．連続の式もこの流管について成り立つ．

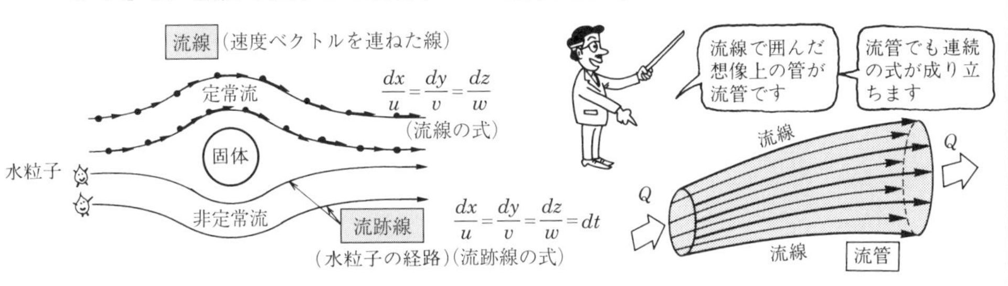

図 3·10　流線・流跡線・流管

No.4　連続の式

Let's try

図 3·11 の流管に 10 l/s の水を流したとき，①断面，②断面の平均流速はどうなるか．

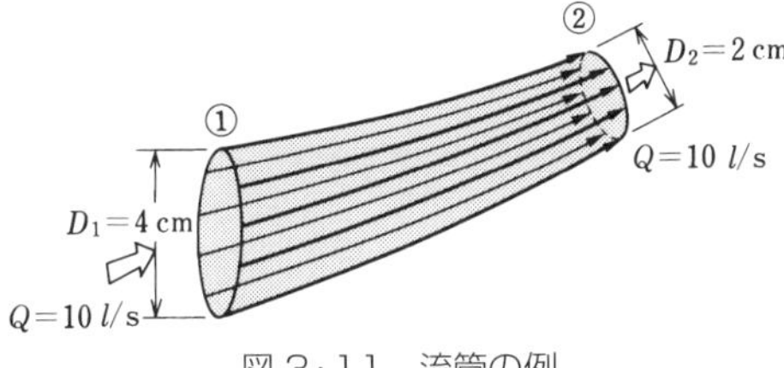

図 3·11　流管の例

（解）　$Q=10\ l/\text{s}=10\,000\ \text{cm}^3/\text{s}$

$$A_1=\frac{\pi D_1^{\,2}}{4}=\frac{3.14\times 4^2}{4}=12.56\ \text{cm}^2$$

$$A_2=\frac{\pi D_2^{\,2}}{4}=3.14\ \text{cm}^2$$

$$\therefore\quad v_1=\frac{Q}{A_1}=\frac{10\,000}{12.56}=796.2\ \text{cm/s}=\underline{7.96\ \text{m/s}}$$

$$v_2=\frac{Q}{A_2}=\frac{10\,000}{3.14}=3\,185\ \text{cm/s}=\underline{31.85\ \text{m/s}}$$

p.94［問題 2］に try!

重要事項　Euler（オイラー）（1707〜1783，数学者）の連続方程式，運動方程式

流体の流速 u，圧力 p は，Euler の連続方程式および運動方程式を用いて求めます．連続方程式は流体の運動に質量保存則を，運動方程式は Newton の運動の第 2 法則（$F=ma$）を適用して導かれる（p.95 を参照）．現在の微分方程式の形式を導いたのは Euler です．

6

圧力は，水のエネルギーを変える

Daniel Bernoulli（1700〜1782）
スイスの数学者・物理学者

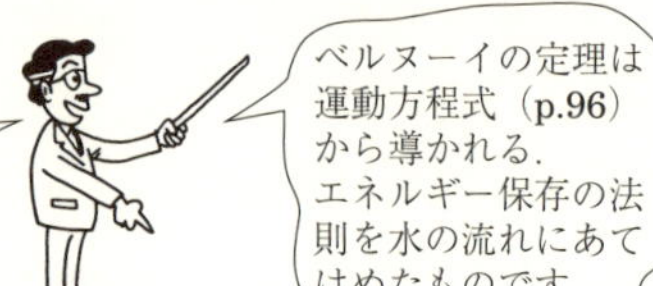

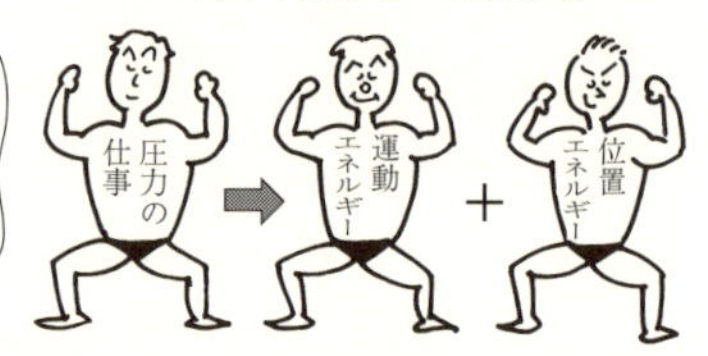

流れのエネルギー

図 3·12 の流管で水の流れの持つエネルギーについて考えてみましょう．

流量 Q の水の流れが持つ運動エネルギーと位置（ポテンシャル）エネルギーの増加は，圧力 p がなす仕事量（圧力エネルギー）によって決まる．流速 v，質量 m（$=\rho Q$），基準面からの高さ z とすれば

① 運動エネルギー $= mv^2/2 = \rho Q v^2/2$

② 位置エネルギー $= mgz = \rho Qgz$

③ 圧力エネルギー（圧力による仕事量）$= pQ$

圧力による仕事量は，力×距離で表す．流管の断面 A に力 pA が作用し，単位時間に v だけ移動するから $pA \times v = pQ$ で表される．以上より，（運動エネルギーの増加）+（位置エネルギーの増加）= 圧力による仕事量の関係が成り立つ．

$$\left(\frac{1}{2}\rho Q v_2{}^2 - \frac{1}{2}\rho Q v_1{}^2\right) + (\rho Qgz_2 - \rho Qgz_1) = p_1 Q - p_2 Q$$

両辺を水の重量 $W = mg = \rho Qg$ で割ると

$$\left(\frac{v_2{}^2}{2g} - \frac{v_1{}^2}{2g}\right) + (z_2 - z_1) = \frac{p_1}{\rho g} - \frac{p_2}{\rho g}$$

$$\frac{v_2{}^2}{2g} + z_2 + \frac{p_2}{\rho g} = \frac{v_1{}^2}{2g} + z_1 + \frac{p_1}{\rho g}$$

$$H_e = \frac{v^2}{2g} + z + \frac{p}{\rho g} \qquad (3 \cdot 6)$$

ここで，H_e：**全水頭**，　$v^2/2g$：**速度水頭**

z：**位置水頭**，$p/\rho g$：**圧力水頭**

（注）剛体のエネルギー保存則は，運動エネルギーと位置エネルギーを考えればよいが，流体の場合は圧力による仕事量を考える必要がある．

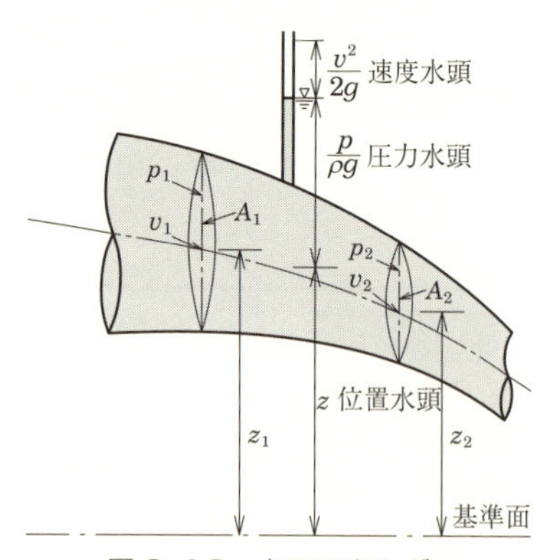

図 3·12　水のエネルギー

ベルヌーイの定理

エネルギー保存の法則から，水路のどの場所でも全水頭 H_e は等しい．また，水の粘性による摩擦などのエネルギー損失がない非圧縮，非粘性の流体を**完全流体**という．

完全流体では，水路内の各断面で速度水頭・位置水頭・圧力水頭の値が変化しても，その合計である全水頭は一定です．**図 3·13** のように断面および流心（流れの中心）の高さが変化する流管の①，②断面において，$v_1^2/2g$ と $v_2^2/2g$，z_1 と z_2 および $p_1/\rho g$ と $p_2/\rho g$ の値はそれぞれ異なるが，全水頭 H_e は等しく次式が成り立つ．この関係を**完全流体におけるベルヌーイの定理**という．

$$\frac{v_1^2}{2g}+z_1+\frac{p_1}{\rho g}=\frac{v_2^2}{2g}+z_2+\frac{p_2}{\rho g}=H_e \qquad (3\cdot7)$$

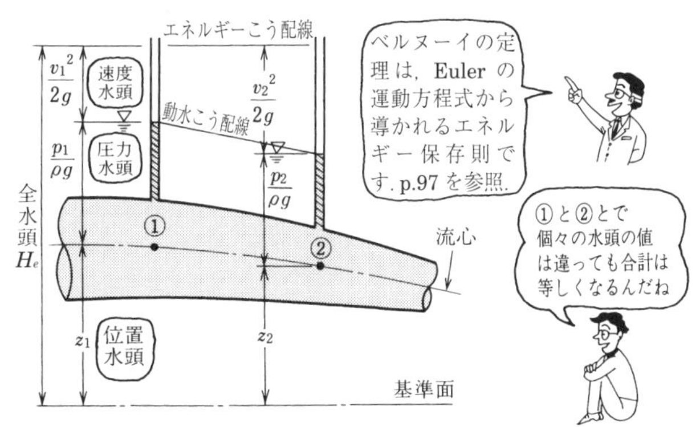

図 3·13　完全流体におけるベルヌーイの定理

No.5　ベルヌーイの定理

図 3·14 において，断面②の v_2，p_2 を求めよ．ただし，損失水頭は無視する．

（解）$A_1=\pi D_1^2/4=0.0314\ \mathrm{m^2}$

$A_2=0.00785\ \mathrm{m^2}$，式（3·5）より

$v_2=0.0314\times1.5/0.00785=\underline{6\ \mathrm{m/s}}$

$$\frac{1.5^2}{2\times9.8}+10+\frac{98\times10^3}{10^3\times9.8}=\frac{6^2}{2\times9.8}+7+\frac{p_2}{10^3\times9.8}$$ より，$\dfrac{p_2}{9.8\times10^3}=11.3\ \mathrm{m}$

$p_2=110\,740\ \mathrm{N/m^2}=\underline{110.7\ \mathrm{kPa}}$

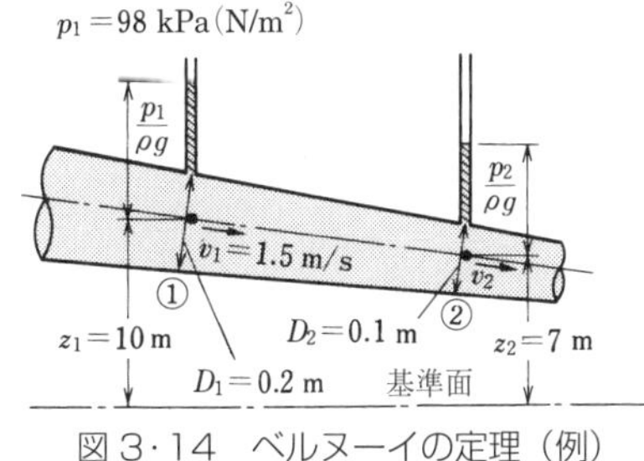

図 3·14　ベルヌーイの定理（例）

p.94［問題 3］に try!

7 流量計，流速計について

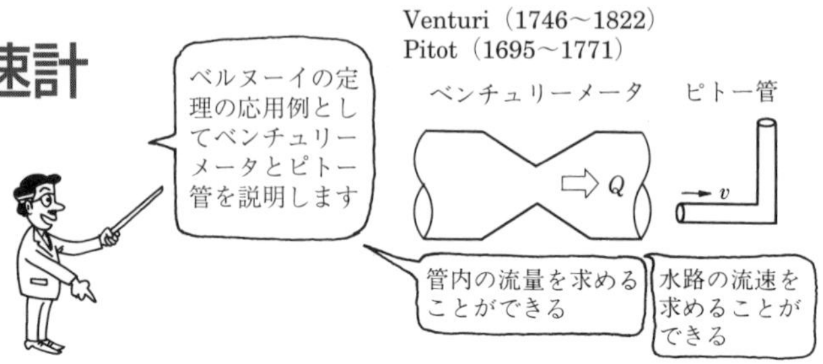

ベンチュリーメータ

ベルヌーイの定理を応用した流量計や流速計について考えてみましょう．**図 3·15** のように管の一部に断面を縮小した箇所を設けて，流れの変化に対してベルヌーイの定理をあてはめると管内の流量を求めることができる．このような装置を**ベンチュリーメータ**という．

図 3·17 の①，②の 2 断面間において，水路を水平とすれば位置水頭は $z_1=z_2=0$ となり，次式のようになる．

$$\frac{v_1^2}{2g}+\frac{p_1}{\rho g}=\frac{v_2^2}{2g}+\frac{p_2}{\rho g}$$

これに，$v_1=Q/A_1$，$v_2=Q/A_2$ を代入し，管の縮小・拡大に伴うエネルギー損失（粘性の影響）を補正して（流量係数 C）整理すると，流量 Q は次のとおり．

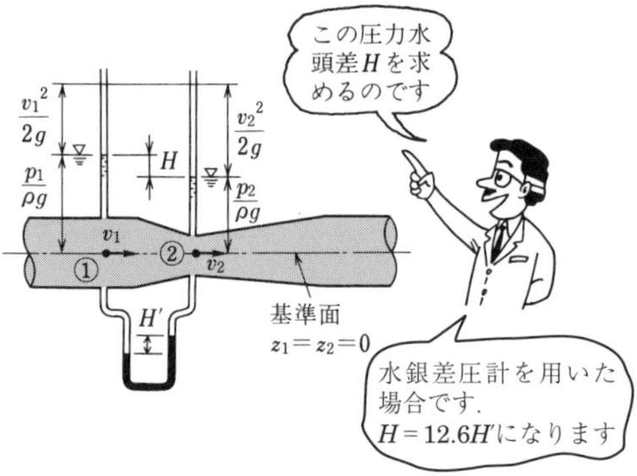

図 3·15　ベンチュリーメータ

$$Q=C\frac{A_1A_2}{\sqrt{A_1^2-A_2^2}}\sqrt{2g\left(\frac{p_1}{\rho g}-\frac{p_2}{\rho g}\right)} \qquad (3\cdot8)$$

ただし，C：**流量係数**（無次元量 0.95～1.00）

ここで，マノメータの水位差 $(p_1/\rho g-p_2/\rho g)=H$ とすると

$$Q=C\frac{A_1A_2}{\sqrt{A_1^2-A_2^2}}\sqrt{2gH} \qquad (3\cdot9)$$

マノメータで 2 断面間の圧力水頭差 H を測定すれば，Q が求められる．水銀差圧計（p.29 を参照）を用いる場合には，水銀面の高低差 H' を測定して，次式から H を計算し，Q を求める．

$$H=H'\left(\frac{\rho_q g}{\rho g}-1\right)=H'\left(\frac{13.6g}{1\times g}-1\right)=12.6H' \qquad (3\cdot10)$$

ただし，ρ_q：水銀の密度（$\rho_q=13.6\ \mathrm{g/cm^3}$）

ピトー管

図 3·16 のように，細い円管の一端を直角に曲げて流れと平行に置き，その先端を上流側へ向けると，管孔の前面②の流れは止まって速度は0となり，その分管内の圧力が上がり，管内の水面は外部よりも H だけ上昇する．管の内外の2点①と②にベルヌーイの定理をあてはめると $v^2/2g+p_1/\rho g=0+p_2/\rho g$ となり，この式を v について整理し，流量係数 C を掛けると次のとおり．

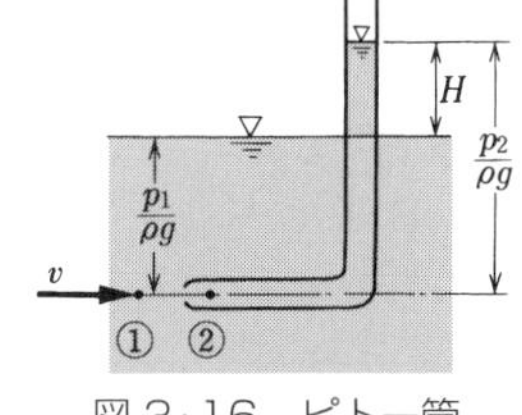

図 3·16　ピトー管

$$v=C\sqrt{2g\left(\frac{p_2}{\rho g}-\frac{p_1}{\rho g}\right)} \qquad (3\cdot11)$$

ここで，$p_2/\rho g-p_1/\rho g=H$ から，次式が成り立つ．

$$v=C\sqrt{2gH} \qquad (3\cdot12)$$

水面差 H を測定すれば，管の前面の流速 v を求めることができ，このような管を**ピトー管**という．

Let's try　No.6　ベンチュリーメータ

図 3·15 において，管の内径 $D_1=400$ mm，縮小部の内径 $D_2=200$ mm のとき，水銀差圧計の水銀面の差が 20 cm であった．管内の流量はいくらか．

ただし，流量係数 $C=1$，水の密度 $\rho=1\,000\ \mathrm{kg/m^3}$，水銀の密度 $\rho_q=13\,600\ \mathrm{kg/m^3}$ とする．

(解)　$A_1=\frac{\pi D_1^2}{4}=\frac{\pi\times0.4^2}{4}=0.126\ \mathrm{m^2}$，$A_2=\frac{\pi D_2^2}{4}=0.0314\ \mathrm{m^2}$

$$Q=C\frac{A_1A_2}{\sqrt{A_1^2-A_2^2}}\sqrt{2gH}\quad (H=12.6H'=2.52\ \mathrm{m})$$

$$=1\times\frac{0.126\times0.0314}{\sqrt{0.126^2-0.0314^2}}\sqrt{2\times9.8\times2.52}=\underline{0.228\ \mathrm{m^3/s}}$$

p.94［問題 4］に try!

8 損失水頭がある場合のベルヌーイの定理

損失水頭

完全流体におけるベルヌーイの定理の各項は，速度水頭 $v^2/2g$，位置水頭 z，圧力水頭 $p/\rho g$ の三つで構成されており，これらの合計である全水頭 H_e は水路内のどの断面においても等しい．しかし，実際には，水には粘性があるため流れに摩擦が生じ，熱エネルギーが発生し，エネルギーの損失が生じる．このエネルギー損失を**損失水頭**といい，h_l で表す．ここでは，このエネルギー損失について考えてみましょう．

(1) 水粒子同士の間に生ずる粘性による摩擦（内部摩擦損失）

(2) 水と水路壁との間の接触により生ずる摩擦（表面摩擦損失）

(3) 水路の曲折，断面変化による局部的渦による損失（形状摩擦損失）

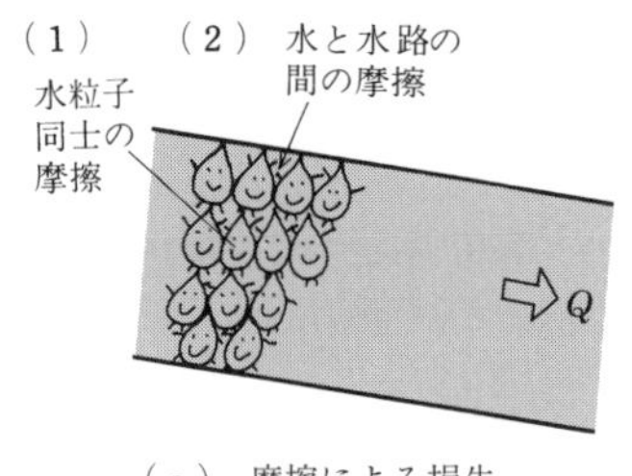

（a） 摩擦による損失

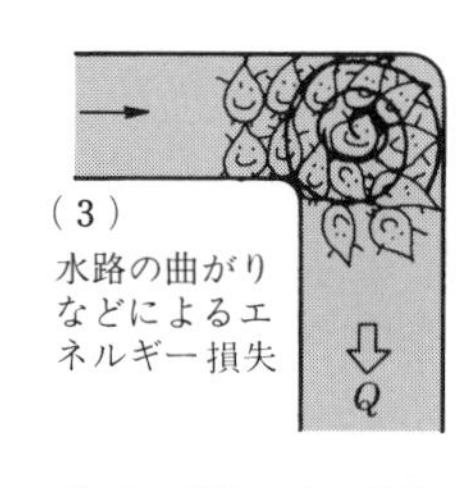

（b） 形状による損失

図 3･17 損失水頭

損失水頭を考えたベルヌーイの定理

損失水頭を考える場合，水路内の 2 点間におけるベルヌーイの定理は，次のようになる．

$$\frac{{v_1}^2}{2g}+z_1+\frac{p_1}{\rho g}=\frac{{v_2}^2}{2g}+z_2+\frac{p_2}{\rho g}+h_l \qquad (3 \cdot 13)$$

ここで，h_l は 2 断面間に生ずる損失水頭です．

動水こう配

図 3·18 は，式（3·13）を図示したものです．①，②断面にマノメータを取り付けると，水は管の中心から圧力水頭 $p/\rho g$ だけ上昇し，この $p/\rho g$ と位置水頭 z の和（$z+p/\rho g$）を**ピエゾ水頭**という．各断面のピエゾ水頭を結んだものが**動水こう配線**，動水こう配線の傾きを**動水こう配** I で表し，次式で求められる．

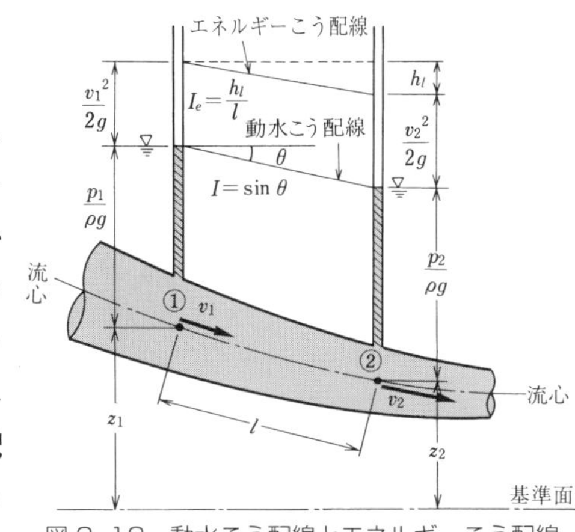

図 3·18　動水こう配線とエネルギーこう配線

$$I=\frac{1}{l}\left\{\left(\frac{p_1}{\rho g}+z_1\right)-\left(\frac{p_2}{\rho g}+z_2\right)\right\}=\frac{\partial}{\partial l}\left(\frac{p}{\rho g}+z\right) \qquad (3\cdot14)$$

エネルギーこう配

図 3·18 の中で，各断面のエネルギーの合計，すなわち全水頭を結んだ線を**エネルギー線**という．このエネルギー線の傾きを**エネルギーこう配** I_e で表し，次式で求められる．

$$I_e=\frac{h_l}{l}=I-\frac{1}{2gl}(v_2{}^2-v_1{}^2)=I-\frac{\partial}{\partial l}\left(\frac{v^2}{2g}\right) \qquad (3\cdot15)$$

No.7　損失水頭・動水こう配・エネルギーこう配

図 3·18 において，①断面の平均流速 $v_1=3$ m/s，圧力 $p_1=147\,000$ Pa，$z_1=4$ m，②断面の $v_2=3.5$ m/s，$p_2=127\,400$ Pa，$z_2=3$ m，水路長 $l=10$ m のとき，損失水頭 h_l，動水こう配 I，エネルギーこう配 I_e を求めよ．水の密度 $\rho=1\,000$ kg/m³.

（解）$\frac{3^2}{2\times9.8}+4+\frac{147\,000}{1\,000\times9.8}=\frac{3.5^2}{2\times9.8}+3+\frac{127\,400}{1\,000\times9.8}+h_l$

損失水頭 $h_l=0.459+4+15-0.625-3-13=\underline{2.834\text{ m}}$

動水こう配 $I=\frac{1}{10}\left\{\left(\frac{147\,000}{1\,000\times9.8}+4\right)-\left(\frac{127\,400}{1\,000\times9.8}+3\right)\right\}=\frac{3}{10}=\underline{\frac{1}{3.33}}$

エネルギーこう配 $I_e=\frac{h_l}{l}=\frac{2.834}{10}=\underline{\frac{1}{3.53}}$

p.94［問題 5］に try!

9 $\left(d+\frac{p}{\rho g}\right)$ は水深 H

開水路での各水頭

開水路（定常流）では，ベルヌーイの定理は深水 H を用いて式（3·17）のように表す．

図 3·19 のように流れの方向に l だけ離れた 2 断面①，②をとり，①，②の 2 断面にベルヌーイの定理を適用します．ただし，d_1，d_2 は河床から流心までの高さ，h_l は損失水頭です．

$$\frac{v_1^{\ 2}}{2g}+z_1+d_1+\frac{p_1}{\rho g}=\frac{v_2^{\ 2}}{2g}+z_2+d_2+\frac{p_2}{\rho g}+h_l \qquad (3\cdot16)$$

開水路においては，流心までの高さ d と圧力水頭 $p/\rho g$ との和は，水深 H と等しい．$p_1/\rho g+d_1=H_1$，$p_2/\rho g+d_2=H_2$ となり，式（3·16）は次のとおり．

$$\frac{v_1^{\ 2}}{2g}+H_1+z_1=\frac{v_2^{\ 2}}{2g}+H_2+z_2+h_l=H_e \qquad (3\cdot17)$$

ここで，$(H+z)$ の高さを連ねる線を**水面こう配線**という．この水面こう配 I は，管水路の動水こう配 I（$=h_l/l$）に該当するものです．水面こう配 I および水路床こう配 i は次のとおり．

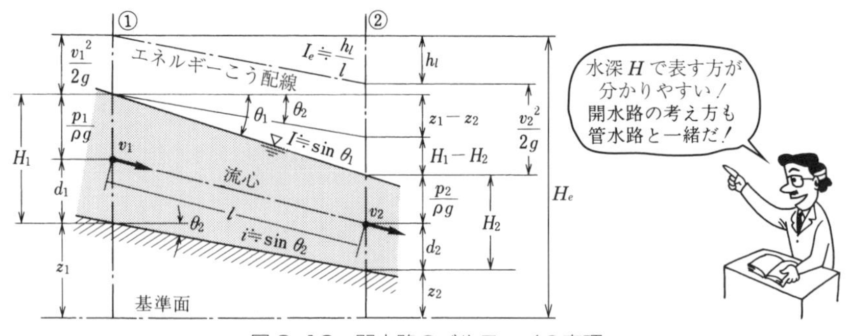

図 3·19 開水路のベルヌーイの定理

$$
\left.\begin{aligned}
I &= \frac{H_1 - H_2}{l} + \frac{z_1 - z_2}{l} = \frac{H_1 - H_2}{l} + i \\
i &= \sin\theta_2 = \frac{z_1 - z_2}{l}
\end{aligned}\right\} \qquad (3 \cdot 18)
$$

エネルギーこう配 I_e は，管水路と同様，次のとおり．

$$
I_e = I - \frac{1}{2gl}({v_2}^2 - {v_1}^2) = I - \frac{\partial}{\partial l}\left(\frac{v^2}{2g}\right) \qquad (3 \cdot 19)
$$

No.8　開水路のベルヌーイの定理

図 3·19 において，①断面の平均流速 $v_1 = 5$ m/s，水深 $H_1 = 6$ m，基準面から水路床までの高さ $z_1 = 3.7$ m，②断面において $v_2 = 5.4$ m/s，$H_2 = 5.6$ m，$z_2 = 2.8$ m，水路長 $l = 20$ m のとき，損失水頭 h_l，水面こう配 I，水路床こう配 i，エネルギーこう配 I_e を求めよ．

（解）$\dfrac{5^2}{2 \times 9.8} + 6 + 3.7 = \dfrac{5.4^2}{2 \times 9.8} + 5.6 + 2.8 + h_l$

損失水頭　$h_l = 1.276 + 6 + 3.7 - 1.488 - 5.6 - 2.8 = \underline{1.088\ \text{m}}$

水路床こう配　$i = \dfrac{z_1 - z_2}{l} = \dfrac{3.7 - 2.8}{20} = \underline{0.045}$（$= 1/22.2$）

水面こう配　$I = \dfrac{H_1 - H_2}{l} + i = \dfrac{6 - 5.6}{20} + 0.045 = \underline{0.065}$（$= 1/15.4$）

エネルギーこう配　$I_e = I - \dfrac{1}{2gl}({v_2}^2 - {v_1}^2) = 0.065 - \dfrac{1}{2 \times 9.8 \times 20} \times (5.4^2 - 5^2)$

$= 0.065 - 0.00255 \times 4.16 = \underline{0.054}$（$= 1/18.5$）

人物紹介　ダニエル・ベルヌーイ（Berneulli，1700～1782）

スイスの数学者．ベルヌーイ一族には数学的天才が多く，彼もその一人です．彼の研究分野は広範囲にわたっていますが，中でも流体の動力学と静力学に関して数多くの研究発表を行いました．

彼の名を一躍有名にしたのは，1738 年に発表した「流体力学―流体の力と運動に関するノート」です．彼の流体力学に関する考え方がいかに優れていたかは，同時代および後世の人々がこの「流体力学」を大変重視したことでも分かります．

彼の名を不動のものにしたベルヌーイの定理は，「流体力学」に発表した考え方（流れが速くなると圧力が減少する）によっており，かつベルヌーイの考え方がすばらしいのでこのように呼ばれるようになりました．しかし，公式そのものはベルヌーイのものではありません．後になってから，彼の親友のレオンハルト・オイラー（1707～1783）によって，現在のベルヌーイの定理の形が作られたといわれています（p.97 を参照）．

10 表面摩擦，内部摩擦

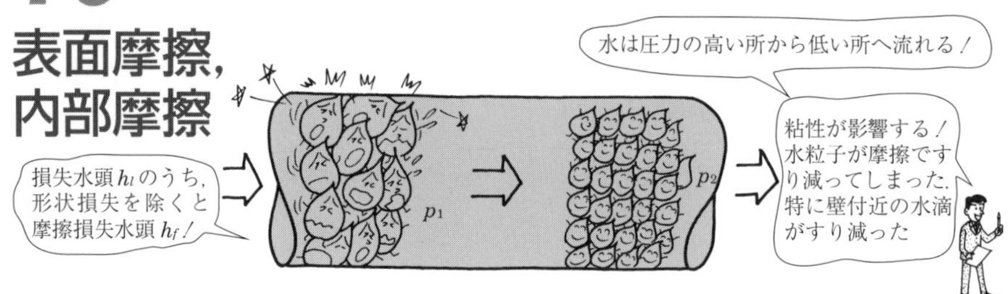

摩擦損失水頭

水には粘性があり，このため水路を水が流れるとき，水粒子と水路との間に表面摩擦，水粒子同士の間に内部摩擦が生じる．この摩擦によって水の運動エネルギーの一部が熱エネルギーに変わり，水の流れのエネルギーを考えるうえでは損失となる．これを**摩擦損失水頭**という．ここでは，摩擦損失水頭について考えてみましょう．

図 3·20 は，管の内径が一定で水平に設置されている．水を粘性のない完全流体と仮定すれば，流速 $v_1=v_2$，位置水頭 $z_1=z_2$ となり，圧力は $p_1=p_2$ となる．しかし，水に粘性があるため，このような場合には水は流れない．①，②間には水の粘性による摩擦損失が生じ，圧力水頭の降下が起こり，$p_1/\rho g > p_2/\rho g$，圧力は $p_1 > p_2$ となる．この摩擦損失を考慮したベルヌーイの定理は，次のとおり．

$$\frac{v_1^2}{2g}+z_1+\frac{p_1}{\rho g}=\frac{v_2^2}{2g}+z_2+\frac{p_2}{\rho g}+h_f \qquad (3\cdot 20)$$

ただし，h_f：断面①～②間の摩擦損失水頭

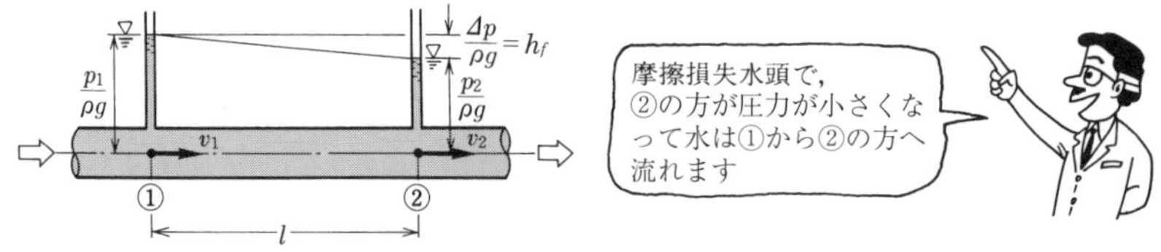

図 3·20　水平な管の摩擦損失水頭

ダルシー・ワイズバッハの式

ダルシー・ワイズバッハの式では，**摩擦損失水頭** h_f（形状による損失を除く）は次のように表される．

$$h_f=f'\frac{l}{R}\frac{v^2}{2g} \qquad (3\cdot 21)$$

ただし，f'：摩擦損失係数（無次元量）

円形管水路の場合，管の内径を D とすれば，径深 $R=A/S=D/4$ から

$$h_f = f\frac{l}{D}\frac{v^2}{2g},\quad ただし，f = 4f' \qquad (3 \cdot 22)$$

摩擦損失水頭 h_f は，水路の長さ l，速度水頭 $v^2/2g$ に比例し，径深 R または直径 D に反比例する．**摩擦損失係数** f，f' は，レイノルズ数 $Re(=vD/\nu)$ や相対粗度 (k_s/D) の影響を受ける．**図 3·21** は**ニクラーゼの実験**を示したもので，$Re<2\,000$ の層流では $f=64/Re$ の一つの直線で表され，ハーゲン・ポアジュールの法則（p.12）が適用できる．遷移領域を経て $Re>4\,000$ の乱流では，f は管壁の粗滑や相対粗度によって変化する．

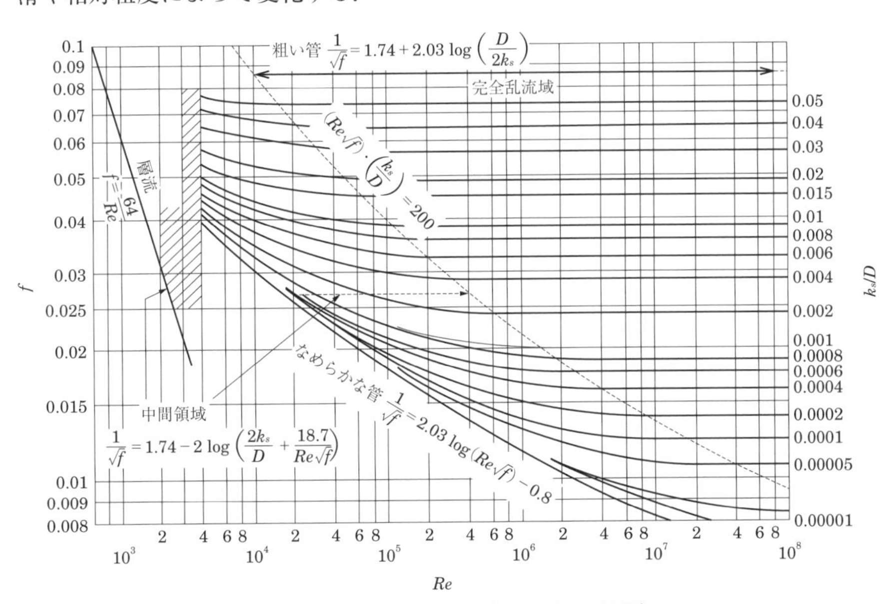

図 3·21　摩擦損失係数（ムーディー線図）

No.9　摩擦損失水頭の計算

図 3·20 において，水路長 $l=20$ m，内径 10 cm の表面の粗い鉄管に，流量 $Q=1.5\ l/\mathrm{s}$ で水が流れているとき，摩擦損失水頭 h_f を求めよ．ただし，摩擦損失係数を $f=0.028$ とする．

（解）　流積 $A=\pi D^2/4=3.14\times10^2/4=78.5\ \mathrm{cm}^2$，$Q=1.5\ l/\mathrm{s}=1\,500\ \mathrm{cm}^3/\mathrm{s}$

流速 $v=Q/A=1\,500/78.5=19.1\ \mathrm{cm/s}=0.191\ \mathrm{m/s}$

$$h_f = f\frac{l}{D}\frac{v^2}{2g} = 0.028\times\frac{20}{0.1}\times\frac{0.191^2}{2\times9.8} = 0.0104\ \mathrm{m} = \underline{1.04\ \mathrm{cm}}$$

11 摩擦速度とはなに？

表面摩擦応力
摩擦速度

管水路の流れでは，水粒子と管壁との表面（壁面）摩擦により，管壁付近の水粒子の流速は中心部に比べて遅くなる．ここでは，管水路内の流速分布や平均流速，摩擦応力の求め方を学びましょう．

図 3·22 のように水槽から管に水が流れ込むとき，管の入口付近（図(a)）では流速は一様ですが，管内を流れるにしたがって図(b)(c)のように潤辺（壁面）の影響が流れの内部に及ぶ．

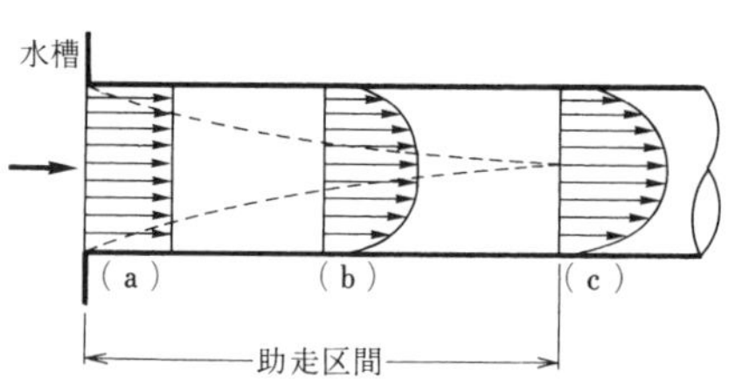

図 3·22 管の入口付近の流速分布

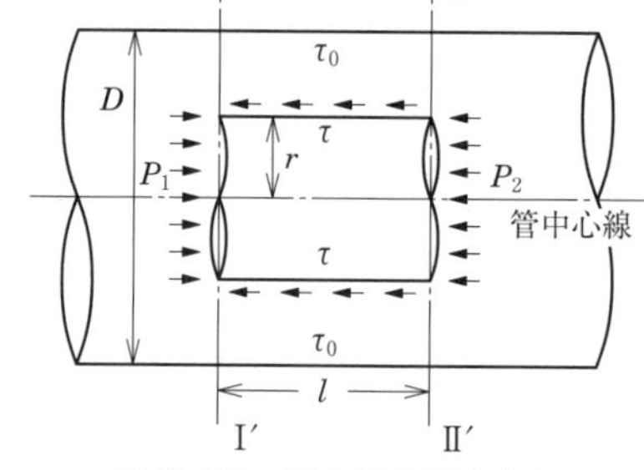

図 3·23 管水路の摩擦応力

図 3·23 の断面 I と II 間において，管中心線から半径 r の円筒の上流面と下流面の圧力 p_1，p_2 とその周辺の摩擦力はつり合っている．せん断応力を τ とすると

$$p_1\pi r^2 - p_2\pi r^2 = \tau\times 2\pi rl, \qquad \therefore\ \tau = \frac{r}{2l}(p_1 - p_2) \tag{3・23}$$

管の**表面摩擦応力**を τ_0，動水こう配 $I = (p_1/\rho g - p_2/\rho g)/l = \Delta P/\rho gl$ とすると

$$\tau_0 = \frac{D}{4l}(p_1 - p_2) = \rho gRI = \rho u_*^2 = \frac{f}{8}\rho v^2 \tag{3・24}$$

摩擦速度 $u_*(=\sqrt{gRI})$，$\tau_0 = f/8\cdot\rho v^2$ は実験式である．摩擦速度 u_* は，流速の次元を持ち，摩擦損失係数 f，平均流速 v とすると，

$$u_* = \sqrt{\frac{\tau_0}{\rho}} = \sqrt{\frac{f}{8}}v \tag{3・25}$$

層流の流速分布

図 3·24 の管水路の水圧降下 $\Delta p(p_1-p_2)/l$ とすれば，半径 r_0 の円管において，中心線から r の位置の流速 u は二次放物線となる．この流速分布を**ハーゲン・ポアジュールの法則**という．

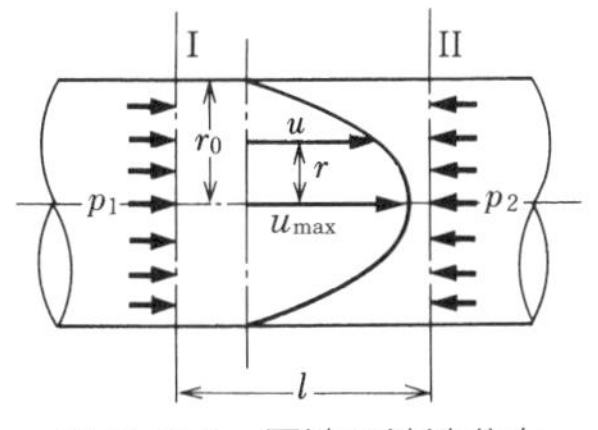

図 3·24　層流の流速分布

$$流速\ u=\frac{1}{4\mu}\frac{p_1-p_2}{l}(r_0{}^2-r^2) \quad (3 \cdot 26)$$

$$平均流速\ v=\frac{(p_1-p_2)r_0{}^2}{8\mu l}=\frac{1}{2}u_{max} \quad (3 \cdot 27)$$

乱流の流速分布

乱流では表面摩擦応力 τ_0 が大きく影響し水粒子が複雑に入り混じっているため，管壁にごく近い所を除いて流速分布は一様となる．乱流の平均流速は次のとおり．

(1) 滑面での平均流速 $\dfrac{v}{u_*}=\sqrt{\dfrac{8}{f}}=1.75+5.75\log_{10}\dfrac{u_*r_0}{\nu}$ (3・28)

(2) 粗面での平均流速 $\dfrac{v}{u_*}=\sqrt{\dfrac{8}{f}}=4.75+5.75\log_{10}\dfrac{r_0}{k}$ (3・29)

ただし，k：壁面の粗さ（凹凸）の平均高さ（相対粗度，p.77）

No.10　管水路の表面摩擦・摩擦速度

内径 30 cm の円管（滑面）に乱流で水が流れている．長さ 20 m 当りの圧力差が 4.9 kPa のとき，平均流速 v を求めよ．

ただし，水の動粘性係数 $\nu=1.310\times10^{-6}\ \mathrm{m^2/s}$（10℃）とする．

（解） 表面摩擦 $\tau_0=\dfrac{D(p_1-p_2)}{4l}=\dfrac{0.3\ \mathrm{m}\times4.9\times10^3\ \mathrm{Pa}}{4\times20\ \mathrm{m}}=18.38\ \mathrm{Pa}$

摩擦速度 $u_*=\sqrt{\tau_0/\rho}=\sqrt{18.38\ \mathrm{Pa}/1\,000\ \mathrm{kg/m^3}}=0.136\ \mathrm{m/s}$

平均流速 $v=u_*\left(1.75+5.75\log_{10}\dfrac{u_*r_0}{\nu}\right)$

$=0.136\ \mathrm{m/s}\times\left(1.75+5.75\log_{10}\dfrac{0.136\ \mathrm{m/s}\times0.15\ \mathrm{m}}{1.310\times10^{-6}\ \mathrm{m^2/s}}\right)=\underline{3.516\ \mathrm{m/s}}$

ポイント　摩擦速度とは？

摩擦速度 u_* は，速度と付くが，実際にはこの値に相当する流速を持つ流れはない．壁面摩擦応力を速度で表すための概念です．

開水路の流速分布・平均流速（理論式）

12 どの深さが一番泳ぎやすいかな？

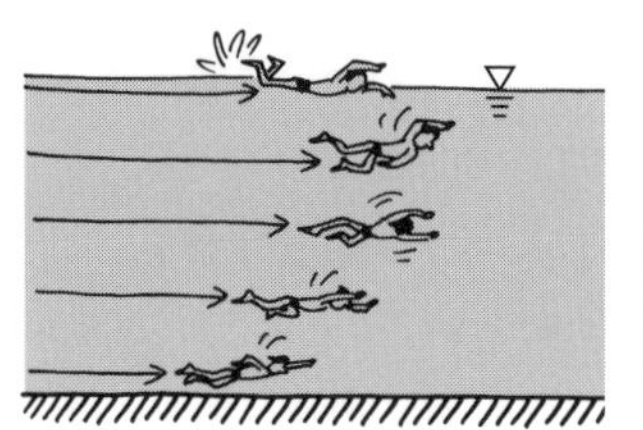

横断面の流速分布

ここでは，開水路の横断面・鉛直方向の流速分布について考えてみましょう．

長方形断面の開水路の横断面内で最大流速の生ずる位置は，水平方向では中央に，鉛直方向では水面のやや下です．潤辺（水路壁や底）に近づくにしたがって，表面摩擦応力により流速は減少し，潤辺付近で流速は最小となる．

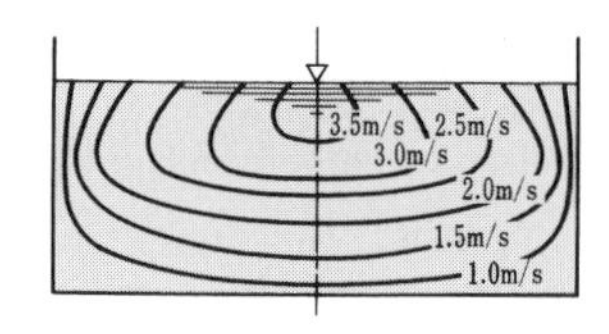

図 3·25　横断面の等流速分布図

摩擦応力

図 3·26 に示す等流の流れにおいて，Ⅰ，Ⅱの 2 断面に働く圧力は等しいから，重力 ρgAl の流れ方向の分力 $\rho gAl\sin\theta$ と潤辺に作用する表面摩擦応力 τ_0 による力 $\tau_0 Sl$ がつり合う．

$\rho gAl\sin\theta=\tau_0 Sl$ から

$$\tau_0=\rho g\frac{A}{S}\sin\theta=\rho gR\sin\theta=\rho gRi \qquad (3 \cdot 30)$$

ただし，水路床こう配 $i=\sin\theta$

幅の広い長方形断面では，$R\fallingdotseq H$ から次式が成り立つから

$$\tau_0=\rho gHi \qquad (3 \cdot 30')$$

自然河川のような移動床水路における摩擦応力 τ_0 は，**掃流力**（水の流れが土砂を運ぶ力）という．

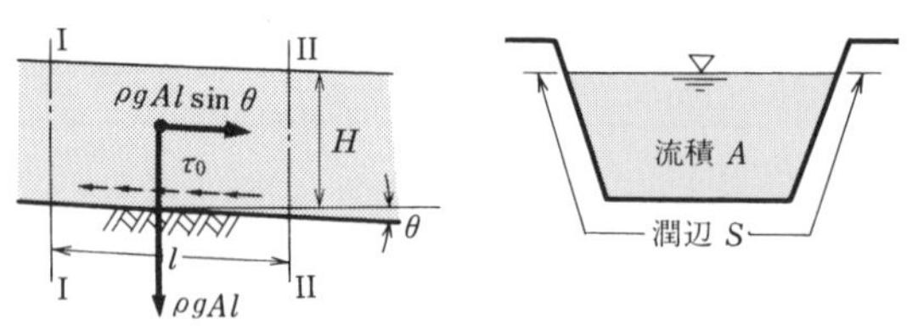

図 3·26　等流における力のつり合い

流速分布（理論式）

鉛直方向の流速分布は，各位置 z に対する流速 u を次式で求める．なお，流れが層流か乱流かにより流速分布が異なる．

（1）層流の流速分布

$$\frac{u}{u_*}=\frac{u_*}{\nu}\left(z-\frac{z^2}{2H}\right) \qquad (3 \cdot 31)$$

（2）乱流の流速分布

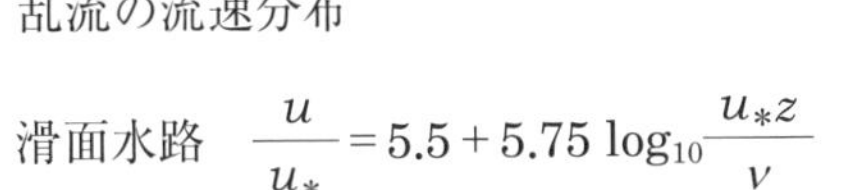

滑面水路　$$\frac{u}{u_*}=5.5+5.75\log_{10}\frac{u_* z}{\nu} \qquad (3 \cdot 32)$$

粗面水路　$$\frac{u}{u_*}=8.5+5.75\log_{10}\frac{z}{k} \qquad (3 \cdot 33)$$

摩擦速度　$$u_*=\sqrt{\frac{\tau_0}{\rho}}=\sqrt{\frac{\rho g H i}{\rho}}=\sqrt{gHi} \qquad (3 \cdot 34)$$

図 3･27　鉛直方向の流速分布

ただし，z：水路床からの高さ，　u：z における流速
ν：水の動粘性係数，　H：水深
k：水路床の絶対粗度，　i：水路床こう配

No.11　開水路の流速分布

水路床こう配 1/200 の滑らかな幅の広い水路に，水深 25 cm で水が流れているとき，水面の流速を求めよ．ただし，流れは乱流であり，水の動粘性係数 $\nu=1.31\times10^{-6}\ \mathrm{m^2/s}$（10℃）とする．

（解） 摩擦速度 $u_*=\sqrt{ghi}=\sqrt{9.8\times0.25\times1/200}=0.111\ \mathrm{m/s}$

水面の流速 $u=u_*\left(5.5+5.75\log_{10}\frac{u_* z}{\nu}\right)$

$$=0.111\left(5.5+5.75\log_{10}\frac{0.111\times0.25}{1.31\times10^{-6}}\right)=\underline{3.37\ \mathrm{m/s}}$$

トピックス　河川の粒度分布（掃流力と抵抗力）

河川の上流には大きな石が，下流では砂・シルトの粒度分布となる．上流はこう配が大きく，流速が大で掃流力が大きいが，一方，粒径が大きいと重量が大で抵抗力は大きく流されにくい．下流ではこう配が小さく，水深が大きくなるが，掃流力は小さい．水路床のこう配が影響し，河川材料は掃流力と抵抗力のつり合った粒径分布となる．

水の性質および次元
静水圧
水の運動
管水路
開水路
オリフィス・せき・ゲート
地中の水理学

13 平均速度公式と摩擦抵抗則

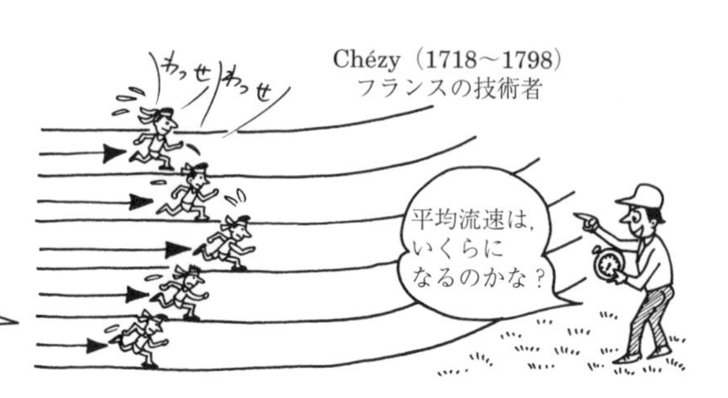

平均流速公式とは

平均流速は v，水面こう配 I（＝水路床こう配 i）による流下の力と水路の壁面における抵抗がつり合った状態で決まる．しかし，実用上は式（3·21）摩擦損失水頭 h_f を流速の形に変形した**平均流速公式**を用いる方が便利です．昔から多くの人々の実験から考案された平均流速公式のうち，代表的なものを紹介しましょう．

平均流速公式は，①シェジー型 $v=C\sqrt{RI}$ と，②指数公式型 $v=(1/n)R^aI^b$ の二つに区分されます．シェジー公式とマニング公式が代表的です．

シェジーの公式

シェジーの公式は，平均流速公式の中で最も古いものです．わが国では，下水道の計算に用いられている．

$$v=C\sqrt{RI}\ 〔\mathrm{m/s}〕 \qquad (3\cdot35)$$

ただし，R：径深〔m〕，I：動水こう配（h_f/l）

C は**シェジーの係数**で，$[\mathrm{L}^{1/2}\mathrm{T}^{-1}]$ の次元を持ち $\mathrm{m}^{1/2}/\mathrm{s}$ の単位です．C と摩擦損失係数 f' との関係は次のとおり．

$$\left.\begin{aligned} &C=\sqrt{\frac{8g}{f}}=\sqrt{\frac{2g}{f'}} \\ &f'=\frac{2g}{C^2}=\frac{2gn^2}{R^{1/3}},\quad f=\frac{2g}{C^2}=\frac{8gn^2}{R^{1/3}}=\frac{12.7gn^2}{D^{1/3}} \end{aligned}\right\} \qquad (3\cdot36)$$

クッタの公式

開水路に対して，マニングの式とともに用いられてきたが，係数が複雑であり，マニングの式（p.84）と一致することから最近はあまり用いられない．

$$v=C\sqrt{RI}=\frac{23+1/n+0.00155/I}{1+(23+0.00155/I)n/\sqrt{R}}\sqrt{RI} \qquad (3\cdot37)$$

ただし，n：粗度係数（p.84，表3·2を参照）

ヘーゼン・ウィリアムスの公式

アメリカで実際の水道管の実験結果に基づいて作られ，上水道の送配水管設計の標準式としてわが国でもよく用いられ，次式で表される．

$$v = 0.849\,35 C_H R^{0.63} I^{0.54} \text{〔m/s〕} \quad (3 \cdot 38)$$

ただし，C_H：流速係数（表3･1），R：径深〔m〕，I：動水こう配(h_f/l)

円形管の場合，式（3･38）の R に $D/4$ を代入すると次のとおり．

$$v = 0.35464 C_H D^{0.63} I^{0.54} \text{〔m/s〕} \quad (3 \cdot 39)$$

$$\left.\begin{aligned} f &= \frac{10.821g}{C_H{}^{1.85} R^{0.17} v^{0.15}} \\ f' &= \frac{13.635g}{C_H{}^{1.85} D^{0.17} v^{0.15}} \end{aligned}\right\} \quad (3 \cdot 40)$$

表3･1　各種の管の C_H の値

材料および潤辺の性質	C_H の値
鋳鉄管（最良）	140
鋳鉄管（新）	130
鋳鉄管（旧）	100
錬鉄管	110〜120
黄銅・スズ・鉛・ガラス管	140〜150
消火ホース（内面ゴム張り）	110〜140
れんが暗きょ	100〜130
コンクリート管および圧力トンネル	120〜140
土砂地盤掘込水路	35〜75

Let's try

No.12　平均流速の計算

内径 60 cm の鋳鉄管を動水こう配 1/200 で水を流すときの平均流速をシェジーの公式，ヘーゼン・ウィリアムスの公式を用いて求めよ．ただし，$n = 0.013$，$C_H = 130$ とする．

(解)　径深 $R = \dfrac{A}{S} = \dfrac{\pi D^2/4}{\pi D} = \dfrac{3.14 \times 0.6^2/4}{3.14 \times 0.6} = 0.150 \text{ m}$

(1) シェジーの公式：$v = C\sqrt{RI} = 56.11\sqrt{0.15 \times 1/200}$

$= \underline{1.540 \text{ m/s}}$

$\left(C = \sqrt{\dfrac{8g}{f}} = \sqrt{\dfrac{8 \times 9.8}{0.0249}} = 56.11,\quad f = \dfrac{12.7gn^2}{D^{1/3}} = \dfrac{0.0210}{0.8434} = 0.0249\right)$

(2) ヘーゼン・ウィリアムスの公式：$v = 0.35464 C_H D^{0.63} I^{0.54}$

$= 0.35464 \times 130 \times 0.60^{0.63} \times (1/200)^{0.54}$

$= \underline{1.912 \text{ m/s}}$

（注）適用条件によって，流速は異なる．

ポイント　管水路と開水路の平均流速公式

平均流速公式は，管水路の場合は動水こう配（$= h_f/l$），開水路の場合は水面こう配（$= h_f/l$）となる．

14 流速公式の王様 マニング

Robert Manning（1816～1897）
アイルランドの技術者

マニングの公式

マニングの公式は，河川や人工水路など，開水路の実験値から作られたもので次式で表される．

$$v=\frac{1}{n}R^{2/3}I^{1/2}\ \text{〔m/s〕} \qquad (3\cdot 41)$$

ただし，n：粗度係数［$L^{-1/3}T$］，R：径深〔m〕，I：動水こう配（h_l/l）

この公式は，次の理由で管水路・開水路ともに最も広く使われている．

(1) 式が簡単で，普通の河川や水路で，非常に高い精度で実際に適合する．

(2) 乱流や壁面の粗い水路の流れによく適合する．

マニングの公式から，摩擦損失水頭 h_f，摩擦係数 f'，f，シェジーの係数 C は次のとおり．

$$h_f=f'\frac{l}{R}\frac{v^2}{2g}$$

$$f'=\frac{2gn^2}{R^{1/3}},\ f=\frac{124.5n^2}{D^{1/3}},\ C=\frac{1}{n}R^{1/6} \qquad (3\cdot 42)$$

ただし，g：重力加速度，l：水路長〔m〕，D：円管の内径〔m〕

粗度係数 *n*

粗度係数

n は，水路壁面・底面の粗さを示す．粗度係数 n が大きいほど壁・底面は粗く，n が小さいほど壁・底面は滑らかです．したがって，平均流速 v は，n が大きいほど遅く，n が小さいほど速くなる．n は水路壁・底面の材料

表 3･2　粗度係数 n の値

壁面種類	n
新しい塩化ビニル管，鉛，ガラス	0.009～0.012
溶接された鋼表面	0.010～0.014
リベットまたはねじのある鋼表面	0.013～0.017
鋳鉄（新）	0.012～0.014
鋳鉄（旧）	0.014～0.018
鋳鉄（極めて古い）	0.018
木材	0.010～0.018
コンクリート（滑らか）	0.011～0.014
コンクリート（粗い）	0.012～0.018

によって異なる．代表的な実験値を**表 3·2** に示す．式（3·42）の f については，マニングの公式から**表 3·3** のとおり．n は［$L^{-1/3}T$］の次元を持ち $m^{-1/3}/s$ の単位である．

表 3·3　マニングの公式による円管の摩擦損失係数 f の値

n ＼ D〔m〕	0.1	0.2	0.3	0.4	0.5	1.0	1.5	2.0
0.010	0.0268	0.0213	0.0186	0.0169	0.0157	0.0124	0.0109	0.0099
0.011	0.0324	0.0258	0.0225	0.0204	0.0190	0.0151	0.0132	0.0120
0.012	0.0386	0.0306	0.0268	0.0243	0.0226	0.0179	0.0157	0.0142
0.013	0.0453	0.0360	0.0314	0.0285	0.0265	0.0210	0.0184	0.0167
0.014	0.0526	0.0417	0.0364	0.0331	0.0307	0.0244	0.0213	0.0194
0.015	0.0603	0.0470	0.0418	0.0380	0.0353	0.0280	0.0245	0.0222
0.016	0.0686	0.0545	0.0476	0.0432	0.0401	0.0319	0.0278	0.0253

No.13　マニングの公式（平均流速の計算）

直径 2 m，動水こう配 1/900 の極めて古い鋳鉄管の平均流速および流量を，マニングの公式を用いて求めよ．

（解） 表 3·2 から粗度係数 $n = 0.018$，径深 $R = D/4 = 2/4 = 0.5$ m

平均流速 $v = \dfrac{1}{n} R^{2/3} I^{1/2} = \dfrac{1}{0.018} \times 0.5^{2/3} \times \left(\dfrac{1}{900}\right)^{1/2} = \underline{1.17\ \mathrm{m/s}}$

流積 $A = \pi D^2/4 = 3.14 \times 2^2/4 = 3.14\ \mathrm{m^2}$

流量 $Q = Av = 3.14 \times 1.17 = \underline{3.67\ \mathrm{m^3/s}}$

No.14　マニングの公式（摩擦損失水頭の計算）

内径 100 mm の新しい塩化ビニル管に流量 0.02 m^3/s の水が流れているとき，水路長 500 m の間の摩擦損失水頭をマニングの公式から求めよ．

（解） 表 3·2 から粗度係数 $n = 0.011$

$A = \dfrac{3.14 \times 0.1^2}{4} = 0.00785\ \mathrm{m^2}$

h_f　D＝100 mm　500 m　Q

図 3·28　管水路

$v = \dfrac{Q}{A} = 2.55\ \mathrm{m/s}$，　$f = \dfrac{124.5 n^2}{D^{1/3}} = \dfrac{124.5 \times 0.011^2}{0.100^{1/3}} = 0.0325$

$h_f = f \dfrac{l}{D} \dfrac{v^2}{2g} = 0.0325 \times \dfrac{500}{0.100\ \mathrm{m}} \times \dfrac{2.55^2}{2 \times 9.8\ \mathrm{m/s^2}} = \underline{53.91\ \mathrm{m}}$

p.94［問題 6］に try!

15 力が働くと運動状態が変わる！

運動量の方程式

ノズルから噴出する水は水車を回転させ，曲がった管路を流れる圧力水は，管壁に力を及ぼしながら流れの方向を変える．このように極めて短い時間 Δt だけ力 F が働いたとき，流体の運動量（mv）の変化（$mv_1 - mv_2$）を調べてみましょう．

力積 Ft と運動量 mv

質量 m の物体が速度 v で運動しているとき，m と v の積 mv を**運動量**（ベクトル量）という．いま，質量 m の物体に Δt 秒間一定の力 F が働いて，速度が v_1 から v_2 に変わった場合，このときの運動量の変化 $m(v_2 - v_1)$ は，力 F と時間 Δt の積，**力積** $F\Delta t$ に等しい．

$$m(v_2 - v_1) = F\Delta t \tag{3・43}$$

この関係式（Newton の第2法則）を**力積-運動量の法則**といい，また，二つの物体が力を及ぼすとき，第3法則が成り立ち，これを**運動量保存則**という．

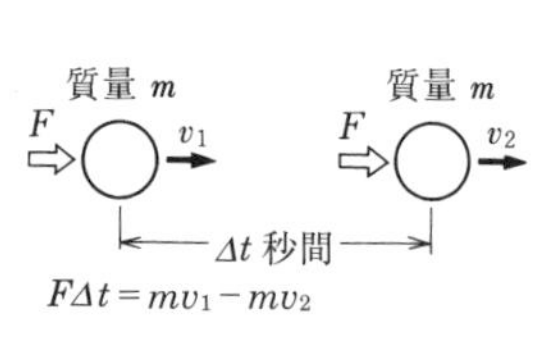

図3·29　ニュートンの運動法則

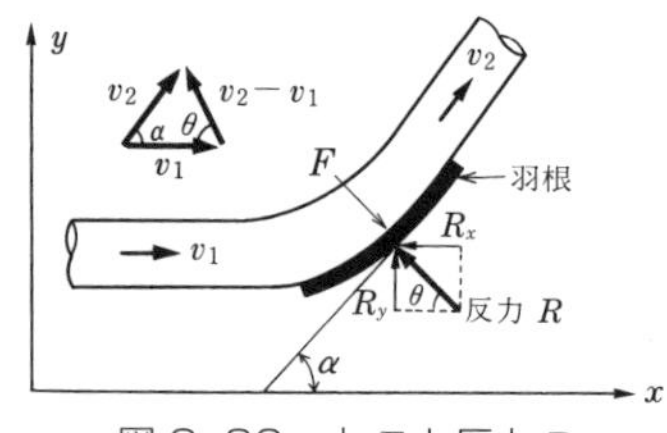

図3·30　力 F と反力 R

図3·30 において，質量 $m(=\rho Q)$ の水が壁面に当たり，流速が v_1 から v_2 に変わった場合，水は壁面に当たったとき，壁面から反力 R を受けて流れの方向を変える．運動量の方程式から，反力 R は

$$R = m(v_2 - v_1) = \rho Q(v_2 - v_1) \tag{3・44}$$

反力 R を x，y 方向に分けて考えてみると

$$R = \sqrt{R_x{}^2 + R_y{}^2},\quad R_x = \rho Q(v_{x2} - v_{x1}),\quad R_y = \rho Q(v_{y2} - v_{y1}) \tag{3・45}$$

ただし，v_{x1}，v_{x2}，v_{y1}，v_{x2}：x・y 方向の分力（ベクトル）

図 3･31 において，直径 5 cm の流水を v_1 = 10 m/s で放出し，水が壁面に当たって v_2 の方向に 60° 流れを変えた．この壁面に加わる反力 R を求めると

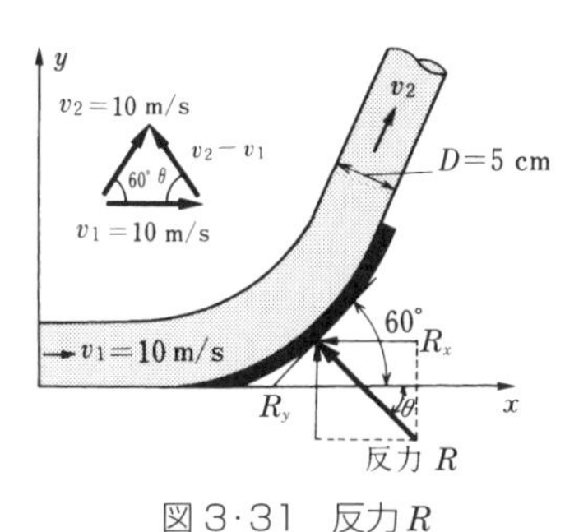

図 3･31　反力 R

流量 $Q = \pi D^2/4 \cdot v_1 = 0.0196\ \mathrm{m^3/s}$

$v_{x1} = 10$ m/s，$v_{y1} = 0$ m/s

$v_{x2} = v_2 \cos 60° = 5$ m/s

$v_{y2} = v_2 \sin 60° = 8.66$ m/s

∴　$R_x = \rho Q(v_{x2} - v_{x1}) = 1\,000\ \mathrm{kg/m^3} \times 0.0196\ \mathrm{m^3/s}\ (5 - 10)\ \mathrm{m/s} = -98\ \mathrm{N}$

$R_y = \rho Q(v_{y2} - v_{y1}) = 1\,000\ \mathrm{kg/m^3} \times 0.0196\ \mathrm{m^3/s}\ (8.66 - 0)\ \mathrm{m/s} = 169.74\ \mathrm{N}$

∴　$R = \sqrt{R_x^2 + R_y^2} = \sqrt{98^2 + 169.74^2} = \underline{196.00\ \mathrm{N}}$

No.15　平板に作用する力

図 3･32 のノズルから吹き出した噴流が固体壁に衝突する場合の壁面に働く反力 R_x はいくらか．

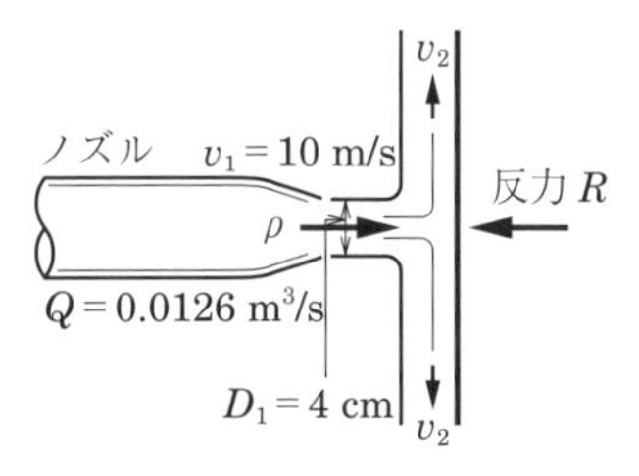

図 3･32　反力 R

（解）　$-R_x = \rho Q(v_2 - v_1)$

$= 1\,000 \times 0.0126(0 - 10)$

$= -126$ N（∵　$v_2 ≒ 0$ で近似）

∴　$R_x = \underline{126\mathrm{N}}$

No.16　ゲートに作用する力

図 3･33 において，$Q = 25\ \mathrm{m^3/s}$，$B = 5$ m，$H_1 = 4$ m，$H_2 = 0.6$ m のとき，ゲートに作用する力 F はいくらか．

（解）　式（3･44）より，力のつり合いは次のとおり．

$\rho Q(v_2 - v_1) = P_1 - P_2 - F$

$F = \rho Q(v_1 - v_2) + P_1 - P_2$

$= \rho Q(v_1 - v_2) + \rho g B(H_1^2 - H_2^2)/2$

$= 1\,000 \times 25(25/20 - 25/3)$

$+ 1\,000 \times 9.8 \times 5(4^2 - 0.6^2)/2$

$= \underline{206.10\ \mathrm{kN}}$

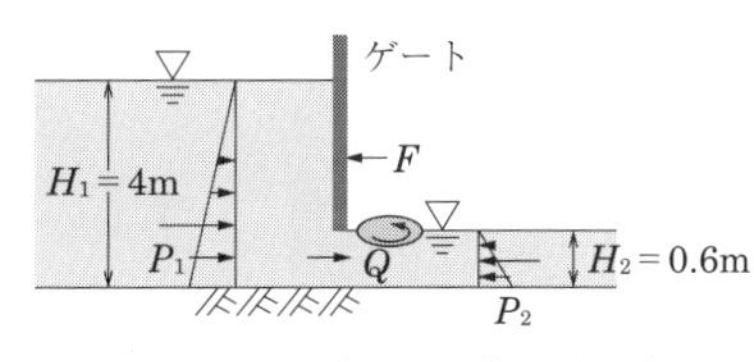

図 3･33　ゲートに作用する力

16 波のエネルギー

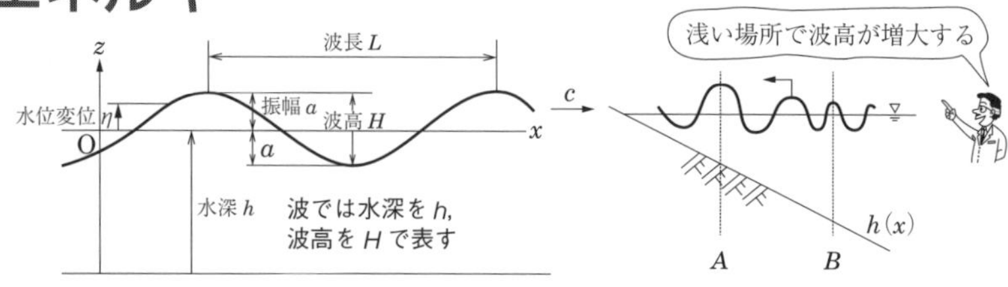

波の定義

自然界に発生する水の波（**重力波**）には，風による風波，地震よる津波，台風による高潮，太陽や月の引力による潮汐がある．水の波は，水面変動が伝搬する現象です．

波は，波高 H，波長 L，周期 T および水深 h によって定義する．水深 h と周期 T により**波長** L，**波速** $c=L/T$ が決まる．

$$\text{波速 } c=\frac{gT}{2\pi}\tanh\frac{2\pi h}{L},\quad \text{波長 } L=\frac{gT^2}{2\pi}\tanh\frac{2\pi h}{L}\ \text{（繰返し計算）} \qquad (3\cdot 46)$$

波は，水深と波長の比により，深水波，浅水波，長波に分類する．波岸へ近づくと，海底の影響を受けて，振幅が増大し波長が縮まり波高が大きくなる．

① **深水波**（沖波）：$h/L>1/2$．$h/L\to\infty$ のとき，$\tanh(2\pi h)/L \fallingdotseq 1$ より

$$\text{波速 } c=\frac{gT}{2\pi}=1.56\,T,\quad \text{波長 } L=\frac{gT^2}{2\pi}=1.56\,T^2 \qquad (3\cdot 47)$$

② **浅水波**：$1/2>h/L>1/20$

③ **長波**：$1/20>h/L$．$h/L\to\infty$ のとき，$\tanh(2\pi h)/L \fallingdotseq 2\pi h/L$ より

$$\text{波速 } c=\sqrt{gh},\quad \text{波長 } L=cT=\sqrt{gh}\,T \qquad (3\cdot 48)$$

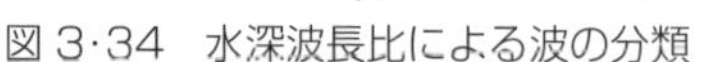

図 3·34　水深波長比による波の分類

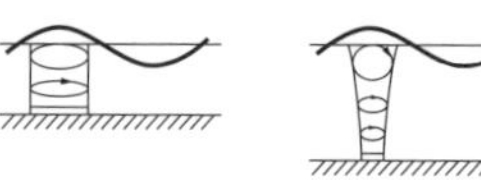
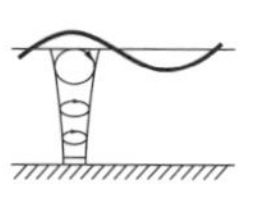
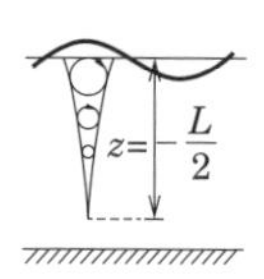

図 3·35　水粒子の軌道

波のエネルギー

水面の上下動による位置エネルギー E_p と水粒子の運動エネルギー E_k は等しく，波高 H によって決まる．

$$\text{位置エネルギー } E_p=\frac{1}{16}\rho gH^2,\quad \text{運動エネルギー } E_k=\frac{1}{16}\rho gH^2 \qquad (3\cdot 49)$$

全エネルギー $E = E_p + E_k = \dfrac{1}{8}\rho g H^2 = \rho g \eta^2$　　(3・50)

ただし，η^2：水位変動の分散，振幅 $a = H/2$ のとき，$\eta^2 = a^2/2$

波のエネルギーは，波の伝搬によって進行方向に輸送される．エネルギー輸送速度 c_g は，波速 c，波数 k（$=2\pi/L$），水深 h のとき，次のとおり．

$$\left.\begin{aligned} &\text{エネルギー輸送速度}\ c_g = c\cdot\frac{1}{2}\left\{1+\frac{2kh}{\sinh 2kh}\right\} \\ &\text{係数}\ n = \frac{c_g}{c} = \frac{1}{2}\left\{1+\frac{2kh}{\sinh 2kh}\right\}\quad \begin{pmatrix}\text{深水波}\ n=0.5 \\ \text{長波}\quad n=1.0\end{pmatrix}\end{aligned}\right\}\quad (3\cdot 51)$$

No.17　波のエネルギー

水深 40 cm の水路に波高 5.0 cm，周期 1.0 秒の規則波を発生させたとき，波の位置エネルギー，運動エネルギー，全エネルギーを求めよ．ただし，水の密度を 1 000 kg/m³ とする．

(解)　位置エネルギー $E_p = \dfrac{1}{16}\rho g H^2 = \dfrac{10^3 \times 9.8 \times (4\times 10^{-2})^2}{16} = \underline{0.98\ \text{N/m}}$

運動エネルギー $E_k = E_p = \underline{0.98\ \text{N/m}}$，全エネルギー $E = E_p + E_k = \underline{1.96\ \text{N/m}}$

No.18　エネルギーの輸送速度

水深 20 m の地点で，周期 7 秒の波の波速とエネルギー輸送速度を求めよ．

(解)　深水波と仮定して，式（3·47）より波長を求めると

波長 $L = \dfrac{gT^2}{2\pi} = 1.56\,T^2 = 1.56\times 7^2 = 76.4\ \text{m}$，$\dfrac{h}{L} = \dfrac{20}{76.4} = 0.26 < \dfrac{1}{2}$（浅水波）

$L = 76.4$ m を近似値として，式（3·46）より繰返し計算で波長を求める．

$L = \dfrac{gT^2}{2\pi}\tanh\dfrac{2\pi h}{L} = 76.5\times\tanh(2\pi\times 0.26) = 70.9\ \text{m}$

5 回繰返し後，$L = 72.0$ m となる．

∴　波速 $c = \dfrac{gT}{2\pi}\tanh\dfrac{2\pi h}{L} = 1.56\times 7\times\tanh\dfrac{2\pi\times 20}{72.0} = \underline{10.27\ \text{m/s}}$

波数 $k = 2\pi/L = 2\times 3.14/72.0 = 0.09$，式（3·51）より

係数 $n = \dfrac{c_g}{c} = \dfrac{1}{2}\left\{1+\dfrac{2kh}{\sinh 2kh}\right\} = \dfrac{1}{2}\left\{1+\dfrac{2\times 0.09\times 20}{\sinh(2\times 0.09\times 20)}\right\} = 0.60$

∴　エネルギー輸送速度 $c_g = nc = 0.60\times 10.27 = \underline{6.16\ \text{m/s}}$

17 波圧を求める

海は広いな～大きいな～♪
碎波は波のエネルギーを散逸し，
重複波はエネルギーを保存する！

葛飾北斎
「富嶽三十六景」

進行波と重複波

波は，波形が移動するか否かによって**進行波**と**重複波**に分けられる．一定の方向に進む波を進行波という．重複波は，同一周期，波長，波高で進行方向が正反対である二つの波が重なった波をいう．進行波が防波堤などの直立固体壁などで反射波と重なって生じる重複波（定在波）は，一定の振幅で位相を変えず各地点で上下震動するだけで，波形は進行しない．これに対して**砕波**は，構造物に衝突した後，砕けてエネルギーを散逸させる波をいう．重複波と砕波を区別する方法として，水深 h と波高 H とを比較し，$h \geqq 2H$ のとき重複波，$h < 2H$ のとき砕波とみなす．

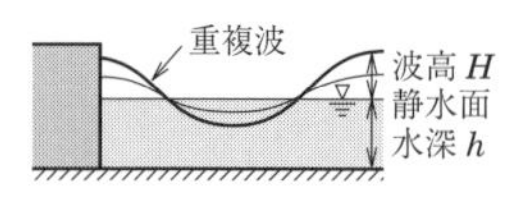

（a）重複波

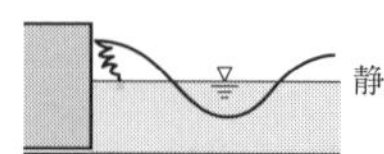

（b）砕波

波形こう配（H/L）が大きくなると砕波となる！

図 3·36　重複波と砕波

波圧と波力

波が防波堤などの海岸・港湾構造物に作用する圧力を**波圧**，波の力を**波力**という．波圧の計算法の代表的なものとして，港湾施設の設計に用いられる合田式（1973，合田良実）がある．合田式は次のとおり．

① 設計波高を対象地点で想定される最高波高に統一

② 重複波圧，砕波圧ならびに砕波後の波圧を一つの計算式で求める．

③ 揚圧力を波圧の実態に則して合理的に算定

④ 波の周期および海底こう配の影響を波圧計算の中に導入

合田式によれば，直立壁における波圧分布は，水面位置を最大とする台形分布で示される．底面については，前端を最大，後端を0とする三角分布をなす**揚圧力**（衝撃力による垂直方向の力）をいう．

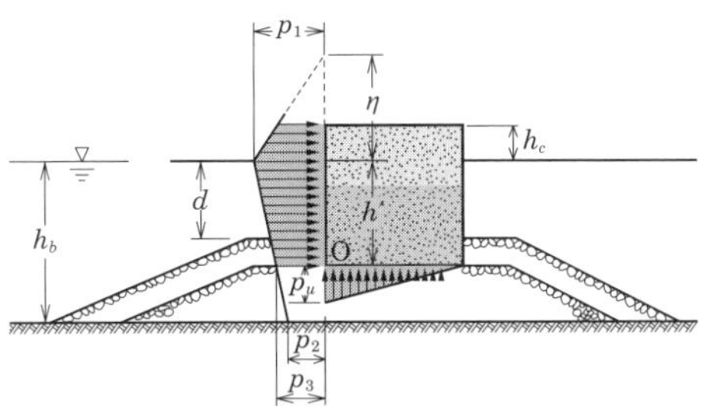

図 3·37　直立部に働く波圧分布（合田式）

1）波圧の作用高

$$\eta = 0.75(1+\cos\theta)H$$

2）前面波圧強度

$$p_1 = 0.5(1+\cos\theta)(\alpha_1 + \alpha_2\cos^2\theta)\rho g H$$

$$p_2 = p_1/\cosh(2\pi h/L)$$

$$p_3 = \alpha_3 p_1$$

$$\alpha_1 = 0.6 + \frac{1}{2}\left\{\frac{4\pi h/L}{\sinh(4\pi h/L)}\right\}^2$$

$$\alpha_2 = \min\left\{\frac{h_b - d}{3h_b}\left(\frac{H}{d}\right)^2,\ \frac{2d}{H}\right\}$$

$$\alpha_3 = 1 - \frac{h'}{h}\left\{1 - \frac{1}{\cosh(2\pi h/L)}\right\}$$

（3・52）

3）揚圧力強度

$$p_u = \frac{1}{2}(1+\cos\theta)\alpha_1\alpha_3\rho g H$$

H：波高，L：波長，η：静水面上波圧が 0 となる高さ，θ：波向角
p_1：静水面の圧力，p_2：水底面の圧力，p_3：直立壁下端の圧力
h_b：直立壁から沖側 $5H_{1/3}$ の地点の水深，h'：直立壁下端の水深
$\min(a, b)$：a または b のいずれか小さい方の値

トピックス　有義波について

複雑な形状を持つ海洋の波浪を表す方法として，20 分程度の時間内に観測された波を高い順に 1/3 を選んで，その平均値を波高，周期とする波を有義波 $H_{1/3}$ という．

18 波圧と波力の計算

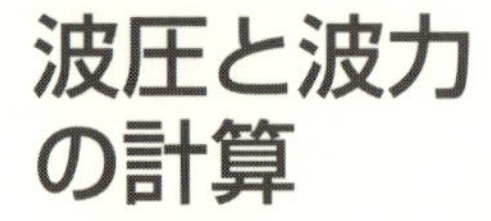

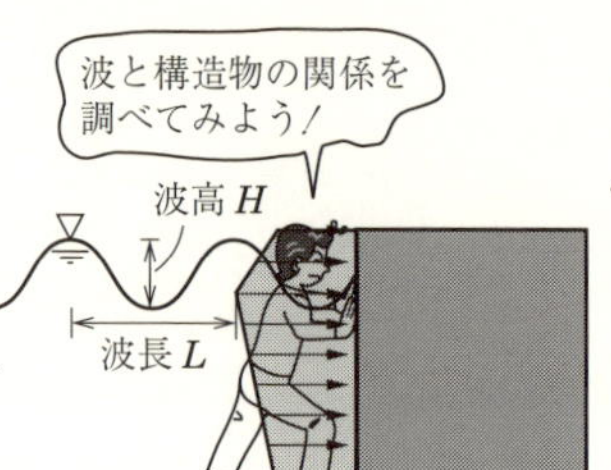

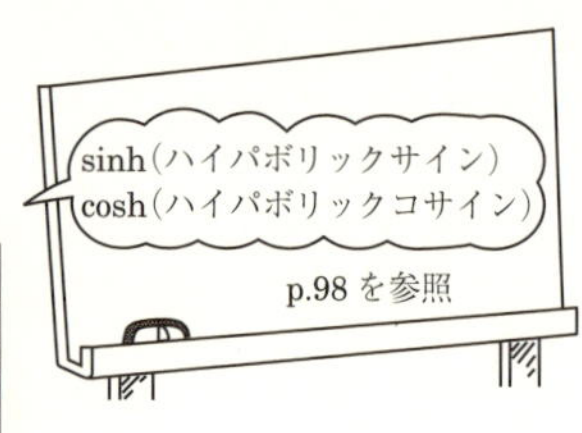

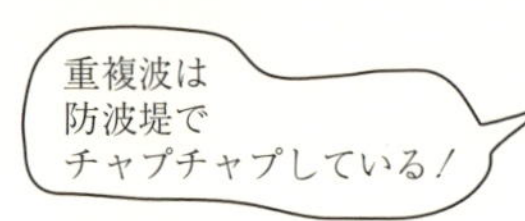

No.19　波圧を求めよう．

図 3·38 のような海岸沖の直立堤の延長 1 m 当りに作用する波圧の分布を合田式により求めよ．また，O 点における直立壁にかかるモーメントを求めよ．

ただし，海水の密度を 1 030 kg/m³，直立壁に作用する波の波高 $H=$ 5 m，波長 $L=50$ m とし，波は直立壁に垂直に作用する．

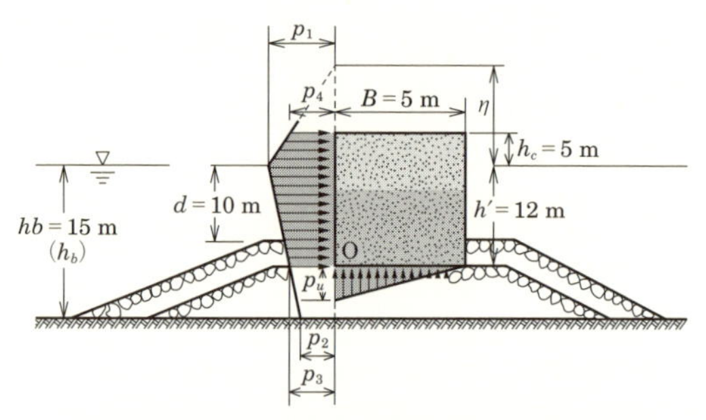

図 3·38　直立部に働く波圧分布（合田式）

（解）　式（3·52）より，

（1）波圧計算に必要な波圧係数 α_1，α_2，α_3 を求める．

$$\alpha_1=0.6+\frac{1}{2}\left\{\frac{4\pi h/L}{\sinh(4\pi h/L)}\right\}^2=0.6+\frac{1}{2}\left\{\frac{4\times\pi\times15/50}{\sinh(4\times\pi\times15/50)}\right\}^2=0.604$$

$$\alpha_2=\min\left\{\frac{h_b-d}{3h_b}\left(\frac{H}{d}\right)^2,\ \frac{2d}{H}\right\}=\min\left\{\frac{15-10}{3\times15}\left(\frac{5}{10}\right)^2,\ \frac{2\times10}{5}\right\}$$

$$=\min(0.017\,8,\ 4)=0.017\,8$$

$$\alpha_3=1-\frac{h'}{h}\left\{1-\frac{1}{\cosh(2\pi h/L)}\right\}=1-\frac{12}{15}\left\{1-\frac{1}{\cosh(2\times\pi\times15/50)}\right\}=0.437$$

（2）水面から波圧 0 の位置までの波圧の作用高 η を求める．

波は直立壁に垂直に作用するので，波向角 $\theta=0$

$$\eta=0.75(1+\cos\theta)H=0.75(1+\cos0°)\times5=7.5\text{ m}$$

(3) 波圧強度 p_1, p_2, p_3, p_4 および揚圧力 p_u を求める.

$$p_1 = 0.5\times(1+\cos\theta)(\alpha_1+\alpha_2\cos^2\theta)\rho g H$$
$$= 0.5\times(1+\cos 0°)\times(0.604+0.017\,8\times\cos^2 0°)\times 1\,030\times 9.8\times 5$$
$$= 31\,400\ \mathrm{N/m} = 31.4\ \mathrm{kN/m}$$
$$p_2 = p_1/\cosh(2\pi h/L) = 31\,400/\cosh(2\times\pi\times 15/50) = 9.32\ \mathrm{kN/m}$$
$$p_3 = \alpha_3 p_1 = 0.437\times 31\,400 = 13\,700\ \mathrm{N/m} = 13.7\ \mathrm{kN/m}$$
$$p_4 = p_1\times(\eta - h_c)/\eta = 31\,400\times(7.5-5)/7.5 = 10\,500\ \mathrm{N/m} = 10.5\ \mathrm{kN/m}$$
$$p_u = 0.5(1+\cos\theta)\alpha_1\alpha_3\rho g H$$
$$= 0.5\times(1+\cos 0°)\times 0.604\times 0.437\times 1\,030\times 9.8\times 5 = 13.3\ \mathrm{kN/m}$$

(4) O点における直立壁にかかるモーメントを求める. 波圧分布図を**図3·39**のように分割して, 分布図ごとの波力および揚圧力とO点に対するモーメント M_0 を求める(**表3·4**).

$M_{01} = 3\,313\ \mathrm{kN\cdot m}$

揚圧力 $= 1/2\times p_u\times B = 1/2\times 13.3\times 5$

$= 33.3\ \mathrm{kN}$

$M_{02} = 33.3\times(5\times 2/3) = 111\ \mathrm{kN\cdot m}$

O点に対するモーメントの合計 M_0

$M_0 = M_{01} - M_{02} = 3\,313 - 111$

$= \underline{3\,202\ \mathrm{kN\cdot m}}$

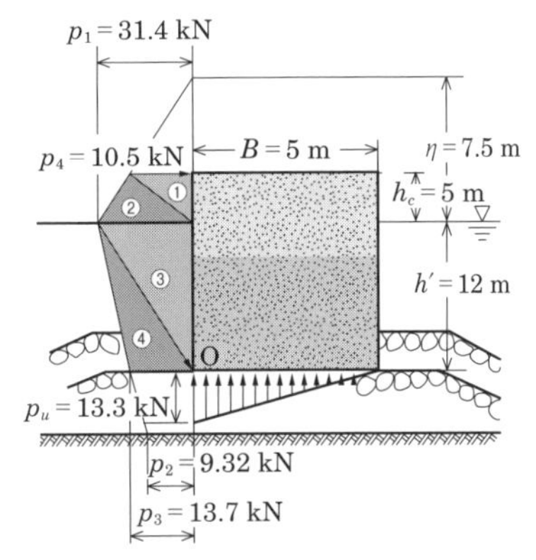

図3·39　波圧分布

表3·4　波圧分布のモーメント

番号	波力 $\frac{1}{2}\times p\times h$〔kN〕	O点から作用位置までの高さ y〔m〕	O点に対するモーメント M_{01}〔kN·m〕
①	$\frac{1}{2}\times 10.5\times 5 = 26.3$	$12+5\times\frac{2}{3} = 15.3$	402
②	$\frac{1}{2}\times 31.4\times 5 = 78.5$	$12+5\times\frac{1}{3} = 13.7$	1 075
③	$\frac{1}{2}\times 31.4\times 12 = 188.4$	$12\times\frac{2}{3} = 8$	1 507
④	$\frac{1}{2}\times 13.7\times 12 = 82.2$	$12\times\frac{1}{3} = 4$	329
合計	375.4		3 313

トピックス　津波(長周期波)

津波は, 海底隆起・沈降に伴って水面変動が海洋を伝搬する現象. 震源プレートの滑動域(波長 L)が 100 km, 水深 4 000 m では, 伝搬速度 ($\sqrt{gh}$) 200 m/s, 周期 T ($=L/c$) 500 秒となり, 水深が小さくなるにつれ小さくなる. 波高は, 海岸近傍, 内湾, 地形狭窄部で発達し, 遡上高さは波高の数倍に達し, 内陸部に大きな浸水災害をもたらす.

3章のまとめ問題

（解答は p.193）

【問題1】 図**3·40**に示す水路の流積と径深を求めよ．また，この水路に平均流速 $v=2.5$ m/s の水が流れているときの流量 Q を求めよ．

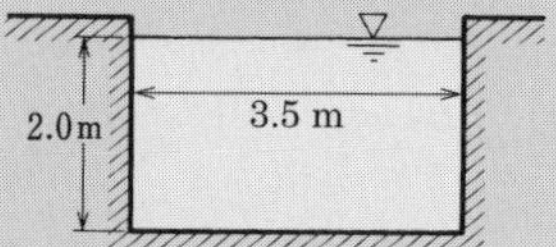

図3·40

【問題2】 図**3·41**において，断面①の平均流速 $v_1=3.0$ m/s のとき，v_2 を求めよ．

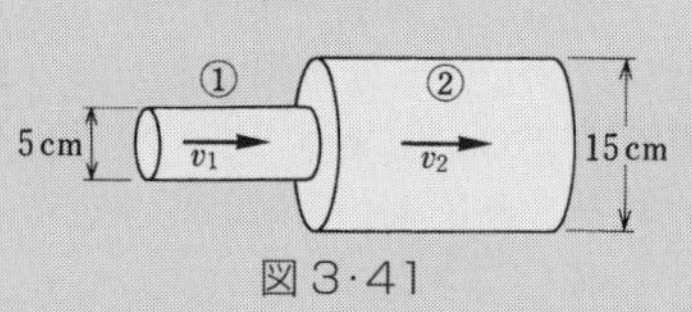

図3·41

【問題3】 図**3·42**において，断面①の平均流速 $v_1=3.0$ m/s，水圧 $p_1=120$ kPa のとき，断面②の v_2，p_2 を求めよ．ただし，損失水頭は無視する．

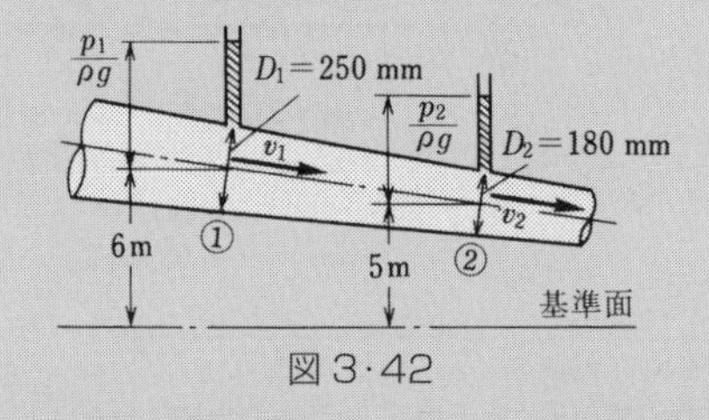

図3·42

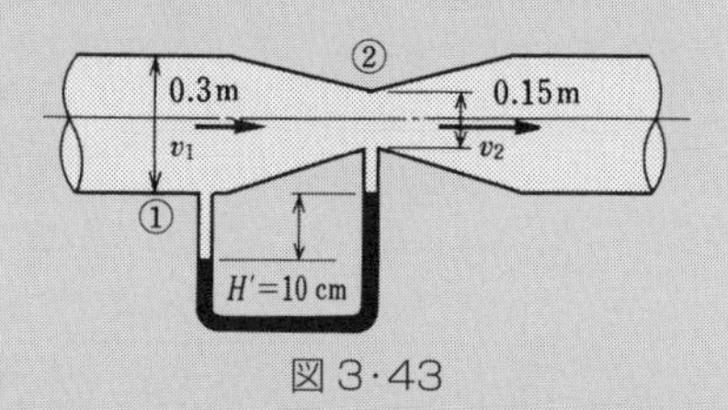

図3·43

【問題4】 図**3·43**における水銀差圧計による $H'=10$ cm のとき，管内の流量を求めよ．ただし，水銀の密度を 13.6 g/cm^3，流量係数を 0.98 とする．

【問題5】 ある送水管において，基準面上の高さ 15 m の断面①における管の内径が 1.0 m，流速が 4.0 m/s，圧力が 330 kPa で，基準面上 10 m の断面②における管の内径が 0.5 m，圧力が 250 kPa であった．断面①-②間の損失水頭を求めよ．

【問題6】 図**3·44**に示す長方形断面の水路のこう配 $I=0.2\%$，粗度係数 $n=0.012$ のとき，マニングの公式から平均流速 v を求めよ．

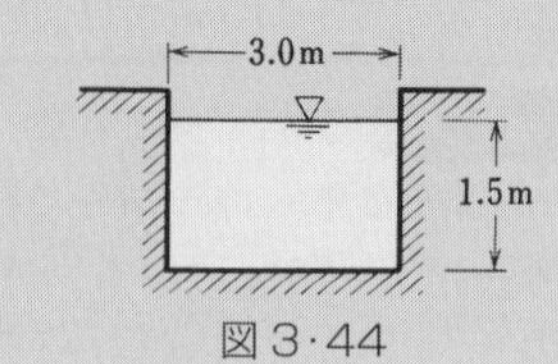

図3·44

重要事項　Euler（オイラー）の連続方程式，運動方程式

1. 連続方程式

流体の運動に質量保存則を適用して導かれる方程式を**連続方程式**といい，Newton の運動の第 2 法則を適用して導かれる方程式を**運動方程式**という．連続方程式と運動方程式より流速と圧力を求める．

図 3·45 の流体中の微小直方体 dx，dy，dz の中心の流速を $u=(u,\ v,\ w)$ とすれば，dt 時間内に流入する質量①および流出する質量②は，次のとおり．

$$\rho\left(u-\frac{\partial u}{\partial x}\frac{dx}{2}\right)dydzdt+\rho\left(v-\frac{\partial v}{\partial y}\frac{dy}{2}\right)dxdzdt+\rho\left(w-\frac{\partial w}{\partial z}\frac{dz}{2}\right)dxdydt \quad ①$$

$$\rho\left(u+\frac{\partial u}{\partial x}\frac{dx}{2}\right)dydzdt+\rho\left(v+\frac{\partial v}{\partial y}\frac{dy}{2}\right)dxdzdt+\rho\left(w+\frac{\partial w}{\partial z}\frac{dz}{2}\right)dxdydt \quad ②$$

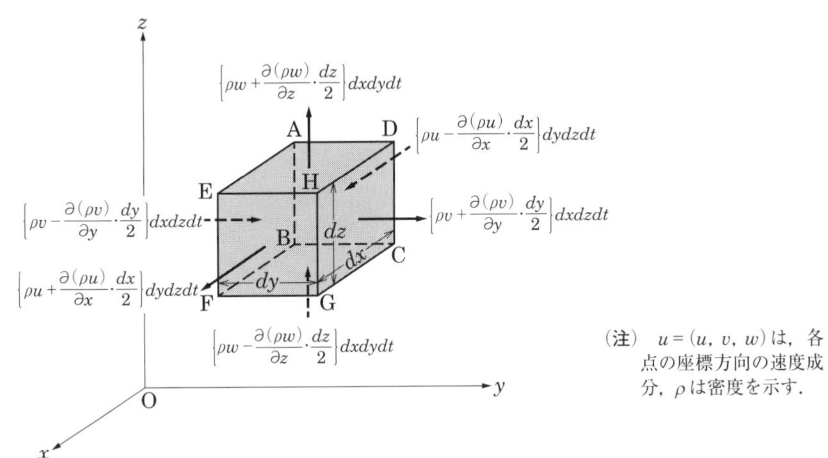

（注）$u=(u,\ v,\ w)$ は，各点の座標方向の速度成分，ρ は密度を示す．

図 3·45　微小直方体に流入する質量

微小直方体の体積が同じとき，質量の増加は密度の増加となる．①と②の差は，微小直方体の質量の増加量 $(\partial\rho/\partial t)dxdydz$ と等しい．

$$①-②=\frac{\partial\rho}{\partial t}dxdydz \text{ より，} \qquad \therefore\ \frac{\partial\rho}{\partial t}+\rho\left(\frac{\partial u}{\partial x}+\frac{\partial v}{\partial y}+\frac{\partial w}{\partial z}\right)=0 \qquad (3\cdot53)$$

非圧縮性流体の場合，密度が一定であるから時間に関する項は含まれない．$\partial\rho/\partial t=0$ より

$$\frac{\partial u}{\partial x}+\frac{\partial v}{\partial y}+\frac{\partial w}{\partial z}=0 \qquad (3\cdot54)$$

式 (3·54) は，微小直方体にあらゆる方向から流入する流速の変化率の和は一定であり，質量は不変であることを示している．これを **Euler の連続方程式**という．式 (3·54) は，三次元の連続方程式であり，一次元で表すと，$\partial u/\partial x=\partial/\partial x(Q/A)=1/A\cdot\partial Q/\partial x=0$ より $\partial Q/\partial x=0$ となる．

2. 運動方程式

図 **3·46** の微小直方体 dx, dy, dz に働く力のつり合いを考える．体積要素全体に働く質量力の x, y, z 方向の成分を X, Y, Z および各面に働く圧力を $\partial p/\partial x$, $\partial p/\partial y$, $\partial p/\partial z$ とすれば，x 方向の力 F_x（外力）は次のとおり．

$$F_x=\underbrace{\rho dxdydz\cdot X}_{\text{重力による外力}}+\underbrace{\left(p-\frac{\partial p}{\partial x}\frac{dx}{2}\right)dydz-\left(p+\frac{\partial p}{\partial x}\frac{dx}{2}\right)dydz}_{\text{圧力による外力}}=\left(\rho X-\frac{\partial p}{\partial x}\right)dxdydz \quad ③$$

同様に，y 方向および z 方向の力 F_y, F_z は，次のとおり．

$$F_y=\left(\rho Y-\frac{\partial p}{\partial y}\right)dxdydz,\quad F_z=\left(\rho Z-\frac{\partial p}{\partial z}\right)dxdydz \quad ④$$

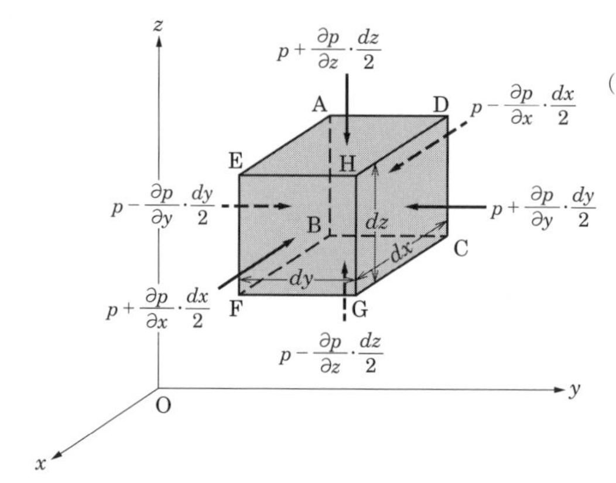

（注）1. 六面体に作用する力は，面に直角な圧力 p と六面体の体積に作用する重力（質量力，$ma=\rho dxdydz\cdot a$）である．
$\left(F：外力，m：\rho dxdydz,\ a：加速度\right)$

2. 質量力は，一般には重力であるが，ここでは任意の方向に対して作用していると考えている．

図 3·46　微小直方体に作用する圧力

流速 $u(u, v, w)$ の加速度の x, y, z 成分を，Du/Dt, Dv/Dt, Dw/Dt で表し，流速の時間変化 $(\partial u/\partial t)dt$ と距離による速度変化（場所的加速度）により，③は次のとおり．なお，$u\,\partial u/\partial x+v\,\partial u/\partial y+w\,\partial u/\partial z$ は場所的加速度を表す．

$$a_x=\frac{\partial u}{\partial t}+u\frac{\partial u}{\partial x}+v\frac{\partial u}{\partial y}+w\frac{\partial u}{\partial z}=\frac{Du}{Dt} \quad ⑤$$

同様に，流速 $u(u, v, w)$ の加速度は，$m=\rho dxdydz$，③，④，⑤より

$$F_x=m\frac{Du}{Dt}=m\left(\frac{\partial u}{\partial t}+u\frac{\partial u}{\partial x}+v\frac{\partial u}{\partial y}+w\frac{\partial u}{\partial z}\right)=\rho dxdydz\cdot\frac{Du}{Dt}=\left(\rho X-\frac{\partial p}{\partial x}\right)dxdydz$$

$$\therefore\left.\begin{aligned}\frac{Du}{Dt}&=\frac{\partial u}{\partial t}+u\frac{\partial u}{\partial x}+v\frac{\partial u}{\partial y}+w\frac{\partial u}{\partial z}=X-\frac{1}{\rho}\frac{\partial p}{\partial x}\\\frac{Dv}{Dt}&=\frac{\partial v}{\partial t}+u\frac{\partial v}{\partial x}+v\frac{\partial v}{\partial y}+w\frac{\partial v}{\partial z}=Y-\frac{1}{\rho}\frac{\partial p}{\partial y}\\\frac{Dw}{Dt}&=\frac{\partial w}{\partial t}+u\frac{\partial w}{\partial x}+v\frac{\partial w}{\partial y}+w\frac{\partial w}{\partial z}=Z-\frac{1}{\rho}\frac{\partial p}{\partial z}\end{aligned}\right\} \quad (3\cdot 55)$$

以上より，流体運動の加速度は，流速の時間的変化と場所的変化によって生ずる．式(3·55) は，完全流体の **Euler の運動方程式**であり，流体の圧力，質量力と流れの速度変化の関係を示している．なお，流体の質量力は，実際には重力だけが作用するから，式(3·55) は，$X=0$，$Y=0$，$Z=-g$ となる．

3．定常流の一次元の取扱い（一次元解析法）

(1)　連続の式の一次元解析

式（3·54），式（3·55）の連続方程式，運動方程式は，流体の運動を三次元で表され，解を求めることは困難となる．数学的取扱いを簡単にするため，二次元（xy 平面）および一次元（x 軸のみ）で表す．二次元では dz の要素を，一次元では dy，dz の要素を取り除く．一般に，流れ方向に沿って運動を解析する一次元解析が用いられる．

流管の流れ方向に x 軸をとると，流管の壁面を横切る流れはないことから，流速は流管の軸方向だけに変化する（$\partial Q/\partial t=0$）．図 **3·47** の流管の断面 A_1，A_2 の平均流速を v_1，v_2 とすれば，$\rho v_1 A_1 - \rho v_2 A_2 = 0$ より，p.66 の式（3·5）で表す一次元解析となる．

$$Q=A_1v_1=A_2v_2=\text{一定} \tag{3·56}$$

式（3·56）は，Euler の連続方程式と異なる式となっているが，ガウスの定理より導かれる（省略）．

(2)　ベルヌーイの定理の一次元解析

定常流の流線に沿って x 軸をとる．流速を v として x 軸方向の Euler の運動方程式は，式（3·55）より

$$v\frac{dv}{dx}=X-\frac{1}{\rho}\frac{dp}{dx},\qquad X=-\frac{d}{dx}(gz) \tag{⑥}$$

X は，単位質量に作用する流線方向の質量力（ポテンシャル）で，重力だけが作用する．z 軸を鉛直上向きにとると，$X=-d(gz)/dx$ となる．式⑥を積分し，g で割ると**ベルヌーイの定理**となる．全エネルギーが流線に沿って保存される．

$$v\frac{dv}{dx}=-\frac{d}{dx}(gz)-\frac{1}{\rho}\frac{dp}{dx}$$

$$v\frac{dv}{dx}+\frac{d}{dx}(gz)+\frac{1}{\rho}\frac{dp}{dx}=0$$

$$\int v\,dv+g\int dz+\frac{1}{\rho}\int dp=\frac{v^2}{2}+gz+\frac{p}{\rho}=\text{一定}$$

$$\therefore\quad \frac{v^2}{2g}+z+\frac{p}{\rho g}=H_e \tag{3·57}$$

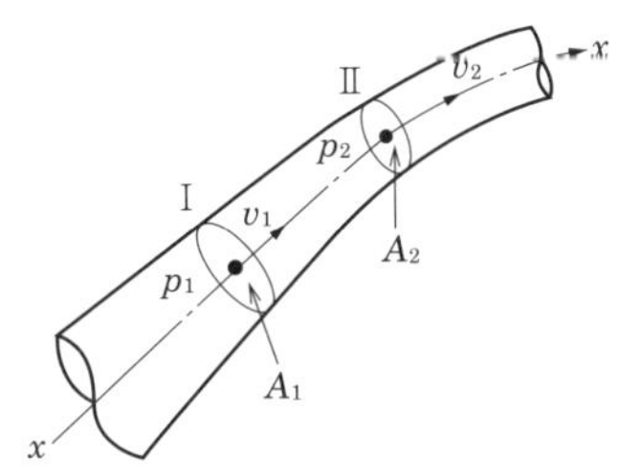

図 3·47　管路の流れの一次元解析

［流体運動のまとめ］

以上，少々煩わしい数式の展開となったが，偏微分方程式の解を求める必要はない．ここでは水理学の根本となる理論とその簡略化の手順および各事象間の関連を理解しておくことが大切です．以上のことをまとめると次のとおり．

1. **流体運動の基本方程式**：流体の運動に質量保存則を適用して導かれる方程式を連続方程式，Newton の運動の第 2 法則を適用して導かれる方程式を運動方程式という．流体運動の解析に用いられる．
2. **Euler の運動方程式**：流体中の各点の速度，圧力，密度（非圧縮性流体の場合，密度は一定）が各瞬間ごとにどのように変化するかを調べる方法として，運動量保存則（p.86）を適用させて定式化した方程式をいう．ここでの説明は完全流体であり，実際には粘性があるため粘性に関する項目を加える（ナビエ･ストークス方程式，省略）．
3. **ベルヌーイの定理**：Euler の運動方程式を積分して得られる流体のエネルギー保存則をいう．一次元解析法（代数方程式）で表され，簡単に流速，圧力を求めることができる．
4. **質量力（体積力）**：重力などの体積要素の全体に働く力をいう．一方，粘性力やせん断力など表面に対して働く力を表面力という．

重要事項　双曲線関数

双曲線関数は，双曲線（円錐曲線，$x^2-y^2=1$）を媒介変数 x^θ（指数関数）を用いて定義された関数をいう（θ：ラジアン単位）．

$$\left.\begin{aligned}\sinh\theta&=\frac{e^\theta-e^\theta}{2}\\ \cosh\theta&=\frac{e^\theta+e^\theta}{2}\\ \tanh\theta&=\frac{\sinh\theta}{\cosh\theta}=\frac{e^\theta-e^\theta}{e^\theta+e^\theta}\end{aligned}\right\}\qquad(3\cdot58)$$

$\sinh\theta$ は，奇関数（グラフが原点に関して，点対称 180° 回転で重なる）となる．
$\cosh\theta$ は，$x=0$ で最小値を取る偶関数（グラフが y 軸に関して線対称）となる．
$\tanh\theta$ は，奇関数で極限値は，$x\to+\infty$ で 1 となる．

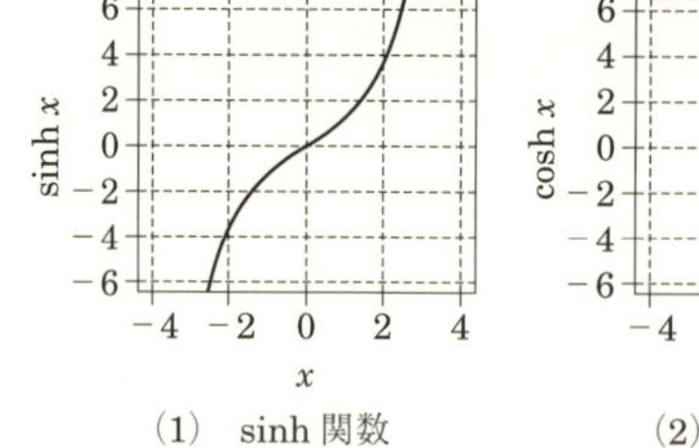

（1）　sinh 関数

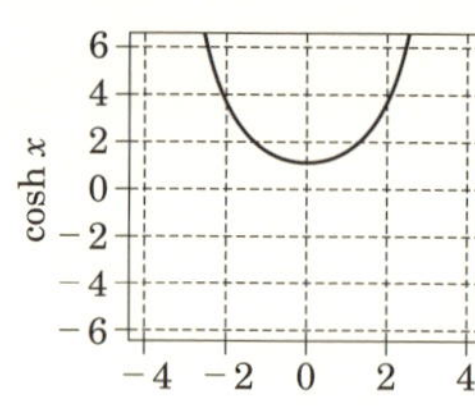

（2）　cosh 関数

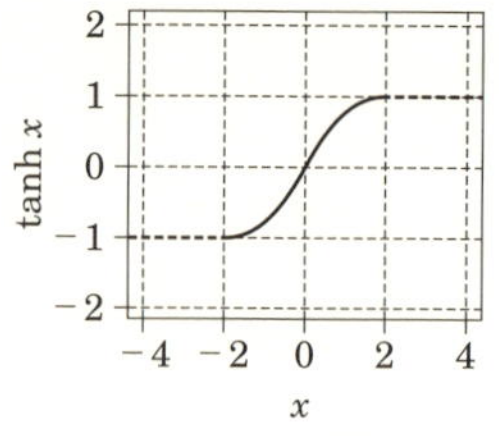

（3）　tanh 関数

図 3･48　双曲線関数

4章

管　水　路

水路には管水路と開水路がありますが，この章では管水路の水理学について，主としてエネルギー損失（損失水頭）を中心に学習します．

3章では完全流体でのベルヌーイの定理を学習しましたが，実際の水は粘性流体であり，水が流れている場合には水粒子の間（内部摩擦）や水粒子と水路の間（表面摩擦）で損失水頭が生じます．この損失水頭の中で摩擦損失水頭については既に3章で学んできましたので，ここでは**形状による損失**について学習します．

形状による損失とは，管水路の**曲がり**，**断面の変化**，あるいは**弁**などの障害物により，管内に渦ができるために生ずる局部的な損失水頭です．形状による損失は，速度水頭 $v^2/2g$ に比例する形で表され，その比例定数，すなわち損失係数は実験によって求めます．

個々の形状による損失について学習したのち，摩擦損失水頭も含め，**単線管水路**や**分岐・合流管水路**における全損失水頭や流速・流量の計算方法を学習します．

また，サイホンのように圧力水頭が負になる場合や水車のように水の位置エネルギーを動力に変える場合，ポンプのように動力によって水に位置エネルギーを与える場合，さらに**管網**のように実際の給配水に応用できる内容も学習します．

管水路における水理学の計算は，①流積 A・流量 Q・流速 v から損失水頭を求める，②全損失水頭を知ったうえで流量 Q や必要な管径 D を求める，といった場合が多いので，以上のことができるように，学習に励んでほしい．

1 流入口の押し合いへし合い

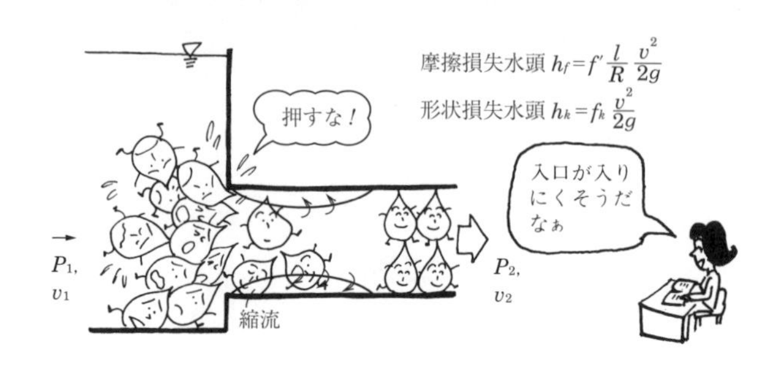

形状損失

図 4·1 は二つの水槽を管水路でつないだ例で，この場合にどのような損失水頭が生ずるか考えてみましょう．

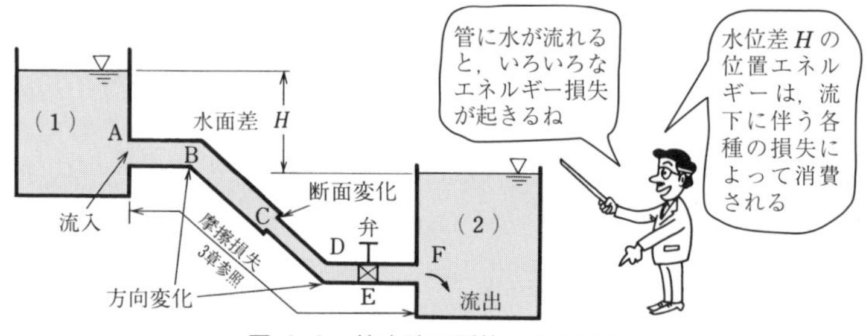

図 4·1　管水路の形状による損失

(1)(2) の水槽間の水面差 H により，水は A から F へ流れるが，管内では図に示すように，摩擦損失水頭 h_f 以外に管路の形状変化により壁面からはく離した流れ（渦）が形成され，**損失水頭 h** が発生する．一般に次式で表される．

$$h = k\frac{v^2}{2g} \qquad (4 \cdot 1)$$

ただし，k：損失係数（無次元），$v^2/2g$：速度水頭

形状変化による損失水頭は，速度水頭に比例する．形状による損失が生ずる原因は，粘性のため固体壁境界から**渦度**（うずど） ω（渦の大きさ，回転ベクトル）が発生し渦が生ずるためです．完全流体では渦は生じない（$\omega = 0$，ポテンシャル流）．

流入による損失水頭 h_e

水槽から管水路内に水が流れ込むとき，流れは入口で収縮し，少し離れてから管全体に広がる．流入部の壁面で流線がはく離し渦が発生して損失水頭が生ずる．

$$h_e=f_e\frac{v^2}{2g}$$　ただし，f_e：流入損失係数　(4・2)

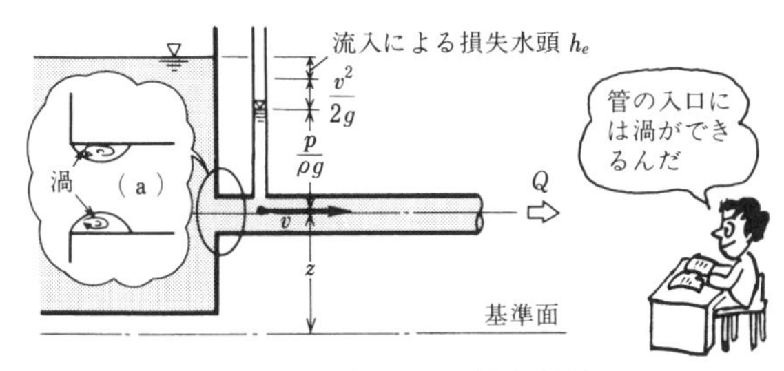

図 4·2　流入による損失水頭

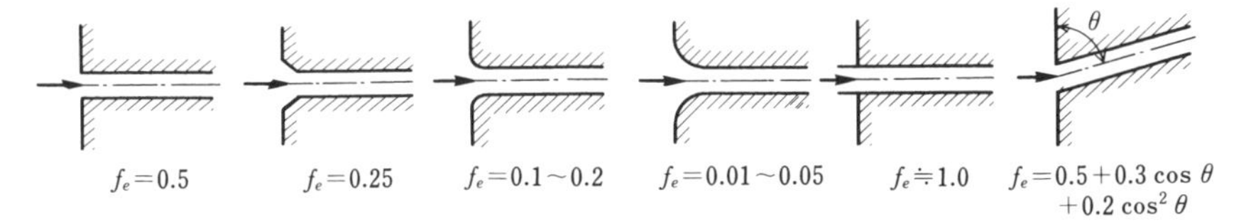

$f_e=0.5$	$f_e=0.25$	$f_e=0.1\sim0.2$	$f_e=0.01\sim0.05$	$f_e\fallingdotseq1.0$	$f_e=0.5+0.3\cos\theta+0.2\cos^2\theta$
(a) 角端	(b) 隅切り	(c) 丸み付き	(d) ベルマウス	(e) 突出し	(f) 傾斜角端

図 4·3　流入損失係数の値

No.1　流入損失係数の求め方

図 4·4 の①断面の流入損失係数を求めよ．

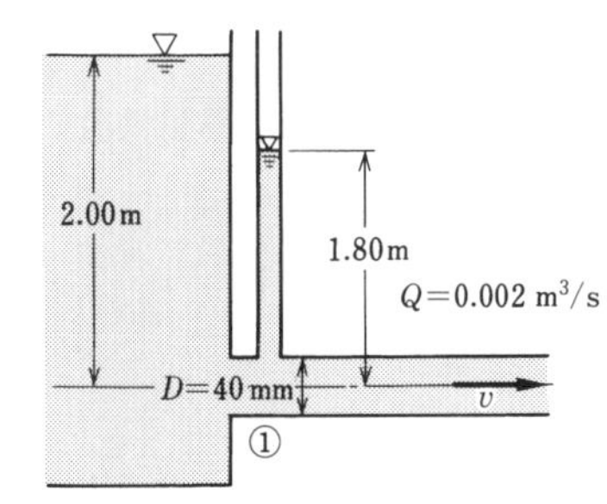

図 4·4　流入損失係数を求める

(解)　$A=0.00126\ \mathrm{m^2}$，$v=1.59\ \mathrm{m/s}$

ベルヌーイの定理より

$2.00=1.59^2/(2\times9.8)+1.80+h_e$

$h_e=2.00-1.80-0.129=0.071\ \mathrm{m}$

$h_e=f_e\dfrac{v^2}{2g}$ より，$f_e=\underline{0.550}$

p.126［問題 1］に try!

重要事項　渦（渦なし流れ，渦あり流れ）について

渦は，水の流れを阻止する力となる．渦度（ベクトル）がゼロの場合（非圧縮・非粘性），**渦なし流れ**（非回転流れ，**ポテンシャル流**），ゼロでない流れを**渦あり流れ**（回転流れ）という．ポテンシャルとは，ベクトル成分のスカラー関数（定数，変数）をいう．

流速ポテンシャル ϕ（x，y，z，t）をもつ流れをポテンシャル流といい，渦なし流れは次のように表す．

渦度 $\omega=\nabla\phi=0$（∇：ナブラ，ベクトル微分演算子）

2 遠心力が働くと流れにくい

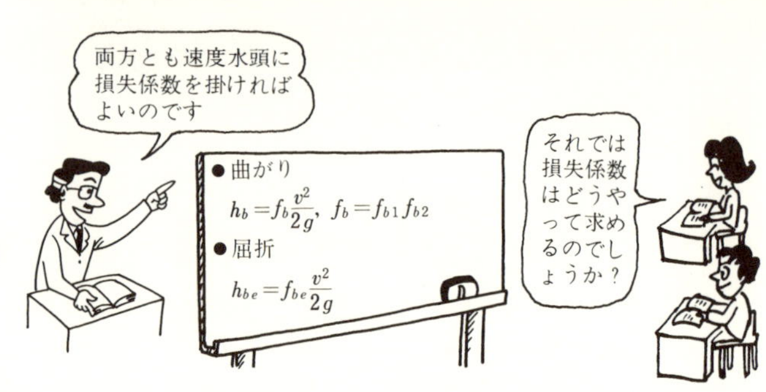

曲がりによる損失水頭 h_b

ここでは，管が曲がり，屈折により方向変化した場合の損失水頭を考えてみましょう．

方向変化による損失水頭には，次の２種類がある．

(1) 曲がりによる損失水頭 h_b

(2) 屈折による損失水頭 h_{be}

図 4·5 のような**曲がりによる損失水頭** h_b は次のとおり．

$$h_b = f_b \frac{v^2}{2g} \qquad (4 \cdot 3)$$

f_b：**曲がり損失係数**

f_b は，曲がりの角度 θ，曲がりの曲率半径 R，管径 D によって決まる．

$$f_b = f_{b1} \cdot f_{b2} \qquad (4 \cdot 4)$$

f_{b1}：R/D によって決まる係数

f_{b2}：θ によって決まる係数

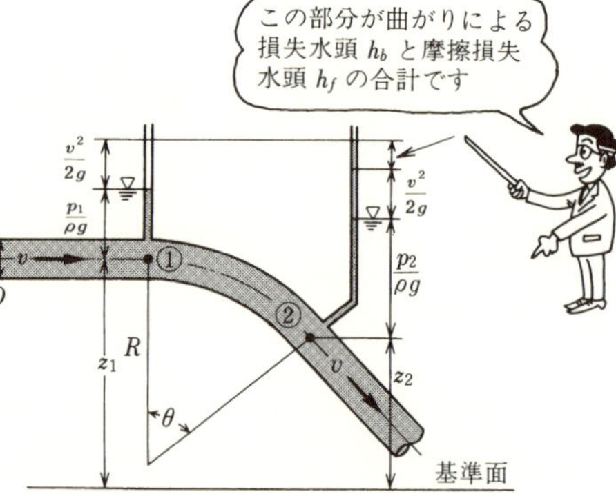

図 4·5　曲がりによる損失水頭

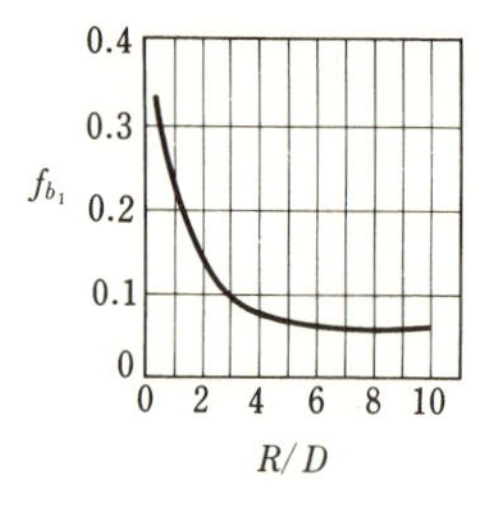

（a） f_{b_1} の値

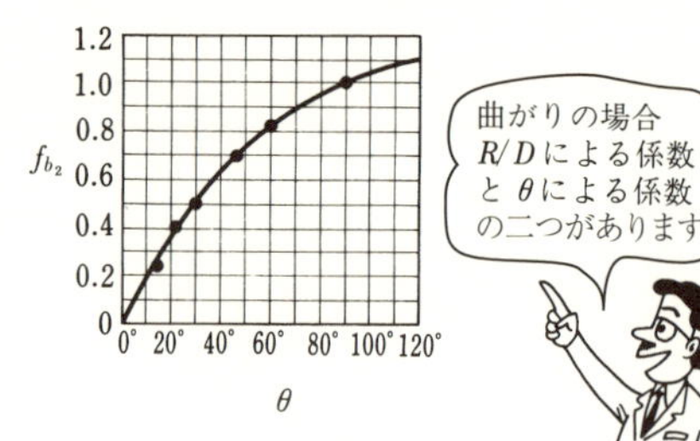

（b） f_{b_2} の値

図 4·6　曲がりによる損失係数 f_{b1}，f_{b2}

屈折による損失水頭 h_{be}

屈折による損失水頭 h_{be} について考えましょう．管路が屈折していると，水が通過するとき**図 4·7** のように渦ができて損失水頭が生じる．この屈折による損失水頭 h_{be} は，次のとおり．

$$h_{be}=f_{be}\frac{v^2}{2g} \qquad (4\cdot5)$$

f_{be}：**屈折損失係数**

f_{be} の実験値を**表 4·1** に示す．

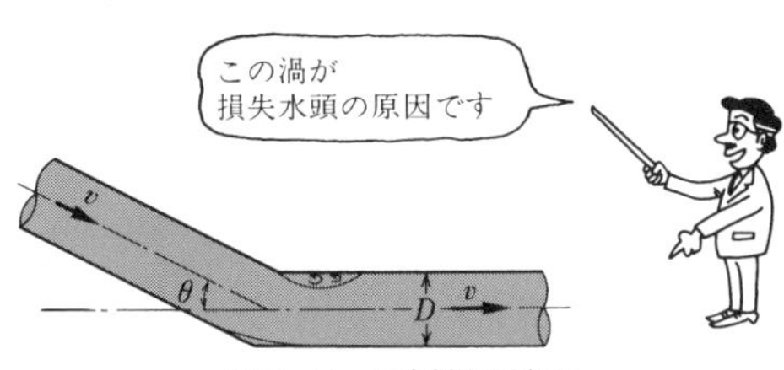

図 4·7　屈折部の流れ

表 4·1　屈折損失係数 f_{be}

θ	15°	30°	45°	60°	90°	120°
f_{be}	0.022	0.073	0.183	0.365	0.99	1.86

（土木学会編「水理公式集」による）

No.2　曲がりによる損失水頭

管径 100 mm の管が，中心角 90°，曲率半径 1.0 m で曲がっている．この管内を 4 m/s の平均流速で流れるとき，曲がりによる損失水頭を求めよ．

（解）$R/D=1.0\,\mathrm{m}/0.1\,\mathrm{m}=10$，図 4·6（a）から $f_{b1}=0.07$ とする．

$\theta=90°$ であるから，図 4·6（b）から $f_{b2}=1.0$，$f_b=f_{b1}f_{b2}=0.07\times1.0=0.07$

曲がりによる損失水頭　$h_b=f_b\dfrac{v^2}{2g}=0.07\times\dfrac{4^2}{2\times9.8}=\underline{0.057\,\mathrm{m}}$

No.3　屈折による損失水頭

管径 200 mm の管が中心角 45° で曲がっている．この管内を流量 $Q=0.5\,\mathrm{m^3/s}$ で流れるとき，屈折による損失水頭を求めよ．

（解）流積 $A=\pi D^2/4=3.14\times0.2^2/4=0.0314\,\mathrm{m^2}$

流速 $v=Q/A=0.5/0.0314=15.9\,\mathrm{m/s}$

表 4·1 から，$\theta=45°$ ⇨ $f_{be}=0.183$

$h_{be}=f_{be}\dfrac{v^2}{2g}=0.183\times\dfrac{15.9^2}{2\times9.8}=\underline{2.360\,\mathrm{m}}$

3 管径が変わるときエネルギーは？

●管径が変わるとき（一般形）

損失水頭 $h = k\dfrac{v^2}{2g}$

v ⇨ 細い管の流速を使う

（例外）漸拡による場合

急拡による損失水頭 h_{se}

ここでは，管径が途中で変化する場合の損失水頭について考えてみましょう．

この**断面変化による損失水頭**は，①急拡，②急縮，③漸拡，④漸縮の四つの場合が考えられる．急に管の断面が拡大するとき，**図 4·8** (a) に示すように拡大部のすみに渦ができて損失水頭が生じます．この**急拡による損失水頭** h_{se} は，次のとおり．

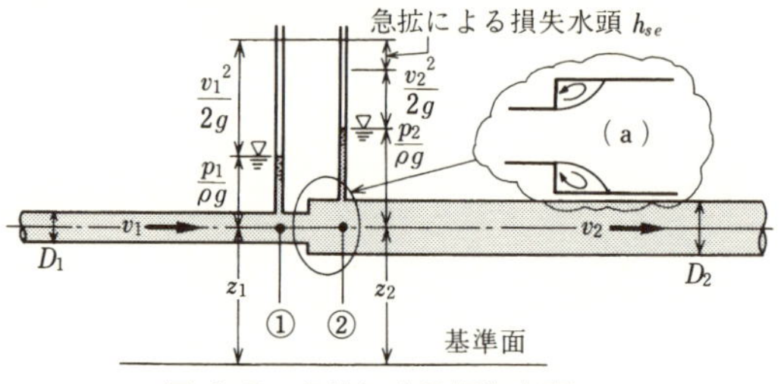

図 4·8　急拡による損失水頭 h_{se}

$$h_{se} = f_{se}\frac{v_1^2}{2g} \tag{4·6}$$

ただし，v_1：拡大前の細い管の平均流速，f_{se}：**急拡損失係数**

f_{se} は，次式で計算できます．$A_1 = \pi D_1^2/4$，$A_2 = \pi D_2^2/4$ より

$$f_{se} = \left(1 - \frac{A_1}{A_2}\right)^2 = \left\{1 - \left(\frac{D_1}{D_2}\right)^2\right\}^2 \tag{4·7}$$

表 4·2　急拡損失係数 f_{se} の値

D_1/D_2	0	0.1	0.2	0.3	0.4	0.5	0.6	0.7	0.8	0.9	1.0
f_{se}	1.00	0.98	0.92	0.82	0.70	0.56	0.41	0.26	0.13	0.04	0

（土木学会編「水理公式集」による）

急縮による損失水頭 h_{sc}

管の断面が急に縮小する場合，**図 4·9** (a) に示すように縮小部のすみに渦ができて損失水頭が生ずる．**急縮による損失水頭** h_{sc} は，次のとおり．

$$h_{sc}=f_{sc}\frac{v_2^2}{2g} \qquad (4 \cdot 8)$$

v_2：縮小後の細い管の平均流速

f_{sc}：**急縮損失係数**

急縮損失係数 f_{sc} の実験値を**表 4·3** に示す．

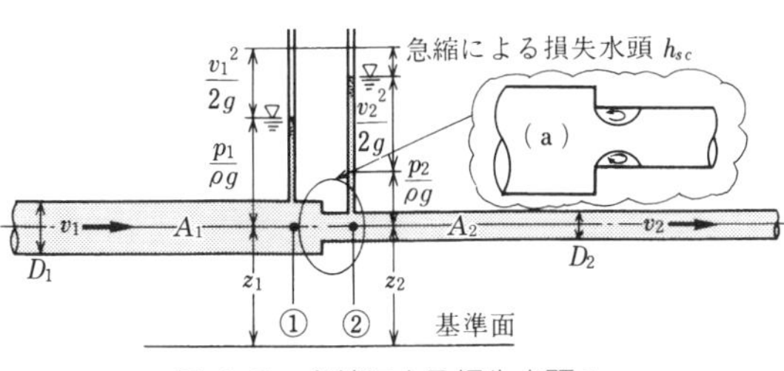

図 4·9　急縮による損失水頭 h_{sc}

表 4·3　急縮損失係数 f_{sc} の値

A_2/A_1	0.1	0.2	0.3	0.4	0.5	0.6	0.7	0.8	0.9	1.0
f_{sc}	0.41	0.38	0.34	0.29	0.24	0.18	0.14	0.09	0.04	0

（土木学会編「水理公式集」による）

漸拡による損失水頭 h_{ge}

図 4·10 のように，管の断面が少しずつ拡大する場合，広がり角 $\theta>8\sim10°$ となると，渦ができて損失水頭が大きくなる．この**漸拡による損失水頭** h_{ge} は，次のとおり．

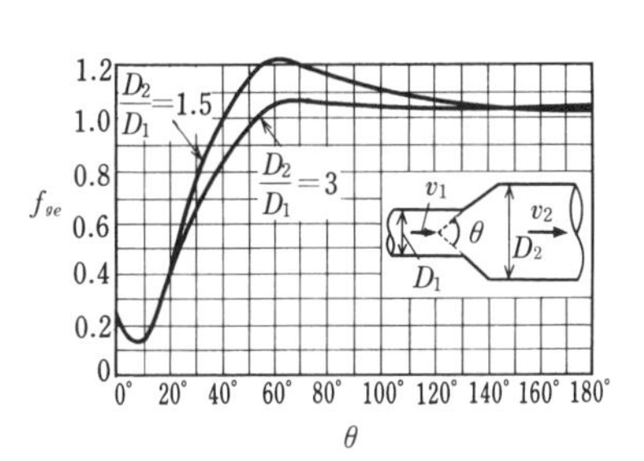

図 4·10　断面の漸拡損失係数 f_{ge} の値

$$h_{ge}=f_{ge}\frac{(v_1-v_2)^2}{2g} \qquad (4 \cdot 9)$$

f_{ge}：**漸拡損失係数**

漸縮による損失水頭 h_{gc}

図 4·11 のように，管の断面が少しずつ縮小する場合，**漸縮による損失水頭** h_{gc} は，次のとおり．

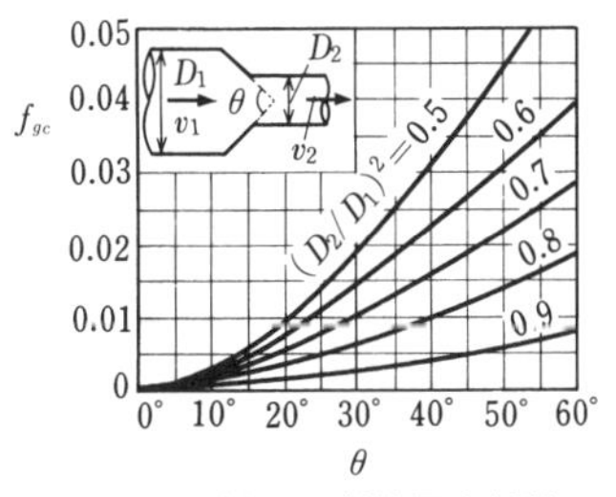

図 4·11　断面の漸縮損失係数 f_{gc} の値

$$h_{gc}=f_{gc}\frac{v_2^2}{2g} \qquad (4 \cdot 10)$$

f_{gc}：**漸縮損失係数**

一般に流速が加速される流れは，渦が生じにくく損失水頭が少なくなる．したがって，θ が小さい場合，$h_{gc}=0$ として無視する．

p.126［問題 2］に try!

4 トンネルを出ると流れは止まる

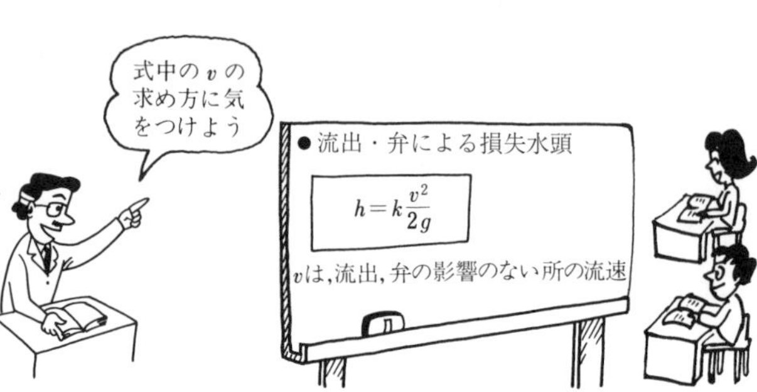

弁による損失水頭 h_v

ここでは, 管水路内に弁がある場合および管内から水が流出する場合, 損失水頭がどうなるか考えてみましょう.

管水路内に**図 4·12** のような弁があるとき, 弁の部分で流れが急縮・急拡するため損失水頭が生ずる.

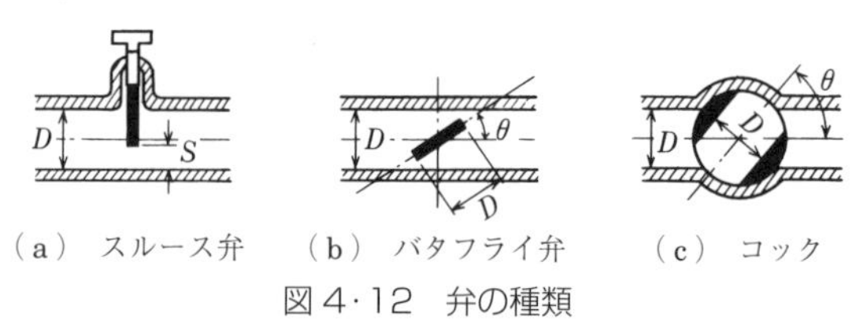

（a） スルース弁　（b） バタフライ弁　（c） コック

図 4·12　弁の種類

この**弁による損失水頭** h_v は, 速度水頭に損失係数を掛けて求める. 弁損失係数は開度によって大きな値となる.

$$h_v=f_v\frac{v^2}{2g} \tag{4・11}$$

f_v：**弁損失係数**, v：弁の影響のない部分の平均流速

図 4·12 の各弁の損失係数を**表 4·4** に示す.

表 4·4　弁損失係数 f_v の値

弁の種類	開度と f_v									
スルース弁	S/D	7/8	6/8	5/8	4/8	3/8	2/8	1/8	0/8	—
	f_v	0.07	0.26	0.81	2.06	5.52	17.0	97.8	∞	—
バタフライ弁	θ	5°	10°	20°	30°	40°	50°	60°	70°	90°
	f_v	0.24	0.52	1.54	3.91	10.8	32.6	118	751	∞
コック	θ	5°	10°	20°	30°	40°	50°	60°	65°	80°
	f_v	0.05	0.29	1.56	5.47	17.3	52.6	206	486	∞

（土木学会編「水理公式集」による）

流出による損失水頭 h_o

図 4·13 のように，管の出口から水槽へ水が流れ込むとき，水槽の水と衝突して渦を生じ，管内の速度水頭がすべて渦のエネルギーに変化して，やがて消失し 0 となる．管の出口では速度水頭が失われるので，次式により**流出による損失水頭**を表す．

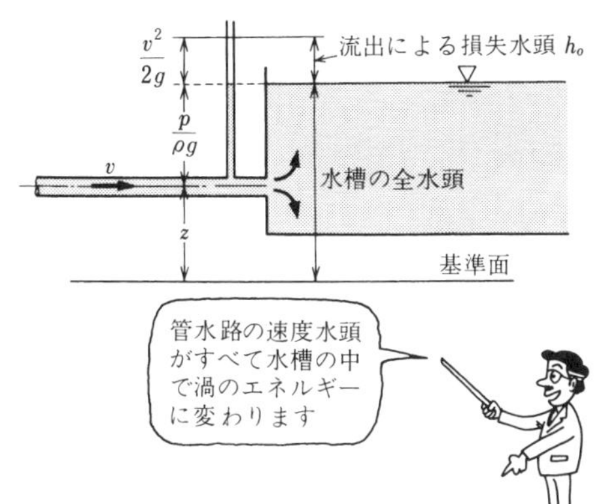

図 4·13　流出による損失水頭

$$h_o = f_o \frac{v^2}{2g} \qquad (4 \cdot 12)$$

f_o：**流出損失係数**（$f_o = 1.0$）（注：式（4·7）の $A_2 \to \infty$ のとき，$A_1/A_2 = 0$ となる）

No.4　弁による損失水頭

管径 $D = 300$ mm の管内に流量 $Q = 60\,l$/s の水が流れている．この管に設置されたバタフライ弁の流心となす角が 40°のとき，弁による損失水頭を求めよ．

（解）　流積 $A = \frac{\pi D^2}{4} = \frac{3.14 \times 0.3^2}{4} = 7.07 \times 10^{-2}\,\text{m}^2$，$Q = 60\,l/\text{s} = 0.06\,\text{m}^3/\text{s} = 6 \times 10^{-2}\,\text{m}^3/\text{s}$

平均流速 $v = \frac{Q}{A} = \frac{6 \times 10^{-2}}{7.07 \times 10^{-2}} = 0.849\,\text{m/s}$

バタフライ弁の $\theta = 40°$ であるから，表 4·4 から $f_v = 10.8$

弁による損失水頭 $h_v = f_v \frac{v^2}{2g} = 10.8 \times \frac{0.849^2}{2 \times 9.8} = \underline{0.397\,\text{m}}$

No.5　流出による損失水頭

図 4·13 において，管径 $D = 200$ mm に流量 $Q = 40\,000\,\text{cm}^3/\text{s}$ が流れているとき，水槽に流出する際の流出による損失水頭を求めよ．

（解）　流積 $A = \frac{\pi D^2}{4} = \frac{3.14 \times 0.2^2}{4} = 3.14 \times 10^{-2}\,\text{m}^2$，$40\,000\,\text{cm}^3/\text{s} = 4 \times 10^{-2}\,\text{m}^3/\text{s}$ より

流速 $v = \frac{Q}{A} = \frac{4 \times 10^{-2}}{3.14 \times 10^{-2}} = 1.27\,\text{m/s}$

流出による損失水頭 $h_o = f_o \frac{v^2}{2g} = 1.0 \times \frac{1.27^2}{2 \times 9.8} = 0.0823\,\text{m} = \underline{8.23 \times 10^{-2}\,\text{m}}$

p.126［問題 3］に try!

5 管水路の損失水頭のまとめ

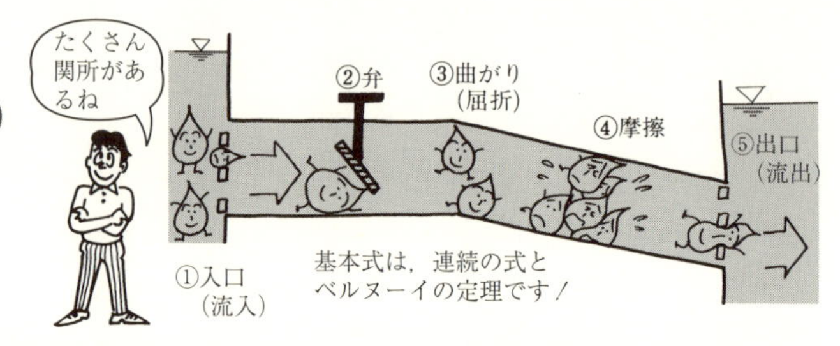

管径が一定の場合

図 4·14 のように，二つの水槽を管径が一定の管水路で結んだ場合を考えてみましょう．

このような水槽の端から端まで1本の管水路で直列に結ばれている水路を**単線管水路**という．単線管水路を流れる流量は，連続の式とエネルギー損失を考慮したベルヌーイの定理から求めることができる．

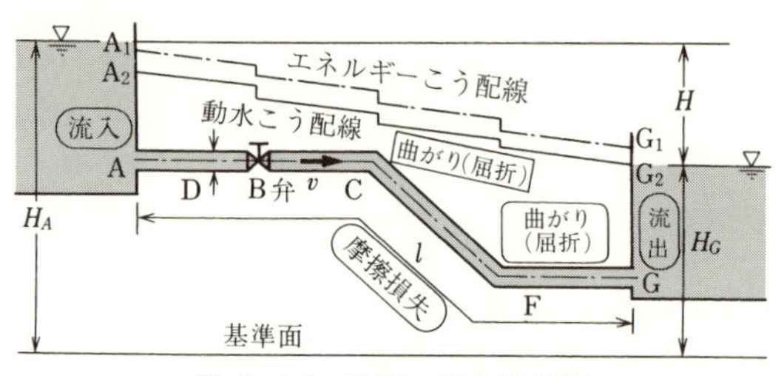

図 4·14　管径一定の管水路

二つの水槽の水面間にベルヌーイの定理をたてると，水槽の容量が大きい場合，水面では流速 v は0となり，ベルヌーイの定理は次のとおり．

$$\frac{0^2}{2g}+H_A+\frac{0}{\rho g}=\frac{0^2}{2g}+H_G+\frac{0}{\rho g}+h_l$$

h_l：A～G 間の全損失水頭

$$\therefore \quad H=H_A-H_G=h_l \qquad (4 \cdot 13)$$

図 4·14 から，管水路の入口（A）から出口（G）までの全損失水頭 h_l は，A 点と G 点の水位差，すなわち二つの水槽の水位差 H に等しいことが分かる．

次に，図 4·14 の A～G の各位置の損失水頭を求めてみましょう．

① A 点の流入による損失水頭　$h_e=f_e\dfrac{v^2}{2g}$

② B 点の弁による損失水頭　$h_v=f_v\dfrac{v^2}{2g}$

③ C 点，F 点の曲がり（屈折）による損失水頭

$$\Sigma h_b=f_{beC}\frac{v^2}{2g}+f_{beF}\frac{v^2}{2g}=(\Sigma f_{be})\frac{v^2}{2g}$$

④ G 点の流出による損失水頭　$h_o=f_o\dfrac{v^2}{2g}$

⑤ A 点～G 点間の摩擦損失水頭　$h_f=f\dfrac{l}{D}\dfrac{v^2}{2g}$

水槽の水位差 H は，全損失水頭 h_l，すなわち①～⑤の損失水頭の和に等しい．

$$\therefore\quad H=h_l\left(f_e+f_v+\Sigma f_b+f_o+f\frac{l}{D}\right)\frac{v^2}{2g} \qquad (4\cdot 14)$$

$$v=\sqrt{\frac{2gH}{f_e+f_v+\Sigma f_b+f_o+f(l/D)}} \qquad (4\cdot 15)$$

動水こう配線とエネルギー線

図 4·14 において，各点の位置水頭 z と圧力水頭 $p/\rho g$ の合計 $(z+p/\rho g)$ を結んだ線を**動水こう配線**という．また，動水こう配線に速度水頭 $v^2/2g$ を加えて，各点の $(v^2/2g+z+p/\rho g)$ を結んだ線が**エネルギーこう配線**（エネルギー線ともいう）である．エネルギー線の変化を見ることにより，水が流れる間にどこでどのようにエネルギーが消費していくかがよく分かる．

No.6　水位差 *H* の計算

図 4·14 において，$H_A=15$ m，管径 1.2 m，全長 200 m で，流量 2.5 m³/s の水を送るには G 水槽の基準面上の水位をいくらにすればよいか．

ただし，$f_e=0.5$，$\Sigma f_b=0.36$，$f_o=1.0$，$f_v=0.1$，$f=0.02$ とする．

（解）　$A=\dfrac{\pi D^2}{4}=\dfrac{3.14\times 1.2^2}{4}=1.13\ \mathrm{m}^2$，　$v=\dfrac{Q}{A}=\dfrac{2.5}{1.13}=2.21\ \mathrm{m/s}$

$$H=\left(f_e+f_v+\Sigma f_b+f_o+f\frac{l}{D}\right)\frac{v^2}{2g}$$

$$=\left(0.5+0.1+0.36+1.0+0.02\times\frac{200}{1.2}\right)\frac{2.21^2}{2\times 9.8}=1.32\ \mathrm{m}$$

$$\therefore\quad H_G=H_A-H=15-1.32=\underline{13.68\ \mathrm{m}}$$

p.126［問題 4］に try!

6 動水こう配はマノメータの高さ！

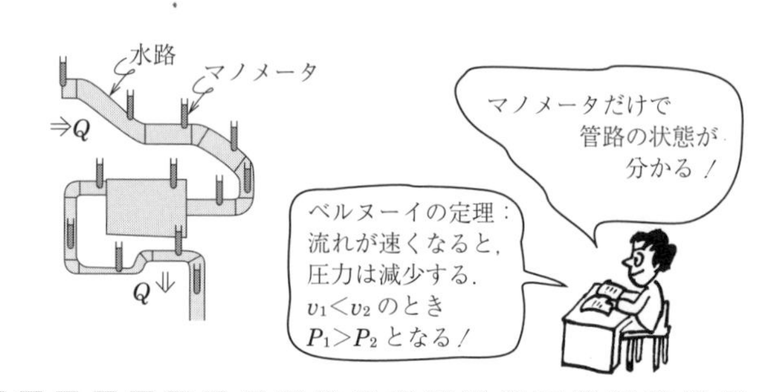

エネルギー解析

ここでは図 **4·15** のような，管径が途中で変化する場合の単線管水路を考えてみましょう．

管径 D_1，D_2 の部分の摩擦損失水頭をそれぞれ f_1，f_2 とし，流入，曲がり，急縮，弁，流出の損失係数をそれぞれ f_e，f_b，f_{sc}，f_v，f_o とすると，水槽の水位差 H は全損失水頭 h_l に等しいから，次式が成り立つ．

$$H=\left(f_e+f_1\frac{l_1}{D_1}+f_{be}\right)\frac{v_1^2}{2g}+\left(f_{sc}+f_2\frac{l_2}{D_2}+f_v+f_o\right)\frac{v_2^2}{2g} \tag{4・16}$$

この式に $v_2=(D_1/D_2)^2v_1$ を代入して整理すると

$$H=\left\{f_e+f_1\frac{l_1}{D_1}+f_{be}+\left(f_{sc}+f_2\frac{l_2}{D_2}+f_v+f_o\right)\left(\frac{D_1}{D_2}\right)^4\right\}\frac{v_1^2}{2g} \tag{4・17}$$

この式から流速 v_1 を求めると

$$v_1=\sqrt{\frac{2gH}{f_e+f_1\ (l_1/D_1)+f_{be}+(f_{sc}+f_2+(l_2/D_2)+f_v+f_o)(D_1/D_2)^4}} \tag{4・18}$$

流量 Q は $Q=A_1v_1$ から，さらに v_2 は $v_2=Q/A_2$ から求めることができる．

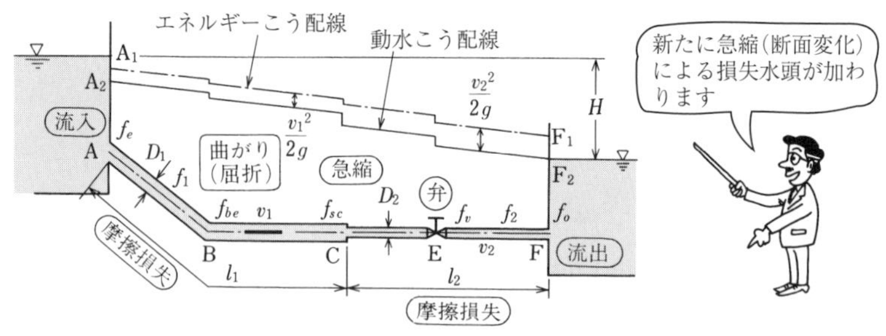

図 4·15　管径が異なる場合の管水路

No.7　ノズルによる放水

図 4·16 のような，水面の高さ 15 m の点で直径 50 mm のホースの先に直径 25 mm のノズルを取り付け，鉛直に上空に向かって放水するとき，水の高さおよび，流出速度はいくらか．

ただし，ホースの長さは 30 m，$f_e = 0.5$，$f = 0.0359$，$f_{sc} = 0.5$，$f_o = 1.0$，ホースの曲がりによる損失は無視する．

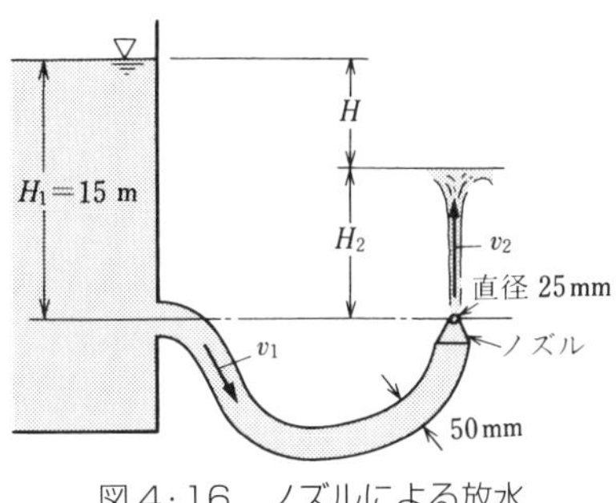

図 4·16　ノズルによる放水

(解)　ホースの直径 50 mm = 0.05 m，ノズルの直径 25 mm = 0.025 m

$(D_1/D_2)^4 = (0.05/0.025)^4 = 16$，式（4·18）からホース内の流速 v_1 は

$$v_1 = \sqrt{\frac{2gH_1}{f_e + f_1(l_1/D_1) + (f_{sc} + f_o)(D_1/D_2)^4}}$$

$$= \sqrt{\frac{2 \times 9.8 \times 15}{0.5 + 0.0359 \times (30/0.05) + (0.5 + 1) \times 16}} = \sqrt{\frac{294}{46.0}} = 2.53 \text{ m/s}$$

ホース内の流積 $A_1 = \dfrac{\pi D_1^2}{4} = \dfrac{3.14 \times 0.05^2}{4} = 0.00196 \text{ m}^2$

ノズル内の流積 $A_2 = \dfrac{\pi D_2^2}{4} = \dfrac{3.14 \times 0.025^2}{4} = 0.000491 \text{ m}^2$

流量 $Q = A_1 v_1 = 0.00196 \times 2.53 = 0.00496 \text{ m}^3/\text{s}$

ノズル先の流出速度 $v_2 = \dfrac{Q}{A_2} = \dfrac{0.00496}{0.000491} = \underline{10.1 \text{ m/s}}$

放出された水は，H_2 の高さにおいて速度 v が 0 になるので，重力加速度 $g = 9.8 \text{m/s}^2$ から，

$v = v_2 - gt = 10.1 - 9.8t = 0$,　$t = 1.03$ s

1.03 秒後に H_2 の高さに達する．

$$\therefore \quad H_2 = v_2 t - \frac{1}{2}gt^2 = 10.1 \times 1.03 - \frac{1}{2} \times 9.8 \times 1.03^2$$

$$= \underline{5.20 \text{ m}}$$

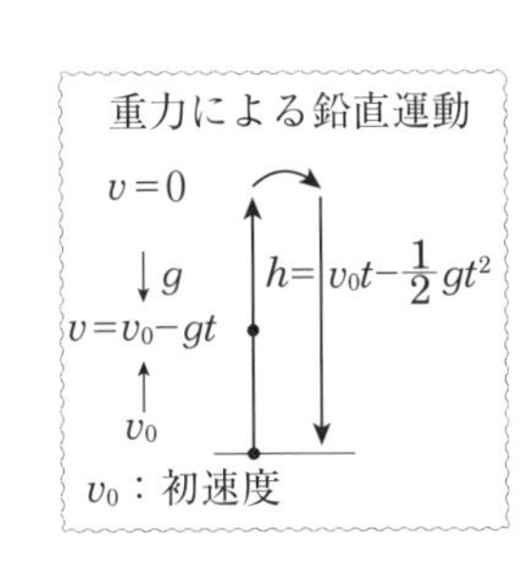

(別解)　ベルヌーイの定理から，ノズルの噴出口での流速 v，圧力 p，高さ z，最高上昇高さでの流速 v_2，圧力 p_2，高さ z_2 とするとき，

$$\frac{v_1^2}{2g} + z_1 + \frac{p_1}{\rho g} = \frac{v_2^2}{2g} + z_2 + \frac{p_2}{\rho g}, \quad z_2 - z_1 = \frac{v_1^2 - v_2^2}{2g} + \frac{p_1 - p_2}{\rho g}$$

圧力は大気と接しているので $p_1 = p_2$，最高到達点では $v_2 = 0$ より

$H_2 = z_2 - z_1 = 10.1^2/(2 \times 9.8) = \underline{5.20 \text{ m}}$

7 負圧が水を吸い上げる

サイホンとは

単線管水路において，**図 4·17** の B 点（α-β 間）のように，流水が動水こう配線より高い位置にあるとき，これを**サイホン**という．ここでは，このサイホンについて考えてみましょう．

図 4·17 の B 点付近のように，管の中心が動水こう配線より上にある区間では圧力水頭 $p/\rho g$ が負になり，B 点の直後が最も低い．一度通水した後は，水槽の水面に働く大気圧が水を押し上げて動力なしで流れを継続させる．

したがって，B 点における負圧 $p/\rho g$ の限度は，理論的に－1 気圧，すなわち水頭が－10.33 m となるが，水中に溶けていた空気の気化や曲がった部分の遠心力による圧力低下のため，実際には約－8 m がサイホンに水を流せる限度です．

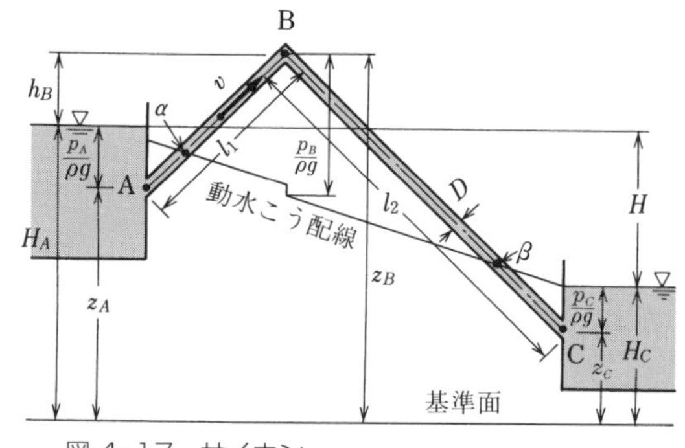

図 4·17　サイホン

サイホンの高さと水槽の水位差

図 4·17 で B 点の高さをどこまで高くできるのか，そして水位差 H はどれくらいまで許されるのか考えてみましょう．

図 4·17 の A 点，C 点にベルヌーイの定理を立てて，管内の流速 v を求める．

$$\frac{0^2}{2g}+z_A+\frac{p_A}{\rho g}=\frac{0^2}{2g}+z_C+\frac{p_C}{\rho g}+\left(f_e+f_{be}+f_o+f\frac{l_1+l_2}{D}\right)\frac{v^2}{2g}$$

ここで，$(z_A+p_A/\rho g)-(z_C+p_C/\rho g)=H$ を代入すると

$$v=\sqrt{\frac{2gH}{f_e+f_{be}+f_o+f(l_1+l_2)/D}} \tag{4・19}$$

A，B 点のベルヌーイの定理から，B 点の圧力水頭 $p_B/\rho g$ を求めると

$$\frac{0^2}{2g}+z_A+\frac{p_A}{\rho g}=\frac{v^2}{2g}+z_B+\frac{p_B}{\rho g}+\left(f_e+f_{be}+f\frac{l_1}{D}\right)\frac{v^2}{2g}$$

ここで，$z_B-(z_A+p_A/\rho g)=h_B$ とし，式（4･19）を代入すれば

$$\frac{p_B}{\rho g}=-h_B-\frac{1+f_e+f_b+fl_1/D}{f_e+f_b+f_o+f(l_1+l_2)/D}H \tag{4・20}$$

サイホンが作用して水が流れるためには $p_B/\rho g \geqq -8$ m でなければならない．これを式（4･20）に代入すれば，h_B と水位差 H の最大値は

$$h_{B\max}=8-\frac{1+f_e+f_b+fl_1/D}{f_e+f_b+f_o+f(l_1+l_2)/D}H \tag{4・21}$$

$$H_{\max}=\frac{f_e+f_b+f_o+f(l_1+l_2)/D}{1+f_e+f_b+fl_1/D}(8-h_B) \tag{4・22}$$

No.8　サイホン

図 4･17 で，水位差 $H=9$ m，$l_1=10$ m，$l_2=30$ m，$D=0.5$ m，$h_B=2$ m のとき，サイホンは作用するか調べよ．作用するとき流量を求めよ．ただし，$f_e=0.5$，$f_{be}=0.2$，$f_o=1.0$，$f=0.025$ とする．

（解）　$h_{B\max}=8-\dfrac{1+0.5+0.2+0.025\times 10/0.5}{0.5+0.2+1.0+0.025\times(10+30)/0.5}\times 9=2.65$ m

$h_{B\max}(=2.65\text{ m})>h_B(=2\text{ m})$ から<u>サイホンは作用する</u>.

流速 $v=\sqrt{\dfrac{2\times 9.8\times 9}{0.5+0.2+1.0+0.025\times(10+30)/0.5}}=6.90$ m/s

流積 $A=\dfrac{3.14\times 0.5^2}{4}=0.196$ m^2，　流量 $Q=Av=0.196\times 6.90=$<u>1.352 m^3/s</u>

トピックス　サイホンと逆サイホン

管水路は両端の落差によって水は流れる．途中の高い所も越えることができる（サイホン）．伏越し（逆サイホン）は，流水が動水こう配線より高くなることはなく，一般の管水路と同様です（p.128 を参照）．

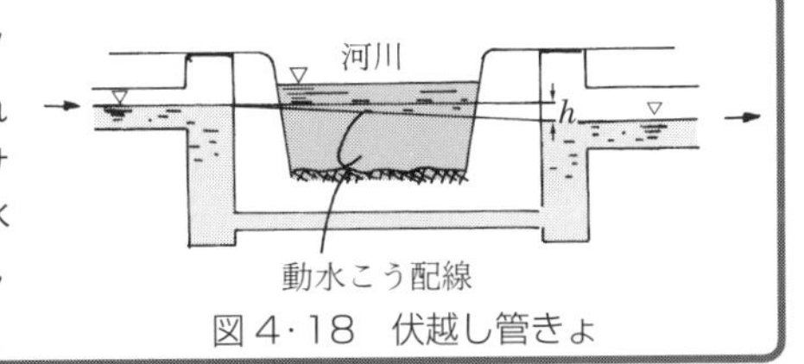

図 4･18　伏越し管きょ

8 電気を起こそう

水車の考え方

水の位置エネルギーを利用して仕事をさせる一つの例として**水車**があります．

図 4·19 のように管水路の途中に水車を設置すれば，水の位置エネルギーを回転エネルギーに，さらに発電機から電気エネルギーに変えることができる．

図 4·19 において，管水路部分の損失水頭 $(h_{l1}+h_{l2})=h_l$ とすると，水車の損失水頭 H_T は次のとおり．

$$H_T=H-(h_{l1}+h_{l2})=H-h_l \tag{4・23}$$

この式で，H を**総落差**，水車の損失水頭 H_T を**有効落差**という．水車は，この有効落差 H_T により仕事を行い，動力 P を発生させる．

動力 P は理論上，$P=\rho gQH_T$〔W〕で表され，これを**理論出力**という．**実際の出力** P は，水車内部に生ずる損失（効率）を考慮して次のとおり．

$$\left.\begin{aligned}P&=\rho g\eta_T QH_T\,[\mathrm{W}]\\&=9.8\eta_T QH_T\,[\mathrm{kW}]\end{aligned}\right\} \tag{4・24}$$

ただし，ρ：水の密度（1 000 kg/m³），g：重力加速度

η_T：**水車の効率**で，$\eta_T=0.79$～0.92 の値となる．

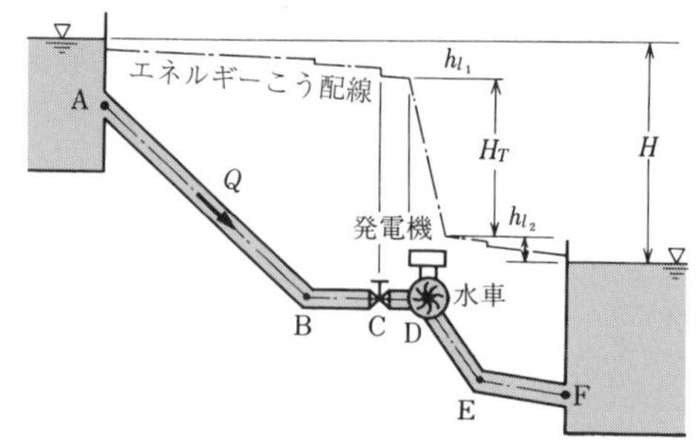

図 4·19　水車のある管水路

水車の発電力

水車の発電力は，水車の出力（式（4･24））に**発電機の効率** η_G を掛けたものであり，**発電力** P_0 は次のとおり．

$$\left.\begin{aligned} P_0 &= \rho g \eta_T \eta_G Q H_T \\ &= \rho g \eta_0 Q H_T \,\text{〔W〕} \\ &= 9.8 \eta_0 Q H_T \,\text{〔kW〕} \end{aligned}\right\} \qquad (4\cdot 25)$$

$\eta_0 = \eta_T \eta_G$ は**総合効率**で，η_0，η_G の値は $\eta_0 = 0.75 \sim 0.85$，$\eta_G = 0.90 \sim 0.95$ です．

No.9　水車の出力

図 4･19 において，総落差 $H = 70$ m，管径 $D = 1.3$ m，管水路の全長 $l = 180$ m，使用水量 9 m^3/s，水車の効率 $\eta = 80$% とするとき，その出力を計算せよ．ただし，$f_e = 0.5$，$f_{be} = 0.2$ の屈折が 2 か所，$f_v = 0.06$，$f_o = 1.0$，$f = 0.02$ とする．

（解）　流積 $A = \dfrac{\pi D^2}{4} = \dfrac{3.14 \times 0.3^2}{4} = 1.33 \text{ m}^2$

流速 $v = \dfrac{Q}{A} = \dfrac{9}{1.33} = 6.77 \text{ m/s}$

損失水頭 $h_l = \left(f_e + f_v + 2 f_b + f_o + f \dfrac{l}{D}\right) \dfrac{v^2}{2g}$

$= \left(0.5 + 0.06 + 2 \times 0.2 + 1.0 + 0.02 \times \dfrac{180}{1.3}\right) \dfrac{6.77^2}{2 \times 9.8} = 11.1 \text{ m}$

有効落差 $H_T = H - h_l = 70 - 11.1 = 58.9$ m

出力 $P = 9.8 \eta_T Q H_T = 9.8 \times 0.80 \times 9 \times 58.9 = \underline{4\,156 \text{ kW}}$

重要事項　仕事 J（ジュール），仕事率 W（ワット）の定義

質量 1 kg の物体に 1 m/s^2 の加速を加えるときの力を 1 N（ニュートン）〔kg･m/s^2〕といい，1 N の力で物体を 1 m 移動させるときの仕事を 1 J（ジュール）〔N･m〕という．仕事率 W（ワット）は，単位時間当りの仕事〔J/s〕をいう．

トピックス　水力発電の経緯と現状

わが国の水力発電は，明治 25 年に京都市が琵琶湖疏水を利用して蹴上（けあ）げに設置した水力発電所（80 kW×2 台）が一般供給用として最初のものです（p.161）．以来，水力発電の開発が進められ，電力の供給力構成は「水主火従」の時代が続きますが，その後，石油火力を中心とする火力発電が盛んになり，昭和 30 年代後半に「火主水従」へと転換し，さらに原子力発電の開発・利用が進んでいます．

しかし，水力発電は，CO_2 や SO_2 などを排出しない国産のクリーンな再生エネルギーとして，地球環境問題などの対応の観点から重要な役割を担っています．また，揚水式発電（p.117 を参照）は，ピーク供給電力としての役割が期待されています．

9 水は低い所から高い所へ流れる？

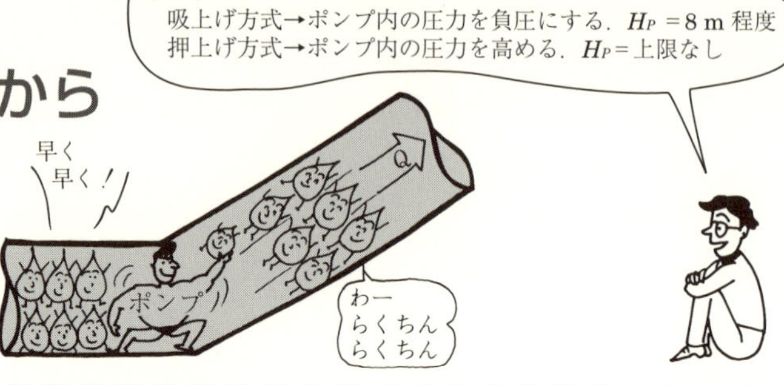

ポンプの考え方

ポンプは図 **4·20** に示すように動力によって水にエネルギーを与え水を高い所へ送るものです．ここでは，ポンプについて調べてみましょう．

水を送るためポンプに必要な水頭は，図 4·20 に示す H_P であり，これを**全揚程**という．全揚程 H_P は，次のとおり．

$$H_P = H + h_{l1} + h_{l2} = H + h_l \qquad (4 \cdot 26)$$

ただし，h_l：摩擦および各種の形状損失水頭の総和

H は両貯水槽の水面差で，**実揚程**という．ポンプに必要な動力 S は理論上，$S = \rho g Q H_P$〔W〕であり，これを**水動力**という．しかし，実際にポンプに必要な動力 S は，ポンプの損失による分だけ水動力より大きくなり，これを**軸動力**という．軸動力 S は次のとおり．

$$S = \frac{\rho g Q H_P}{\eta_p}〔\mathrm{W}〕 = \frac{9.8 Q H_P}{\eta_p}〔\mathrm{kW}〕 \qquad (4 \cdot 27)$$

ここで，η_p はポンプの効率で，(水動力)/(軸動力) を意味し，η_p の値は $\eta_p = 0.65 \sim 0.85$ となる．

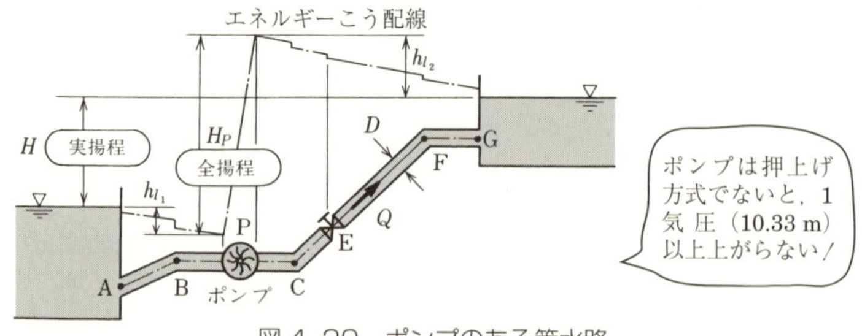

図 4·20　ポンプのある管水路

No.10　ポンプの軸動力

図 4·20 において，管径 $D = 0.5$ m，管水路の全長 600 m のとき，流量 $Q = 300\ l/s$，実揚程 $H = 45$ m で水を送りたい．ポンプに必要な軸動力 S を求めよ．ただし，ポンプの効率 $\eta_p = 0.7$，$f_e = 0.5$，$f_{be} = 0.15$ の屈折が 3 か所，$f_v = 0.055$，$f_o = 1.0$，$f = 0.03$ とする．

（解）　管内の流積 $A = \dfrac{\pi D^2}{4} = \dfrac{3.14 \times 0.5^2}{4} = 0.196\ \mathrm{m^2}$

流量 $Q = 300\ l/s = 0.3\ \mathrm{m^3/s}$

管内の流速 $v = \dfrac{Q}{A} = \dfrac{0.3}{0.196} = 1.53\ \mathrm{m/s}$

管路部分の全損失水頭

$$h_l = \left(f_e + f_v + 3f_{be} + f_o + f\frac{l}{D}\right)\frac{v^2}{2g}$$

$$= \left(0.5 + 0.055 + 3 \times 0.15 + 1.0 + 0.03 \times \frac{600}{0.5}\right)\frac{1.53^2}{2 \times 9.8} = 4.54\ \mathrm{m}$$

全揚程 $H_P = H + h_l = 45 + 4.54 = 49.54$ m

軸動力 $S = \dfrac{9.8QH_P}{\eta_p} = \dfrac{9.8 \times 0.3 \times 49.54}{0.7} = \underline{208\ \mathrm{kW}}$

p.126［問題 5］に try!

トピックス　揚水式発電所（ポンプの例）

水力発電は，ダムなどの高い位置にある水を流して水車を回転させ，水車に直結した発電機により発電する．深夜の余剰電力を利用してポンプで，下流に流出した水を揚水し，再び発電に供する方法を**揚水式発電**といいます．

揚水式発電所は，深夜の余剰電力を昼間のピーク時の発電に利用できるとともに，通常の水力発電と違って河川の流量に影響されないという利点があります．

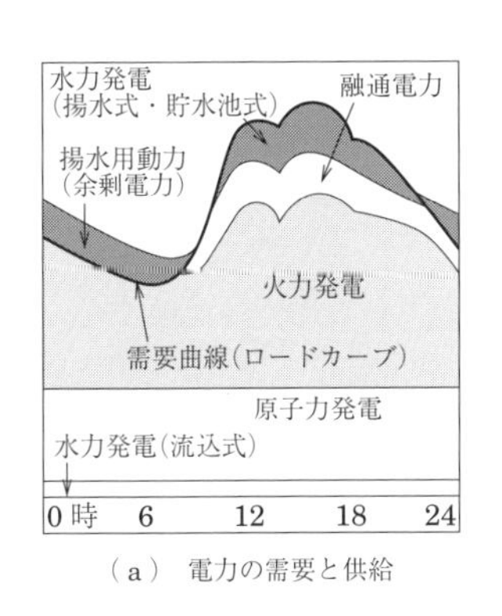

（a）　電力の需要と供給

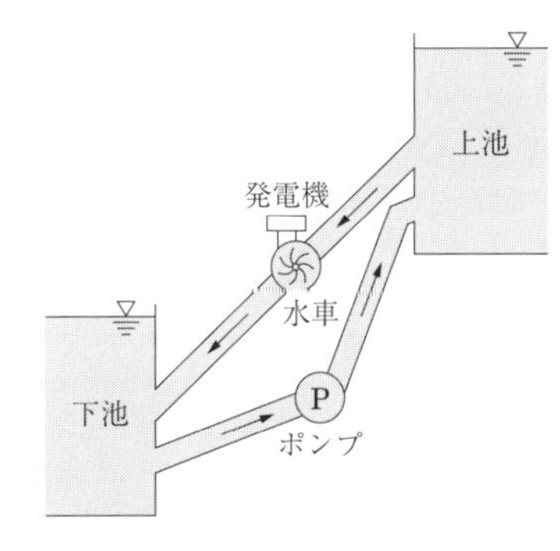

（b）　揚水式発電のしくみ

図 4·21　揚水式発電所

10 管水路が分岐するとき

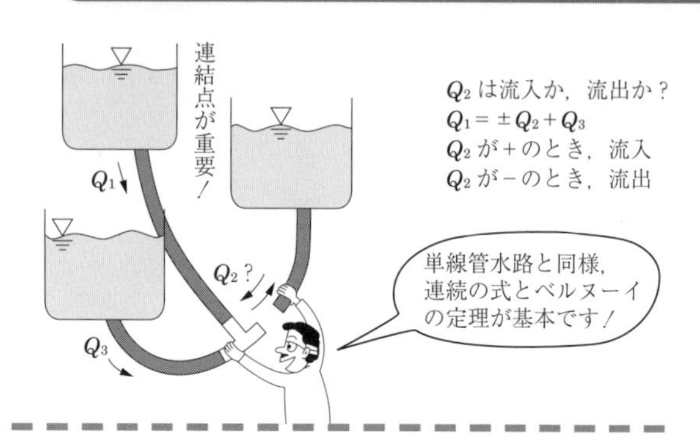

分岐管水路

ここでは，**図 4·22** のように 1 本の管水路が途中で 2 本に分岐したり，図 4·23 のように 2 本の管水路が合流したりする場合について考えてみましょう．

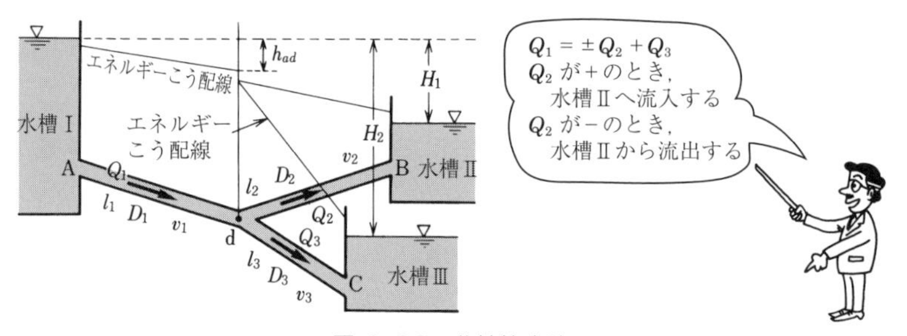

図 4·22　分岐管水路

図 4·22 の**分岐管水路**において，A 水槽と B 水槽の水面差を H_1，A 水槽と C 水槽の水面差を H_2 とするとき（AB 間，AC 間のそれぞれの摩擦損失水頭 H_1，H_2 は，次のとおり），一般に，管水路の延長が長い場合，形状による損失水頭は，摩擦損失に比べて非常に小さいので無視して摩擦損失水頭のみを取り扱う．

$$\left.\begin{aligned} H_1 &= f_1\frac{l_1}{D_1}\frac{v_1^2}{2g} + f_2\frac{l_2}{D_2}\frac{v_2^2}{2g} \\ H_2 &= f_1\frac{l_1}{D_1}\frac{v_1^2}{2g} + f_3\frac{l_3}{D_3}\frac{v_3^2}{2g} \end{aligned}\right\} \quad (4 \cdot 28)$$

管の延長が長ければ，摩擦損失だけを問題にします

ただし，$f_1 \sim f_3$：$D_1 \sim D_3$ 管の摩擦損失係数

この式に，$v_1 = \dfrac{4}{\pi D_1^2} Q_1$，$v_2 = \dfrac{4}{\pi D_2^2} Q_2$，$v_3 = \dfrac{4}{\pi D_3^2} Q_3$，を代入し，さらに

$$k_1 = \frac{8}{\pi^2 g}\frac{f_1 l_1}{D_1^5},\quad k_2 = \frac{8}{\pi^2 g}\frac{f_2 l_2}{D_2^5},\quad k_3 = \frac{8}{\pi^2 g}\frac{f_3 l_3}{D_3^5}$$

とおけば，式（4·28）は次のとおり．

$$\left.\begin{array}{ll} H_1 = k_1 Q_1{}^2 + k_2 Q_2{}^2 & ① \\ H_2 = k_1 Q_1{}^2 + k_3 Q_3{}^2 & ② \\ Q_1 = \pm Q_2 + Q_3 & ③ \end{array}\right\} \quad (4\cdot29)$$

式（4·29）の三つの連立方程式を解くことで，水路における諸量を求めることができる．その求め方は次のとおり（Q_2 が＋のとき分岐管，－のとき合流管）．

（1）各管の長さ l，内径 D，流量 Q ⟶ 水面差 H_1，H_2

（2）各管の長さ l，内径 D，水面差 H ⟶ 流量 Q

次に，分岐管の内径 D_2，D_3 を決定するには，次式を用いる．

$$\left.\begin{array}{l} D_2 = \left(\dfrac{f_2 l_2 Q_2{}^2}{\dfrac{\pi^2 g H_1}{8} - f_1 \dfrac{l_1}{D_1{}^5} Q_1{}^2}\right)^{1/5} \\ D_3 = \left(\dfrac{f_3 l_3 Q_3{}^2}{\dfrac{\pi^2 g H_2}{8} - f_1 \dfrac{l_1}{D_1{}^5} Q_1{}^2}\right)^{1/5} \end{array}\right\} \quad (4\cdot30)$$

合流管水路

図 4·23 のような**合流管水路**の場合も，図 4·22 の場合と同じ記号を付ければ，水面差 H_1，H_2 は，次のとおり．

$$\left.\begin{array}{l} H_1 = f_1 \dfrac{l_1}{D_1} \dfrac{v_1{}^2}{2g} + f_3 \dfrac{l_3}{D_3} \dfrac{v_3{}^2}{2g} \\ H_2 = f_2 \dfrac{l_2}{D_2} \dfrac{v_2{}^2}{2g} + f_3 \dfrac{l_3}{D_3} \dfrac{v_3{}^2}{2g} \end{array}\right\} \quad (4\cdot31)$$

これを整理すれば

$$\left.\begin{array}{ll} H_1 = k_1 Q_1{}^2 + k_3 Q_3{}^2 & ① \\ H_2 = k_2 Q_2{}^2 + k_3 Q_3{}^2 & ② \\ Q_1 = Q_2 + Q_3 & ③ \end{array}\right\} \quad (4\cdot32)$$

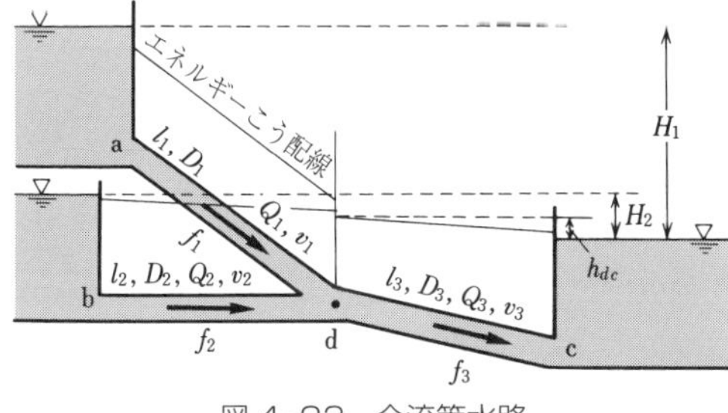

図 4·23　合流管水路

11 分岐管・合流管の計算をしよう

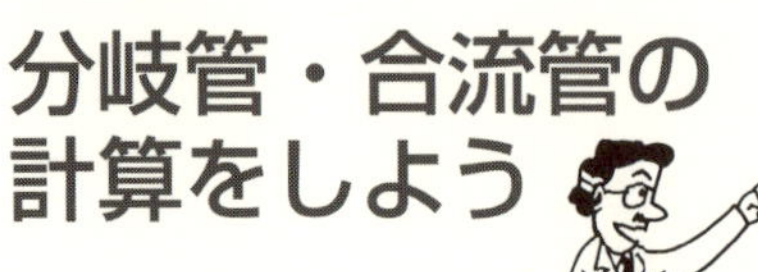

No.11　分岐管水路

図 4·24 における各管内の流量を求めよ．ただし，$f_1 = 0.0260$，$f_2 = f_3 = 0.0290$ とし，摩擦以外の損失水頭は無視する．

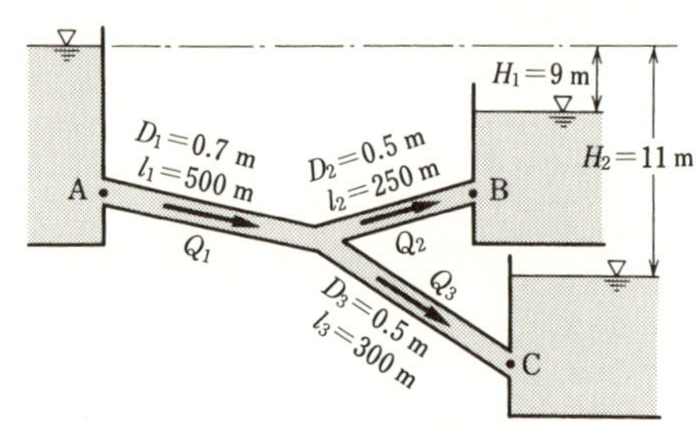

図 4·24　分岐管水路の例

（解）　式（2·9）より，Q_2 を＋と仮定し計算すると

$$k_1 = \frac{8}{\pi^2 g}\frac{f_1 l_1}{D_1^5} = \frac{8}{3.14^2 \times 9.8} \times \frac{0.0260 \times 500}{0.7^5} = 6.40$$

$$k_2 = \frac{8}{\pi^2 g}\frac{f_2 l_2}{D_2^5} = \frac{8}{3.14^2 \times 9.8} \times \frac{0.0290 \times 250}{0.5^5} = 19.21$$

$$k_3 = \frac{8}{\pi^2 g}\frac{f_3 l_3}{D_3^5} = \frac{8}{3.14^2 \times 9.8} \times \frac{0.0290 \times 300}{0.5^5} = 23.05$$

$$\left.\begin{array}{ll} 9 = 6.40Q_1^2 + 19.21Q_2^2 & ① \\ 11 = 6.40Q_1^2 + 23.05Q_3^2 & ② \\ Q_1 = Q_2 + Q_3 & ③ \end{array}\right\} \Rightarrow \left.\begin{array}{ll} Q_2^2 = 0.4685 - 0.3332Q_1^2 & ①' \\ Q_3^2 = 0.4772 - 0.2777Q_1^2 & ②' \\ Q_1^2 = Q_2^2 + Q_3^2 + 2Q_2Q_3 & ③' \end{array}\right\}$$

$$Q_1^2 = 0.4685 - 0.3332Q_1^2 + 0.4772 - 0.2777Q_1^2 + 2\sqrt{0.4685 - 0.33332Q_1^2} \times \sqrt{0.4772 - 0.2777Q_1^2}$$

$$1.6110Q_1^2 - 0.9470 = 2\sqrt{0.4685 - 0.3332Q_1^2} \times \sqrt{0.4772 - 0.2777Q_1^2}$$

$2.225Q_1^4 - 1.895Q_1^2 - 0.000 = 0$,　解の公式より $Q_1^2 \fallingdotseq 0.851$ または $Q_1^2 \fallingdotseq 0$

$\therefore$　$Q_1 = \underline{0.922\ \mathrm{m^3/s}}$,　$Q_2 = \underline{0.431\ \mathrm{m^3/s}}$,　$Q_3 = \underline{0.491\ \mathrm{m^3/s}}$

No.12　分岐・合流の判定

図 4·25 の枝状管水路について分岐か合流か判定し，各管の流量を求めよ．ただし，$f_1=0.0314$，$f_2=0.0360$，$f_3=0.0286$ とし，摩擦以外の損失水頭は無視する．

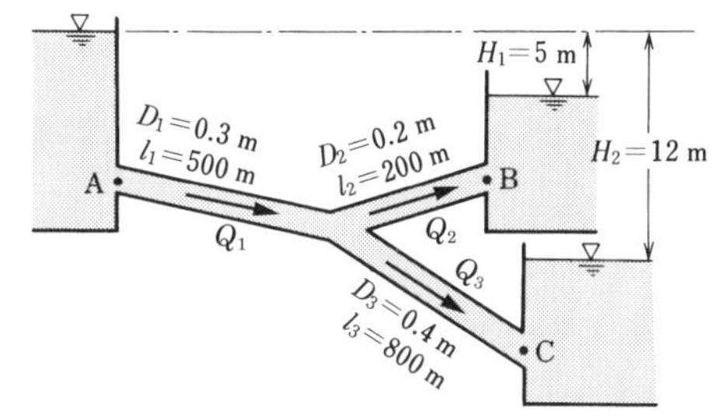

図 4·25　分岐管(Q_2 が+)か，合流管(Q_2 が−)か

（解）$k_1=\dfrac{8}{\pi^2 g}\dfrac{f_1 l_1}{D_1{}^5}=\dfrac{8}{3.14^2\times 9.8}\times\dfrac{0.0314\times 500}{0.3^5}=535.0$

同様に，$k_2=1\,863.0$，$k_3=185.0$，式（4·29）より

$$\left.\begin{array}{ll}5=535.0Q_1{}^2\pm 1\,863.0Q_2{}^2 & ① \\ 12=535.0Q_1{}^2\pm 185.0Q_3{}^2 & ② \\ Q_1=\pm Q_2+Q_3 & ③\end{array}\right\}$$

① ×12 − ② ×5 で定数項を消去すれば，$0=3\,745Q_1{}^2\pm 22\,356Q_2{}^2-925Q_3{}^2$

式③を変形して，$\pm Q_2=Q_1-Q_3$ を上式に代入し，各項を 22 356 で割ると

$0.1675Q_1{}^2\pm(Q_1-Q_3)^2-0.0414Q_3{}^2=0$（第 2 項目に＋符号を使う）　④

$1.1675Q_1{}^2-2Q_1Q_3+0.9586Q_3{}^2=0$

$1.1675(Q_1/Q_3)^2-2(Q_1/Q_3)+0.9586=0$　⑤

⑤の判別式は，$1-1.1675\times 0.9586=-0.1192<0$ の実根がない．⇨合流である．

合流として式④を整理(第 2 項目に − 符号を使う)し，$-Q_3{}^2$ で割ると

$0.8325(Q_1/Q_3)^2-2(Q_1/Q_3)+1.0414=0$　⑥

⑥の判別式は，$1-0.8325\times 1.0414=0.1330>0$ となり，2 実根を持つ．

式⑥を解くと，$Q_1/Q_3=(1\pm\sqrt{0.1330})/0.8325=1.6393$ または 0.7631

合流であるから，$Q_1<Q_3$ ⇨ $Q_1/Q_3<1$

∴　$Q_1/Q_3=0.7631$ ⇨ $Q_1=0.7631Q_3$，式⑦を式②に代入して　⑦

∴　$Q_3=\underline{0.142\ \mathrm{m^3/s}}$

Q_3 を式⑦に代入して，$Q_1=\underline{0.109\ \mathrm{m^3/s}}$，$Q_1$，$Q_3$ を式③に代入すると(合流であるから Q_2 の符号は −)，$Q_2=Q_3-Q_1=\underline{0.033\ \mathrm{m^3/s}}$

12 水の迷路・管網

Kirchhoff(1824～1887)

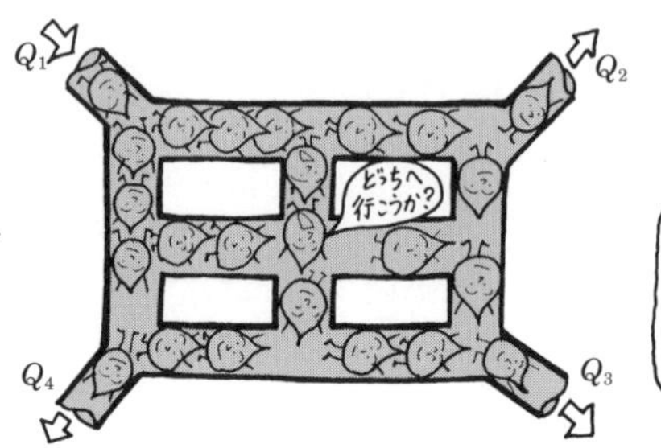

キルヒホッフの法則を用いる！コンピュータが力を発揮する！

ハーディ・クロスの試算法

上水道の配水管などは，多くの管水路が網状に設置されている場合が多く，このような網状の管水路を**管網**といい，管網における流量の配分計算を**管網計算**という．ここでは，管網計算に用いられる近似計算法の一つである**ハーディ・クロス（Hardy-Cross）の試算法**について，その手順を紹介します．

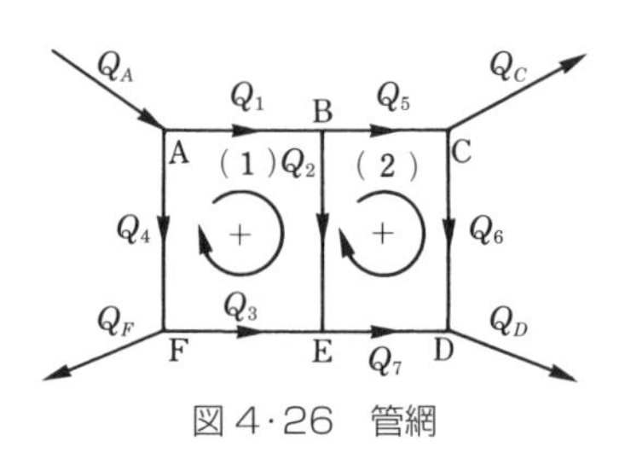

図 4·26　管網

(1) **図 4·26** のように管水路の節点（A，B，…，F）および 7 本の管路（AB，BC，…，FA）に記号を付けて，二つの間の回路に分けて考える．

(2) 各管水路の流量と方向を仮定する．そのとき各節点の流入量と流出量の和が等しくなるようにする（節点条件）．

$$Q_A = Q_1 + Q_4,\quad Q_1 = Q_2 + Q_5,\quad Q_4 = Q_F + Q_3 \qquad ①$$

(3) 仮定した流量を用いて，各管の損失水頭 h_l を計算する．損失水頭 h_l は，一般に次式で表される．　$h_l = kQ^m$　②

(a) マニングの公式

$$\left.\begin{aligned} h_l &= kQ^2 \\ k &= \frac{8}{\pi^2 g}\frac{fl}{D^5} = \frac{10.29n^2 l}{D^{\frac{16}{3}}} \\ f &= \frac{124.5n^2}{D^{\frac{1}{3}}} \end{aligned}\right\} \qquad (4 \cdot 33)$$

(b) ヘーゼン・ウィリアムスの公式

$$\left.\begin{aligned} h_l &= kQ^{1.85} \\ k &= \frac{10.667l}{C_H{}^{1.85}D^{4.87}} \end{aligned}\right\} \qquad (4 \cdot 34)$$

(4) 仮定流量に基づいて，各管路の損失水頭 $h_l = kQ^m$ を求め，その和 ΣkQ^m と各閉合回路の1回りの損失水頭 $h_{l1} = h_{AB} + h_{BC} + h_{EF} + h_{FA}$，$\Sigma h_{l2} = h_{BC} + h_{DE} + h_{EB}$ の和 Σh_l は等しい（閉合条件）．

$$\Sigma h_l = \Sigma kQ^m \tag{4・35}$$

(5) 各管の流量と損失水頭は，各回路ごとに右回りを正，左回りを負とする（例えば，BE の仮定流量 Q_2 は B から E に向かって流れるとしているので，回路（1）の場合（＋）で，回路（2）の場合（－）で考える）．

(6) もし仮定流量が正しければ，各回路の損失水頭の和 $\Sigma h_l = \Sigma kQ^m = 0$ となり，そのときは仮定流量を各管の流量として決定するが，通常は仮定流量は正しくないので（7）以下の補正計算を行う．

(7) 補正流量 ΔQ は，一般に次式で表される．

$$\Delta Q = -\frac{\Sigma h_l}{m\Sigma kQ^{m-1}} = -\frac{\Sigma kQ^m}{m\Sigma kQ^{m-1}} \tag{4・36}$$

ただし，m は一般に2とする．

(a) マニングの公式

$$\Delta Q = -\frac{\Sigma h_l}{2\Sigma kQ} = -\frac{\Sigma kQ^2}{2\Sigma kQ} \tag{4・37}$$

(b) ヘーゼン・ウィリアムスの公式

$$\Delta Q = -\frac{\Sigma h_l}{1.85kQ^{0.85}} = -\frac{\Sigma kQ^{1.85}}{1.85kQ^{0.85}} \tag{4・38}$$

(8) 仮定流量 Q に補正流量 ΔQ を加えた $Q + \Delta Q$ が新しい仮定流量であり，ΔQ も右回りを正として計算し，二つの回路に関係する管は両方の補正を同時に行う．

(9)（7），（8）の補正計算を繰り返し行い，$\Sigma h_l = \Sigma kQ^m - 0$ になったとき仮定流量を各管の流量として決定する．

重要事項　キルヒホッフの法則（電気回路）

このキルヒホッフの法則の電流を流量に，電圧降下を損失水頭に置き換えると管網の水理となる．節点での流量和と閉回路に沿う損失和はゼロになる．

① 回路の交点に流れ込む電流の和と流れ出る電流の和は等しい．
② 回路中の閉じた1回りの経路の起電力の和と電圧降下の和は等しい．

13 管網の計算をしよう

No.13　管網の計算

図 4·27 のような配水管網の各管の流量を求めよ．
ただし，マニングの公式を使用し，$n=0.014$ とする．

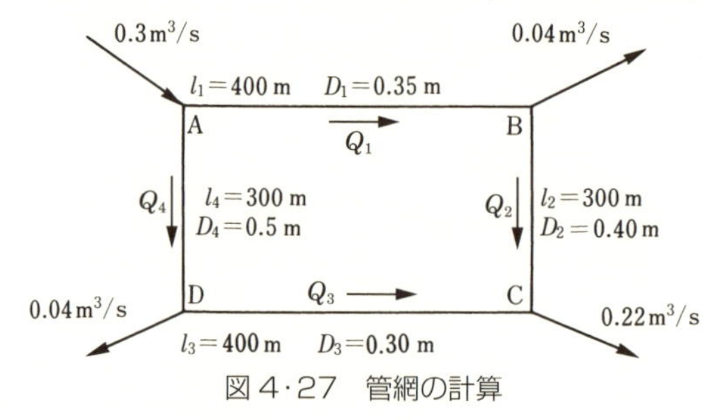

図 4·27　管網の計算

（解）

$$k_1=\frac{10.29n^2l_1}{D_1{}^{16/3}}=\frac{10.29\times0.014^2\times400}{0.35^{16/3}}=218.0$$

$$k_2=\frac{10.29n^2l_2}{D_2{}^{16/3}}=\frac{10.29\times0.014^2\times300}{0.40^{16/3}}=80.2$$

$$k_3=\frac{10.29n^2l_3}{D_3{}^{16/3}}=\frac{10.29\times0.014^2\times400}{0.3^{16/3}}=495.9$$

$$k_4=\frac{10.29n^2l_4}{D_4{}^{16/3}}=\frac{10.29\times0.014^2\times300}{0.5^{16/3}}=24.4$$

次に，各管の流量 Q_1，Q_2，Q_3，Q_4 と流れの方向を**図 4·28** のように仮定し，右回りを正として**表 4·5** にしたがって一次補正計算を進める．

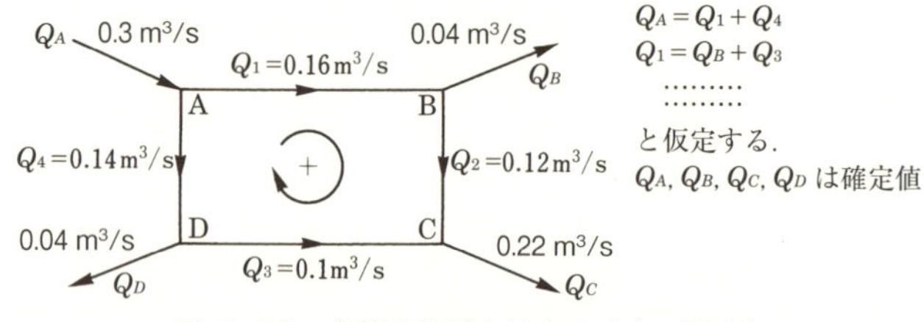

図 4·28　各管の流量と流れの方向（仮定）

表 4·5　仮定値による計算

管路	k	仮定流量 Q〔m^3/s〕	$\lvert kQ \rvert$	$h_l = kQ^2$	補正量 $\Delta Q'$〔m^3/s〕
A-B	218.0	+0.16	34.88	+5.581	−0.007
B-C	80.2	+0.12	9.60	+1.152	−0.007
C-D	495.9	−0.1	49.59	−4.959	−0.007
D-A	24.4	−0.14	3.42	−0.479	−0.007
計	Q'		$\Sigma kQ = 97.49$	$\Sigma h' = +1.295$	

一次補正量（マニング）$\Delta Q' = \dfrac{-\Sigma kQ^2}{2\Sigma \lvert kQ \rvert} = \dfrac{-1.295}{2 \times 97.49} = -0.007\ m^3/s$

表 4·6　第一次計算結果

管路	k	Q'〔m^3/s〕	$\lvert kQ' \rvert$	$h_l = kQ'^2$	$\Delta Q'$〔m^3/s〕
A-B	218.0	+0.153	33.35	+5.103	+0.0004
B-C	80.2	+0.113	9.06	+1.024	+0.0004
C-D	495.9	−0.107	53.06	−5.678	+0.0004
D-A	24.4	−0.147	3.59	−0.527	+0.0004
計			$\Sigma kQ' = 99.06$	$\Sigma h_l = -0.078$	

$\Delta Q = -0.024 m^3/s$ を Q' に代えて計算を繰り返す．

二次補正量　$\Delta Q' = \dfrac{-\Sigma kQ'^2}{2\Sigma \lvert kQ' \rvert} = \dfrac{-(-0.078)}{2 \times 99.06} = 0.0004\ m^3/s$

表 4·7　第二次計算結果

管路	k	Q''〔m^3/s〕	$\lvert kQ'' \rvert$	$h_l = kQ''^2$	$\Delta Q''$〔m^3/s〕
A-B	218.0	+0.1534	33.44	+5.130	
B-C	80.2	+0.1134	9.095	+1.031	
C-D	495.9	−0.1066	52.86	−5.635	
D-A	24.4	−0.1466	3.58	−0.524	
計			$\Sigma kQ'' = 98.98$	$\Sigma h_l = +0.002$	

$$\Delta Q'' = \frac{-\Sigma kQ^2}{2\Sigma \lvert kQ \rvert} = \frac{-0.002}{2 \times 98.98} = -0.00001 \fallingdotseq 0$$

$\Sigma h_l = \Sigma kQ^2 = 0.002 = 0$ とみなして，第二次計算で求めた流量 Q を最終的な流量とします．各管の流量を**図 4·29** に示す．

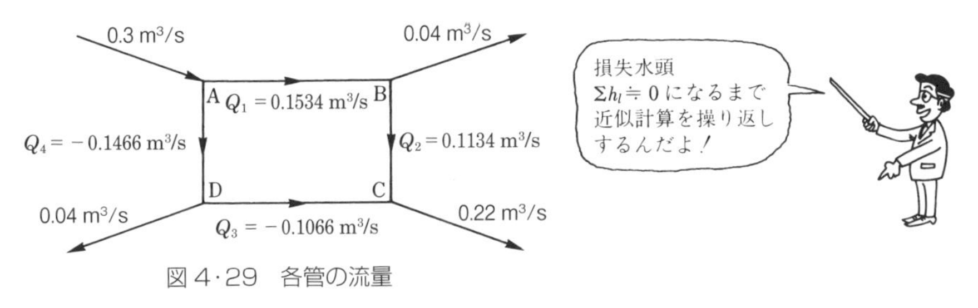

図 4·29　各管の流量

4章のまとめ問題

(解答は p.194)

(解答は p.194)

【問題 1】 図 **4·30** の管径 50 mm の管に水位 2.0 m の水槽から水を流したとき，流量 $Q=0.006\ \mathrm{m^3/s}$，管の入口近くの断面①に設けたマノメータの水位が 1.70 m であった．流入損失係数はいくらか．

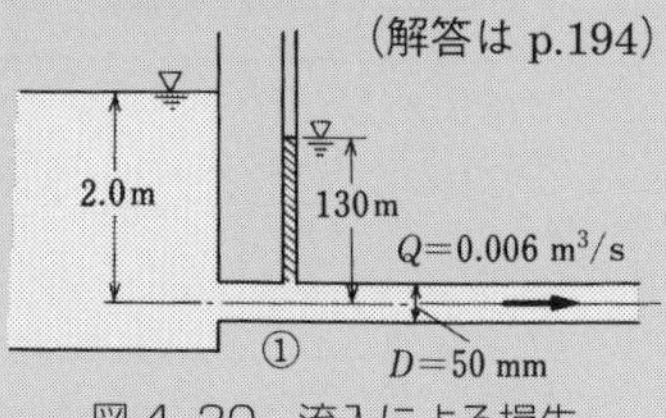

図 4·30　流入による損失

【問題 2】 図 **4·31** の急拡部を持つ管水路の流量が $0.4\ \mathrm{m^3/s}$ である．急拡部の前後の断面①，②に設けられたマノメータの水位が図のようであったとき，急拡損失係数はいくらか．

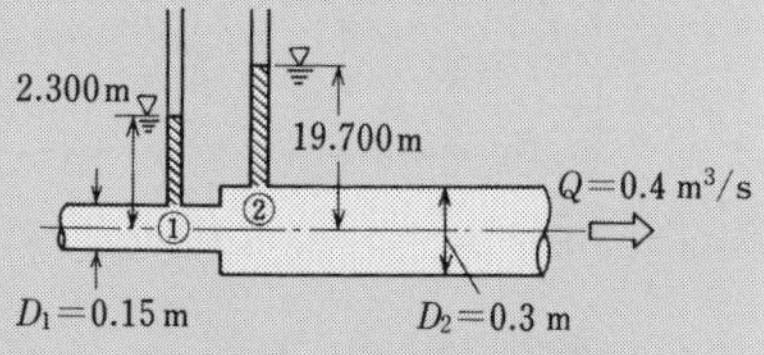

図 4·31　急拡による損失

【問題 3】 図 **4·32** の管径 0.1 m の管水路で，スルース弁の開度を 5/8 にしたとき流量はいくらか．

ただし，$f_e=0.5$，$f_b=1.0$，$f=0.400$ とする．

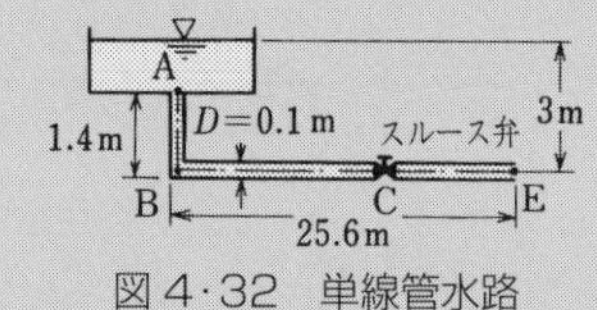

図 4·32　単線管水路

【問題 4】 図 **4·33** において，管径 1.2 m，全長 300 m の管水路で，流量 $2.0\ \mathrm{m^3/s}$ で水を送るには，F 水槽の水位を基準面上いくらにすればよいか．

ただし，$f_e=0.5$，$f_b=1.0$ が 2 か所，$f_v=0.1$，$f=0.0250$ とする．

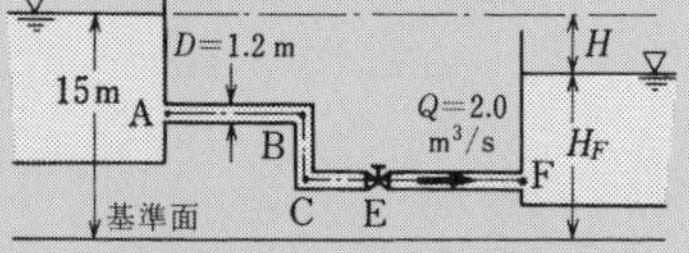

図 4·33　単線管水路

【問題 5】 図 **4·34** において，流量 $1.0\ \mathrm{m^3/s}$ の水を内径 700 mm の鋼管で 2.0 km 離れた配水池へ送水したい．浄水池水面と配水池水面の標高差は 50 m である．ポンプの効率を 0.80 として軸動力を求めよ．

ただし，摩擦損失係数 $f=0.0250$ とし，摩擦以外の損失水頭は無視する．

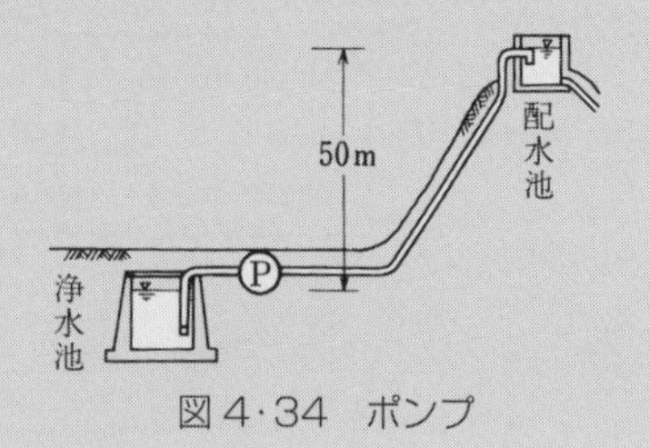

図 4·34　ポンプ

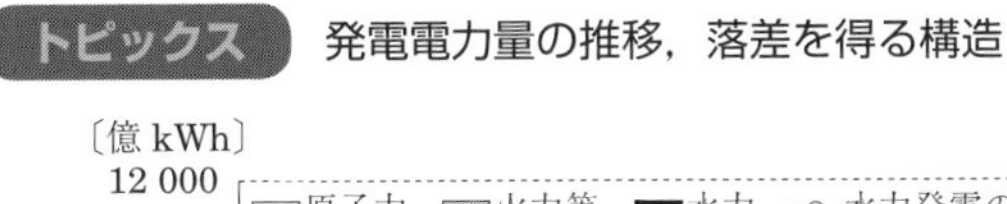

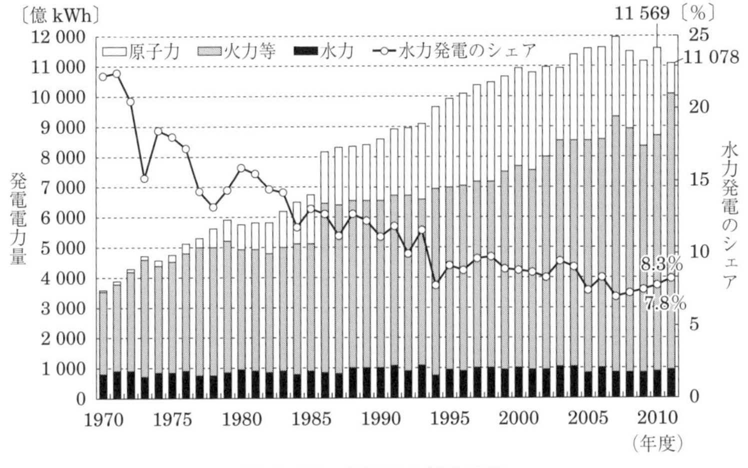

図 4·35　発電電力量の推移

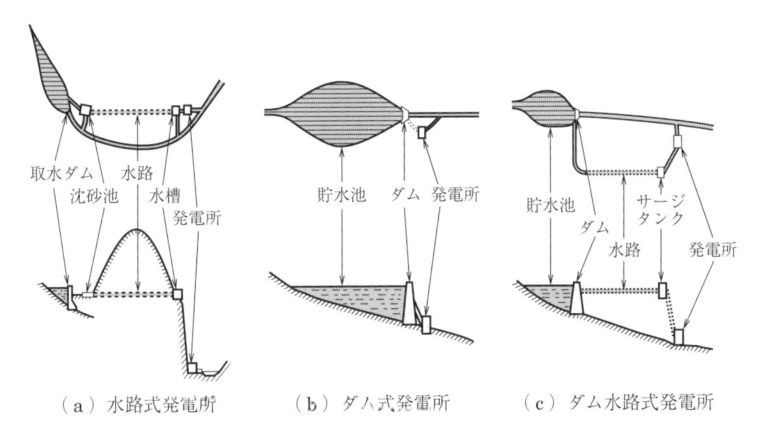

図 4·36　水力発電所の構造

トピックス　加賀の辰巳(たつみ)用水

寛永 9 年（1632 年），加賀の前田藩において，逆サイホン（伏越し）の原理を用いた，大規模な用水路「辰巳用水」がつくられた．現在の石川県金沢市犀(さい)川上流から取水し，トンネル・暗きょを利用して約 8 km 下流の兼六園まで導水し，さらに逆サイホンの原理により，町より高い位置にある金沢城内に揚水している．

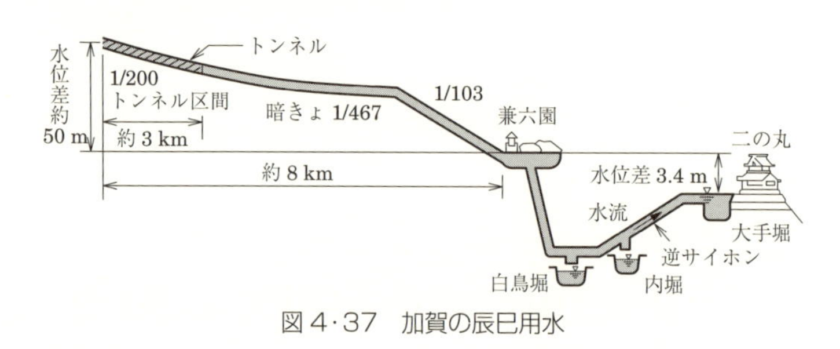

図 4·37　加賀の辰巳用水

トピックス　古代ローマ時代の水道橋

水道橋は，歴史的には古代ローマ時代のものが有名である．当時すでにサイホンの原理は知られていたが，巨大なサイホンを建設した場合，出水孔の水位が入水孔と同じ高さまで上がっていることが知られていなかった．

図 4·38　スペイン バルセロナのラス・ファレラス水道橋
（写真提供：大阪市立都島工業高等学校竹内一生教諭）

5章

開　水　路

開水路の流れは，大気圧と接する自由水面を持ち，水面の高さは流量，水路断面形状によって上下する．開水路には，次のような流れがあります．

- 開水路の流れ
  - 定常流
    - 等流
    - 不等流
      - 漸変流
      - 急変流
  - 非定常流
    - 不等流

開水路の流れは，水深や水面こう配，流量などが時間や場所によって複雑に変化している．実際の自然の水路では，等流を生ずることはほとんどないわけですが，ごく一部分の区間について考えてみると，水路断面の形状や水路床こう配，流量が近似的に一様（一定）と考えられる場合もあります．このような場合，開水路の流れを等流とみなして計算を行っています．

開水路の流れは，自由水面を持つため，常流，射流などの複雑な流れを見せます．水位の変化などの水面変動が上流側に伝わるような流れを**常流**，伝わらない流れを**射流**といいます．この常流，射流という流れは開水路特有の流れです．

この章では，いろいろな断面形状の水路の等流計算，水位変化量，常流，射流について学びます．

1 水路断面の形状要素はいくらか？

等流の計算

等流とは，すべての断面で，水深，流速が一定で，水面こう配，エネルギー線が水路床に平行な流れをいう．

開水路の等流計算には，次のマニングの公式が用いられます．

$$\left.\begin{aligned} &\text{流速}\quad v=\frac{1}{n}R^{2/3}I^{1/2} \\ &\text{流量}\quad Q=Av=\frac{1}{n}AR^{2/3}I^{1/2} \end{aligned}\right\} \qquad (5\cdot1)$$

ただし，n：粗度係数，R：径深，A：流積，I：水面こう配（$=i$）

① A，I，n が分かっているとき，v（または Q）を求める．

② A，I，Q（または v）が分かっているとき，n を求める．

③ A，n，Q（または v）が分かっているとき，I を求める．

④ I，n，Q が分かっているとき，水深 H を求める（注2）．

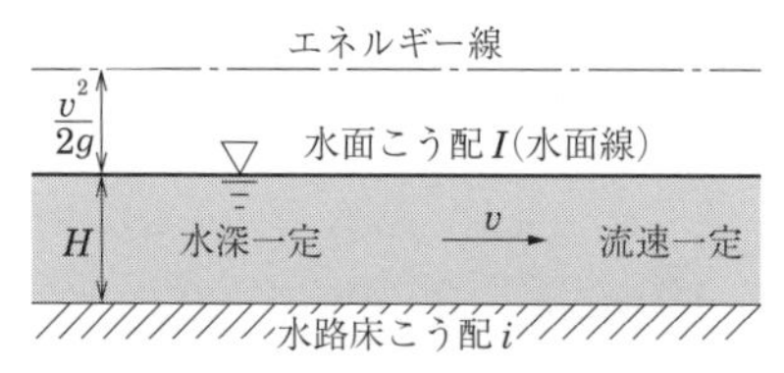

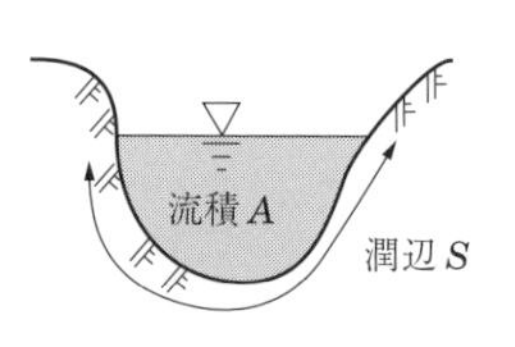

図 5·1 等流の流れ

長方形断面水路

長方形，台形，円形の断面の形状要素（流積 A，潤辺 S，径深 R，水深 H）などをまとめてみましょう．

図 5·2 の水深 H，水路床幅 b の長方形断面水路の場合は，次のとおり．

$$\left.\begin{aligned} &\text{潤辺}\quad S=b+2H \\ &\text{流積}\quad A=bH \\ &\text{径深}\quad R=\frac{A}{S}=\frac{bH}{b+2H} \end{aligned}\right\} \qquad (5\cdot2)$$

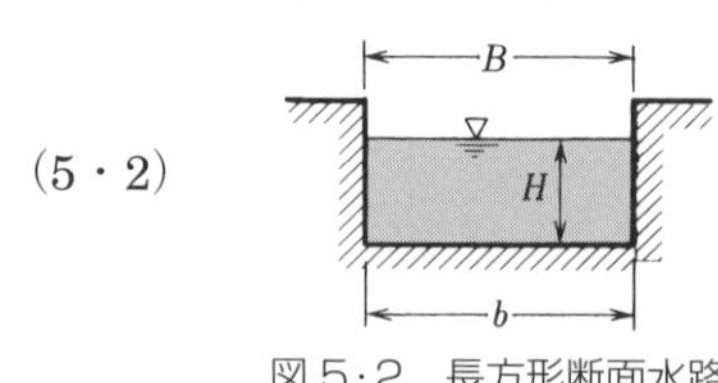

図 5·2 長方形断面水路

台形断面水路

図 5·3 のような側壁のこう配 m，水深 H，水路床幅 b の台形断面水路の形状要素は(注1)，次のとおり．

$$
\left.
\begin{aligned}
&\text{水面幅}\ B = b + 2H\cot\theta = b + 2mH \\
&\text{底　幅}\ b = B - 2H\cot\theta = B - 2mH \\
&\text{潤　辺}\ S = b + 2l = b + 2H\operatorname{cosec}\theta \\
&\qquad = b + 2H\sqrt{1+m^2} \\
&\text{流　積}\ A = \frac{1}{2}(B+b)H \\
&\qquad = H(B - H\cot\theta) \\
&\qquad = H(b + H\cot\theta) \\
&\qquad = H(b + mH) \\
&\text{径　深}\ R = \frac{A}{S} = \frac{H(b + H\cot\theta)}{b + 2H\operatorname{cosec}\theta} \\
&\qquad = \frac{H(b+mH)}{b + 2H\sqrt{1+m^2}}
\end{aligned}
\right\} \quad (5\cdot 3)
$$

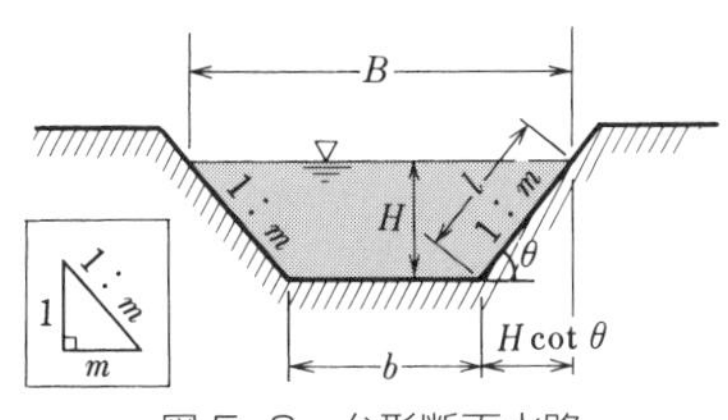

図 5·3　台形断面水路

(注) 1. 式 (5·3) において，$m=0$ とすれば，長方形断面の式（5·2）と一致する．

2. ④の等流水深は，$Q=KI^{1/2}$，通水能 $K=1/n\cdot AR^{2/3}$ から求めるが（p. 133），計算はかなり困難となる．

円形断面水路

図 5·4 のように，φ を rad（ラジアン）で表し，直径を D とする円形断面水路の場合は，次のとおり．

$$
\left.
\begin{aligned}
&\text{水面幅}\ B = 2\sqrt{r^2-(H-r)^2} = 2\sqrt{2Hr-H^2} \\
&\qquad = 2\sqrt{H(D-H)} \\
&\quad B = D\sin\frac{\varphi}{2} \\
&\text{潤　辺}\ S = \frac{D}{2}\varphi \\
&\text{流　積}\ A = \frac{D^2}{8}(\varphi - \sin\varphi) \\
&\text{径　深}\ R = \frac{A}{S} = \frac{\frac{D^2}{8}(\varphi-\sin\varphi)}{\frac{D}{2}\varphi} = \frac{D}{4}\left(1 - \frac{\sin\varphi}{\varphi}\right) \\
&\text{水　深}\ H = r - r\cos\frac{\varphi}{2} = r\left(1-\cos\frac{\varphi}{2}\right) \\
&\qquad = \frac{D}{2}\left(1-\cos\frac{\varphi}{2}\right) \\
&\text{水路幅}\ B = D\sin\frac{\varphi}{2} = 2\sqrt{H(D-H)}
\end{aligned}
\right\} \quad (5\cdot 4)
$$

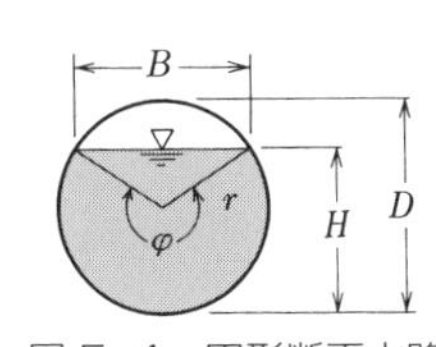

図 5·4　円形断面水路

2 等流水路とは？

等流とは

$\frac{\partial Q}{\partial t}=0,\ \frac{\partial H}{\partial x}=0$

No.1　幅の広い開水路の等流水深を求めてみよう

水路幅が十分に広い場合，流量 Q，水面こう配 I，水路幅 B，粗度係数 n が与えられたとき，マニングの式より等流水深 H_0 を求めよ．

また，$I=1/1\,000$，$n=0.015$，単位幅当り（$B=1$ m）の流量 $Q=3.0\,\mathrm{m^3/s}$ のとき，等流水深 H_0 はいくらか．

（解）　流積 $A=BH_0$，$R\fallingdotseq H_0$ より（なお，$R\fallingdotseq H_0$ で近似できない幅の狭い場合を除く）

$$Q=\frac{1}{n}AR^{2/3}I^{1/2}=\frac{1}{n}BH_0\cdot H_0{}^{2/3}I^{1/2}=\frac{1}{n}BH_0{}^{5/3}I^{1/2},\quad H_0{}^{5/3}=\frac{Qn}{BI^{1/2}}$$

$$\therefore\quad \text{等流水深}\ H_0=\left(\frac{Qn}{BI^{1/2}}\right)^{3/5}\qquad(5\cdot5)$$

$$\text{ゆえに，}B=1\text{ より，}H_0=\left(\frac{3.0\times0.015}{1\times(1/1\,000)^{1/2}}\right)^{3/5}=\underline{1.24\ \mathrm{m}}$$

No.2　流量を求めてみよう

図 5·5 のような台形断面水路の流量を求めよ．

ただし，粗度係数 0.016，水面こう配 1/1 000 とする．

（解）　表 5·1 から

流積 $A=(b+mH)H=(2+1\times1.5)\times1.5=5.25\ \mathrm{m^2}$

潤辺 $S=b+2H\sqrt{1+m^2}=2+2\times1.5\sqrt{1+1^2}=6.24\ \mathrm{m}$

径深 $R=A/S=5.25/6.24=0.84\ \mathrm{m}$

流速 $v=\frac{1}{n}R^{2/3}I^{1/2}=\frac{1}{0.016}\times0.84^{2/3}\times\left(\frac{1}{1\,000}\right)^{1/2}$

$=1.76\ \mathrm{m/s}$

流量 $Q=vA=1.76\times5.25=\underline{9.24\ \mathrm{m^3/s}}$

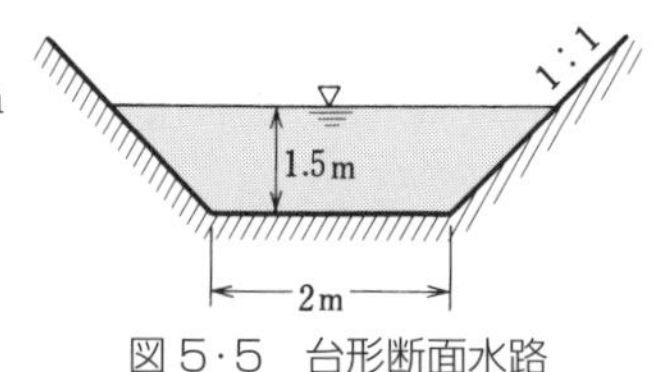

図 5·5　台形断面水路

No.3　水路床こう配を求めてみよう

図 5·6 のような台形断面水路において，流量 $30\ \mathrm{m^3/s}$ の水を流すためには水路床こう配をいくらにすればよいか．

ただし，水路床の粗度係数 n は 0.016 とする．

（解）　表 5·1 から

流積 $A=(b+mH)H=30\,\mathrm{m}^2$

潤辺 $S=b+2H\sqrt{1+m^2}=17.42\,\mathrm{m}$

径深 $R=A/S=30/17.42=1.72\,\mathrm{m}$

$$I^{1/2}=\frac{nQ}{AR^{2/3}}=\frac{0.016\times 30}{30\times 1.72^{2/3}}=0.0111$$

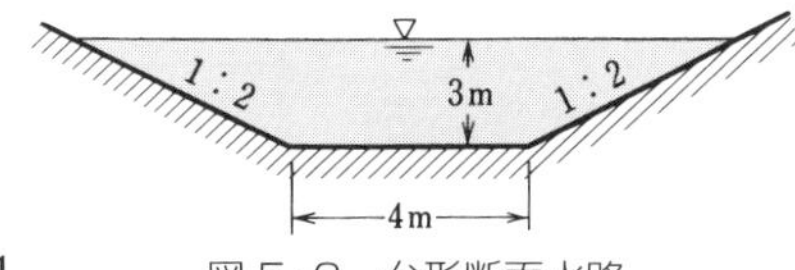

図 5·6　台形断面水路

∴　水路床こう配 $I=(0.0111)^2=0.000123=1/0.000123\doteqdot \underline{1/8\,100}$

No.4　粗度係数を求めてみよう

底幅 4 m，水深 1 m の台形断面水路において，流量 $10\,\mathrm{m^3/s}$ の水が流れているとき，この水路の粗度係数を求めよ．

ただし，水面こう配を 1/1 000，側壁ののりこう配を 1：1.5 とする．

（解）　流積 $A=(b+mH)H=5.5\,\mathrm{m}^2$，潤辺 $S=b+2H\sqrt{1+m^2}=7.61\,\mathrm{m}$

径深 $R=A/S=5.5/7.61=0.72\,\mathrm{m}$

$n=AR^{2/3}I^{1/2}/Q=5.5\times 0.72^{2/3}\times(1/1\,000)^{1/2}/10=\underline{0.014}$

重要事項　等流計算（水路断面の形状要素）

マニングの式 $Q=vA=\dfrac{1}{n}R^{2/3}I^{1/2}\cdot A=KI^{1/2}$，　ただし，$K=\dfrac{1}{n}AR^{2/3}$　　(5・6)

通水能 $K=\dfrac{1}{n}\cdot AR^{2/3}=Q/I^{1/2}$ とおくと，河道が持つ流下能力は，流量と水面勾配から求められる．通水能は，n ＝一定のとき，水路断面形状によって決まる．

表 5·1　水路断面の形状要素

断面形	流積 A	潤辺 S	深径 R	水面幅 B	水深 H
長方形	bH	$b+2H$	$\dfrac{bH}{b+2H}$	b	H
台　形	$(b+mH)H$	$b+2\sqrt{1+m^2}H$	$\dfrac{(b+mH)H}{b+2\sqrt{1+m^2}H}$	$b+2mH$	H
円　形	$\dfrac{D^2}{8}(\varphi-\sin\varphi)$	$\dfrac{D}{2}\varphi$	$\dfrac{D}{4}\left(1-\dfrac{\sin\varphi}{\varphi}\right)$	$D\sin\dfrac{\varphi}{2}$ あるいは $2\sqrt{H(D-H)}$	$\dfrac{D}{2}\left(1-\cos\dfrac{\varphi}{2}\right)$

$\left(\varphi \text{ は rad 単位，} 1^\circ=\dfrac{\pi}{180}\,〔\mathrm{rad}〕\right)$

3 水理学上有利な断面

円形断面水路

長方形断面や台形断面において，流積，こう配，粗度が一定である場合に，最大の流量を流し得る断面形状を**水理学的に有利な断面**という．

水理学的に有利な断面は，径深が最大となるとき，つまり潤辺を最小にする断面であり，一定の断面で潤辺が最小となるのは円形断面です．したがって，台形や長方形断面を用いる場合にも，なるべく円に近い形にするのが有利となり，半円に接するような断面形とする（p.138 を参照）．

潤辺が最小となる断面は，次のとおり．

（1） 長方形断面：$B=2H$（水路幅 B が水深 H の半分）

（2） 台形断面：$b=2/\sqrt{3}\cdot H$（1 辺が b の正六角形の下半分の形状）

No.5 円形断面水路の流量を求めてみよう

図 5·7 のような円形断面水路の流量 Q を求めよ．

ただし，水路床こう配を 1/1 600，粗度係数を 0.015 とする．

（解） 中心角 270°をラジアンに変換し，表 5·1 より

$$270°=\frac{\pi}{180}\times 270°=4.71\,\text{rad}$$

$$\text{流積 } A=\frac{D^2}{8}(\varphi-\sin\varphi)=\frac{1.2^2}{8}\times(4.71-\sin 4.71)$$
$$=1.03\,\text{m}^2$$

$$\text{径深 } R=\frac{D}{4}\left(1-\frac{\sin\varphi}{\varphi}\right)=\frac{1.2}{4}\left(1-\frac{\sin 4.71}{4.71}\right)=0.36\,\text{m}$$

図 5·7 円形断面水路

マニングの公式から，流速 v，流量 Q は次のとおり．

$$v=\frac{1}{n}R^{2/3}I^{1/2}=\frac{1}{0.015}\times 0.36^{2/3}\times\left(\frac{1}{1\,600}\right)^{1/2}=0.84\,\text{m/s}$$

$$Q=Av=1.03\times 0.84=\underline{0.87\,\text{m}^3/\text{s}}$$

No.6 円形断面水路の形状要素を求めてみよう

図 5·8 に示すような円形断面水路の流積 A，潤辺 S，径深 R，水面幅 B，水深 H を求めよ．

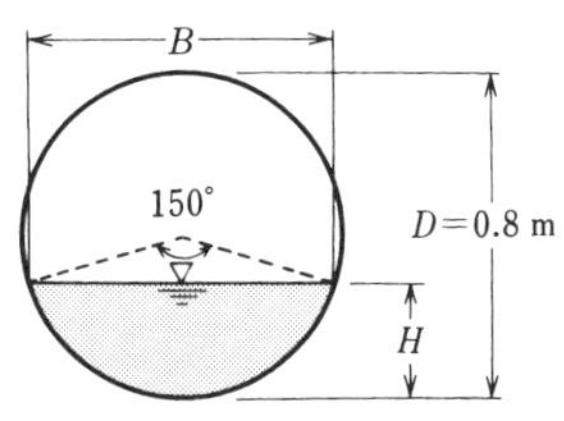

図 5·8 円形断面水路

（解） まず，中心角 150° をラジアンに変換すると

$$150^\circ = \frac{\pi}{180} \times 150^\circ = 2.62\ \mathrm{rad}$$

$$\text{流積}\ A = \frac{D^2}{8}(\varphi - \sin\varphi) = \frac{0.8^2}{8}(2.62 - \sin 2.62) = \underline{0.17\ \mathrm{m^2}}$$

$$\text{潤辺}\ S = \frac{D}{2}\varphi = \frac{0.8}{2} \times 2.62 = \underline{1.05\ \mathrm{m}}$$

$$\text{径深}\ R = \frac{D}{4}\left(1 - \frac{\sin\varphi}{\varphi}\right) = \frac{0.8}{4}\left(1 - \frac{\sin 2.62}{2.62}\right) = \underline{0.16\ \mathrm{m}}$$

$$\text{水面幅}\ B = D \sin\frac{\varphi}{2} = 0.8 \sin\frac{2.62}{2} = \underline{0.77\ \mathrm{m}}$$

$$\text{水深}\ H = \frac{D}{2}\left(1 - \cos\frac{\varphi}{2}\right) = \frac{0.8}{2}\left(1 - \cos\frac{2.62}{2}\right) = \underline{0.30\ \mathrm{m}}$$

No.7 流量を求めてみよう

図 5·8 の円形断面水路の水深が 65 cm の場合の流量 Q を求めよ．
ただし，粗度係数 $n = 0.013$，水路床こう配 $I = 1/1\,000$ とする．

（解） 中心角 φ を求めると

$$H = \frac{D}{2}\left(1 - \cos\frac{\varphi}{2}\right),\quad \cos\frac{\varphi}{2} = 1 - \frac{2H}{D} = 1 - \frac{2 \times 0.65}{0.8} = -0.625$$

$$\frac{\varphi}{2} = \cos^{-1}(-0.625) = 2.246\ \mathrm{rad}$$

$$\therefore\quad \varphi = 4.49\ \mathrm{rad}\ (\fallingdotseq 257^\circ 22')$$

$$\text{流積}\ A = \frac{D^2}{8}(\varphi - \sin\varphi) = \frac{0.8^2}{8}(4.49 - \sin 4.49) = 0.44\ \mathrm{m^2}$$

$$\text{径深}\ R = \frac{D}{4}\left(1 - \frac{\sin\varphi}{\varphi}\right) = \frac{0.8}{4}\left(1 - \frac{\sin 4.49}{4.49}\right) = 0.24\ \mathrm{m}$$

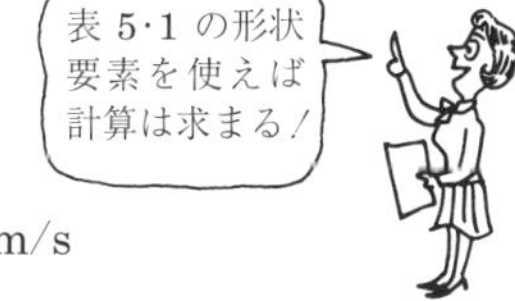

マーニングの公式から流速 v，流量 Q は次のとおり．

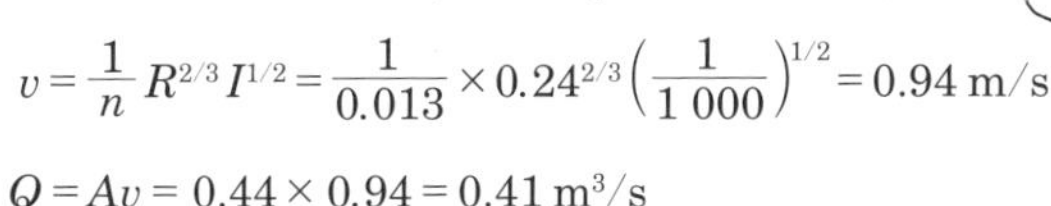

$$v = \frac{1}{n} R^{2/3} I^{1/2} = \frac{1}{0.013} \times 0.24^{2/3}\left(\frac{1}{1\,000}\right)^{1/2} = 0.94\ \mathrm{m/s}$$

$$Q = Av = 0.44 \times 0.94 = \underline{0.41\ \mathrm{m^3/s}}$$

ポイント マニングの平均流速公式

マニングの平均流速公式の I は，管水路の流れのときは動水こう配を，開水路の流れのときは水面こう配（水路床こう配）で表す．

4 流量計算がラク，水理特性曲線

円形断面の水理特性曲線

円形断面水路において，水深と管径の比 H/D と平均流速，流量などの関係を調べる．任意の水深 H のときの平均流速 v，流量 Q，流積 A，径深 R と満水時（H が最大水深 D のとき）の平均流速 v_0，流量 Q_0，流積 A_0，径深 R_0 などとの比 v/v_0，Q/Q_0，A/A_0，R/R_0 を図示した曲線を**水理特性曲線**という．

図 5·9 において，任意の水深 H のときの中心角 φ は，次のとおり．

$$H=\frac{D}{2}\left(1-\cos\frac{\varphi}{2}\right),\quad \frac{2H}{D}=1-\cos\frac{\varphi}{2}$$

$$\therefore\quad \varphi=2\cos^{-1}\left(1-\frac{2H}{D}\right) \qquad (5\cdot7)$$

図 5·9　円形断面

満水時と任意の水深との比は，次のとおり．

$$\left.\begin{aligned}
&\text{流積}:\frac{A}{A_0}=\frac{D^2}{8}(\varphi-\sin\varphi)\Big/\frac{\pi D^2}{4}=\frac{\varphi-\sin\varphi}{2\pi}\\
&\text{潤辺}:\frac{S}{S_0}=\frac{D}{2}\varphi\Big/\pi D=\frac{\varphi}{2\pi}\\
&\text{径深}:\frac{R}{R_0}=\frac{D}{4}\left(1-\frac{\sin\varphi}{\varphi}\right)\Big/\frac{D}{4}=1-\frac{\sin\varphi}{\varphi}\\
&\text{流速}:\frac{v}{v_0}=\frac{1}{n}R^{2/3}\,I^{1/2}\Big/\frac{1}{n}R_0^{\,2/3}I^{1/2}=\left(\frac{R}{R_0}\right)^{2/3}=\left(1-\frac{\sin\varphi}{\varphi}\right)^{2/3}\\
&\text{流量}:\frac{Q}{Q_0}=\frac{Av}{A_0v_0}=\frac{\varphi-\sin\varphi}{2\pi}\left(1-\frac{\sin\varphi}{\varphi}\right)^{2/3}
\end{aligned}\right\} \qquad (5\cdot8)$$

したがって，種々の H/D の値に対する中心角 φ を式（5·7）から求め，式（5·8）により各値の計算をすれば**図 5·10** のような水理特性曲線が得られる．

図 5·10 の水理特性曲線をよく見てみると，径深は水深と直径の比，すなわち H/D が 0.813 までは増加するが，それ以上水深が大きくなると流積の増加に比

べ潤辺の増加の方が大きくなるので，径深は減少し流速も減少する．また，流量は，H/D が 0.938 で最大流量となる．

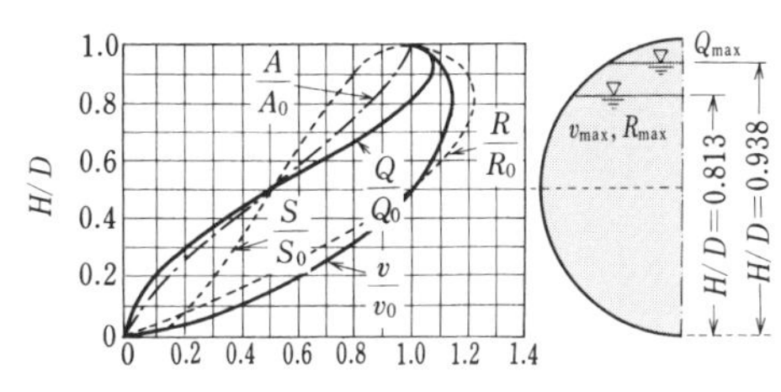

図 5·10　円形断面の水理特性曲線

No.8　水深と流速を求めてみよう

内径 500 mm の鉄筋コンクリート管がこう配 5‰（パーミル：1/1 000）で布設されているとき，マニングの公式から満水時の流速および流量は，$v_0 = 1.36$ m/s，$Q_0 = 0.266$ m^3/s である．

この管に流量 Q が 0.160 m^3/s の水を流すとき，水深 H と流速 v はいくらになるか．

（解）　まず，流量が満水のときとの比を求める．

$Q/Q_0 = 0.160/0.266 = 0.60$

図 5·11 の水理特性曲線で Q/Q_0 が 0.60 である場合の，水深比 H/D と流速比 v/v_0 の値をそれぞれ求める．

水深比 $H/D = 0.55$

流速比 $v/v_0 = 1.02$

水深 H，流速 v は，次のとおり．

$H = 0.55D = 0.55 \times 0.50 = \underline{0.28\ \text{m}}$

$v = 1.02v_0 = 1.02 \times 1.36 = \underline{1.39\ \text{m/s}}$

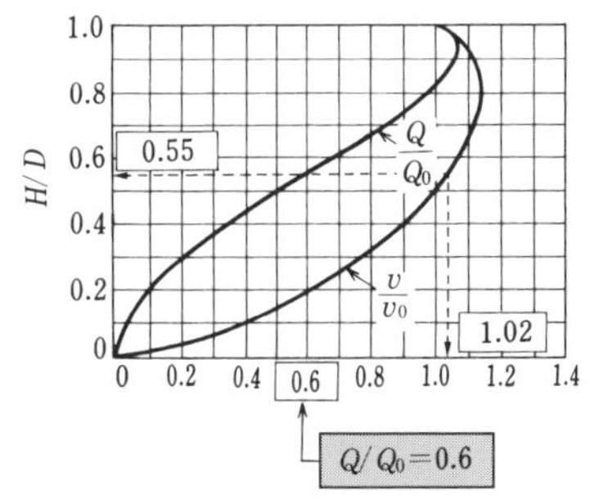

図 5·11　水理特性曲線

人物紹介　ロバート・マニング（Robert Manning，1816～1897）

マニングは，1816 年にフランスのノルマンディーで生まれ，のちにアイルランドのウォーターフォードで会計士として働いた．1846 年には，アイルランド財務省公共事業事務所の幹線排水路部で製図工として働き，その後，地区エンジニアとなって，水理学に大きな関心を寄せた．1855 年から 1869 年まで，ダンドラム湾の港湾建設工事の監督とベルファイストの水供給システムの設計を行った．マニングは，流体力学や工学の正式な教育を受けていなかったが，マニングの公式を導き出した．

5 経済的な断面はどんな断面？

水理学上の最良断面

最大の流量を流すような断面を**水理学的に有利な断面**という．流量を最大にするためには，マニングの公式$Q=(1/n)AR^{2/3}I^{1/2}$から径深Rを最大にすればよい．径深$R=A/S$から，径深を最大にすることは潤辺Sを最小にすることを意味する．潤辺を最小とする断面は円形断面ですが，施工上の困難さから既製のヒューム管など小断面以外はあまり利用されない．ここでは，一般によく用いられている台形断面や長方形断面の水理学上の最良断面の形状について調べてみましょう．

台形断面

図5·12の台形断面について考えてみると

流積$A=(b+mH)H$，潤辺$S=b+2H\sqrt{1+m^2}$より

$$b=\frac{A}{H}-mH,\quad S=\frac{A}{H}-mH+2H\sqrt{1+m^2}$$

上式のA，mを一定として$dS/dH=0$より，Sを最小にするHが求まる．

$$\frac{dS}{dH}=-\frac{A}{H^2}-m+2\sqrt{1+m^2}=0$$

$$\therefore\quad H^2=\frac{A}{2\sqrt{1+m^2}-m} \tag{5・9}$$

したがって，水理学上の最良な台形断面の各値には次のような関係がある．

$$\left.\begin{aligned}A&=(2\sqrt{1+m^2}-m)H^2\\ b&=2H(\sqrt{1+m^2}-m)\\ B&=2H\sqrt{1+m^2}\\ S&=2H(2\sqrt{1+m^2}-m)\\ R&=\frac{1}{2}H\end{aligned}\right\} \tag{5・10}$$

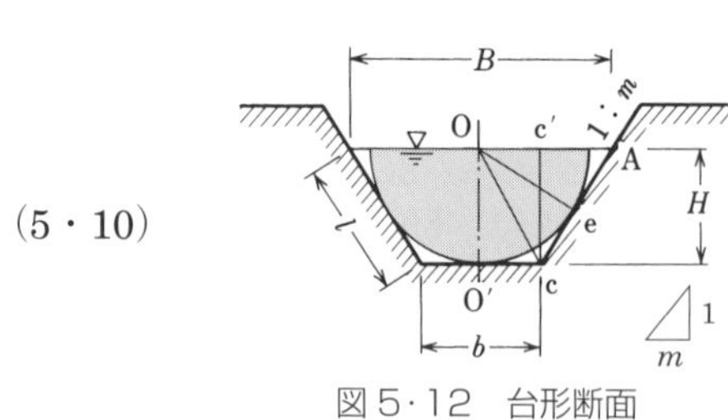

図5·12　台形断面

図 5･12 から $l=H\sqrt{1+m^2}$ であり，$B=2l$ となる．三角形 AOc は二等辺三角形で，$\overline{\mathrm{Oe}}=\overline{\mathrm{cc'}}=H$ となる．以上のことから，水理学上の最良な台形断面は，水面に中心がある半径 H の半円に外接する台形です．

長方形断面

長方形断面については，台形断面の各式において，のりこう配 $m=0$ とすれば長方形断面の場合の公式が求まる．

$$\mathrm{A}=2H^2,\quad b=B=2H,\quad S=4H,\quad R=\frac{1}{2}H \tag{5・11}$$

側壁のこう配 m が自由に選べる場合の最良断面は側壁が 60°のこう配のとき，つまり正六角形の半分の断面形状となる．

$$\left.\begin{aligned}&A=\sqrt{3}H^2,\quad B=\frac{4}{\sqrt{3}}H,\quad R=\frac{1}{2}H\\&b=\frac{2}{\sqrt{3}}H,\quad S=2\sqrt{3}H\end{aligned}\right\} \tag{5・12}$$

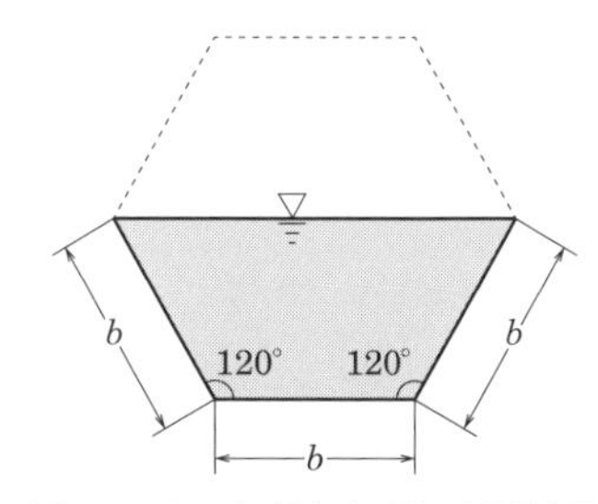

図 5･13　水理上有利な台形断面

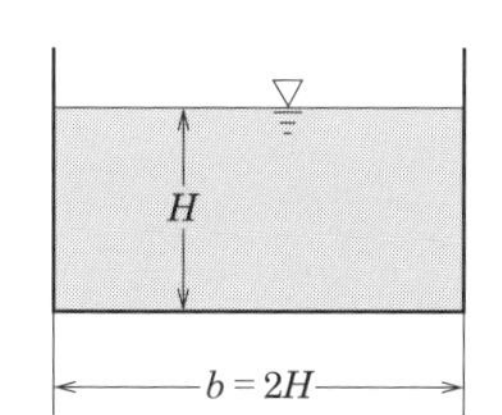

図 5･14　水理上有利な長方形断面

No.9　水理学上の最良断面

図 5･12 の台形断面水路において，流量 40 m³/s の水を流すとき水理学上の最良断面を求めよ．ただし，水面こう配を 1/1 600，粗度係数を 0.013，のりこう配を 1：1 とする．

(解)　$A=(2\sqrt{1+m^2}-m)H^2=(2\sqrt{1+1^2}-1)\times H^2=1.83H^2,\quad R=H/2$

これをマニングの公式 $Q=\dfrac{1}{n}AR^{2/3}I^{1/2}$ に代入すれば

$$40=1/0.013\times1.83H^2\times(H/2)^{2/3}\times(1/1\,600)^{1/2}=2.22H^{8/3}$$

$$\therefore\quad H=(40/2.22)^{3/8}=\underline{2.96\ \mathrm{m}},\quad A=1.83H^2=1.83\times2.96^2=\underline{16.03\ \mathrm{m}^2}$$

$$b=2H(\sqrt{1+m^2}-m)=2\times2.96(\sqrt{1+1^2}-1)=\underline{2.45\ \mathrm{m}}$$

$$B=2H\sqrt{1+m^2}=2\times2.96\sqrt{1+1^2}=\underline{8.37\ \mathrm{m}}$$

p.160［問題 1］に try!

6 どっちが堤内地？

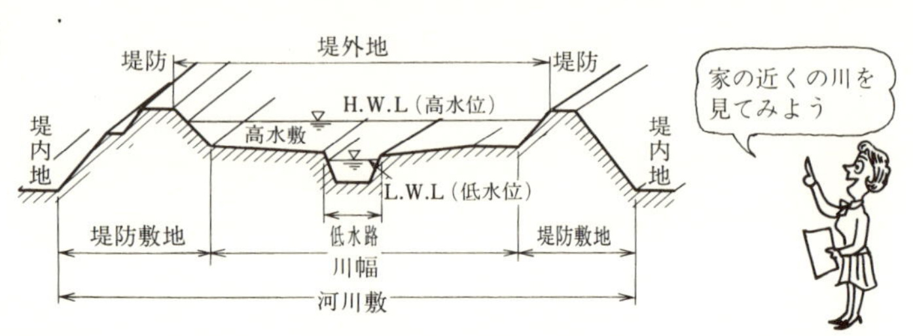

複断面河川の流量計算

高水敷，低水路を持つ複断面河川では，粗度係数が高水敷と低水路では異なる．したがって，流速や流量を求める場合は，全断面を一度に計算せず，高水敷と低水路の2断面に分けて行う．複断面河川の流量の求め方を調べてみましょう．

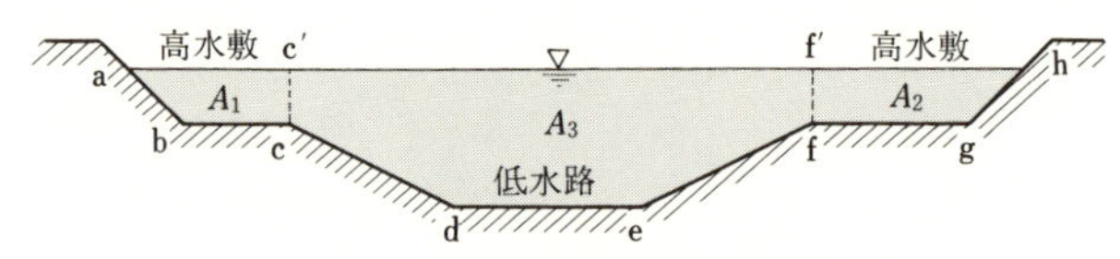

図5·15　複断面河川の断面図

(1)　高水敷では，流積は（A_1+A_2），潤辺は（$\overline{\mathrm{abc}}+\overline{\mathrm{fgh}}$）となる．$\overline{\mathrm{cc'}}$と$\overline{\mathrm{ff'}}$は潤辺とは考えない．これから径深を求め，マニングの公式から高水敷部での流量を計算する．

(2)　また，低水路の流積はA_3（図形c′cdeff′）であり，潤辺は$\overline{\mathrm{cdef}}$です．ここでも，$\overline{\mathrm{cc'}}$，$\overline{\mathrm{ff'}}$は潤辺ではない．高水敷と同様に，これらから径深を求め流量を計算する．したがって，複断面河川の全流量は，(高水敷の流量)＋(低水路の流量）となる．

(3)　次に粗度係数が潤辺の部分によって異なる場合を調べてみましょう．例えば，台形断面や長方形断面の側壁の一部と底面で粗度係数が異なる場合などでは，明確に粗度係数ごとに断面を区別できない．このような場合には，全潤辺に対する**等価粗度係数**を求め流量を計算する．

$$\text{等価粗度係数}\ n=\left\{\frac{S_1{n_1}^{3/2}+S_2{n_2}^{3/2}+\cdots+S_n{n_n}^{3/2}}{S_1+S_2+\cdots+S_n}\right\}^{2/3}=\left(\frac{\Sigma S_i\cdot{n_i}^{3/2}}{\Sigma S_i}\right)^{2/3} \quad (5\cdot13)$$

No.10 複断面河川の流量を求めてみよう

図 5·16 の複断面河川の流量を求めよ．

ただし，水面こう配 $I = 1/2\,000$，粗度係数は，高水敷 $n_1 = 0.030$，低水路 $n_2 = 0.025$ とする．

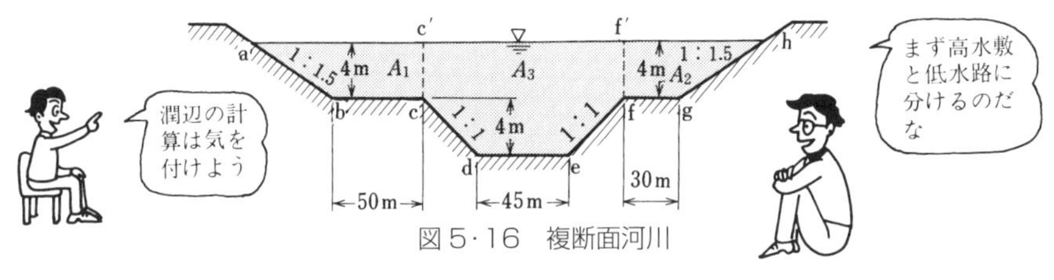

図 5·16 複断面河川

（解）

（1）高水敷部分の計算

$$ac' = 4 \times 1.5 + 50 = 56\ \mathrm{m},\quad ab = 4\sqrt{1^2 + 1.5^2} = 7.21\ \mathrm{m}$$

$$f'h = 4 \times 1.5 + 30 = 36\ \mathrm{m},\quad gh = 4\sqrt{1^2 + 1.5^2} = 7.21\ \mathrm{m}$$

$$流積\ A' = A_1 + A_2 = \frac{56 + 50}{2} \times 4 + \frac{30 + 36}{2} \times 4 = 344\ \mathrm{m}^2$$

$$潤辺\ S' = \overline{\mathrm{abc}} + \overline{\mathrm{fgh}} = (7.21 + 50) + (30 + 7.21) = 94.42\ \mathrm{m}$$

$$径深\ R' = A'/S' = 344/94.42 = 3.64\ \mathrm{m}$$

$$流量\ Q' = \frac{1}{n_1} A' R^{2/3} I^{1/2} = \frac{1}{0.030} \times 344 \times 3.64^{2/3} \times \left(\frac{1}{2\,000}\right)^{1/2} = 606.7\ \mathrm{m^3/s}$$

（2）低水路部分の計算

$$cf = 4 \times 1.0 + 45 + 4 \times 1.0 = 53\ \mathrm{m}$$

$$cd = 4\sqrt{1^2 + 1^2} = 5.66\ \mathrm{m},\quad ef = 4\sqrt{1^2 + 1^2} = 5.66\ \mathrm{m}$$

$$流積\ A_3 = 4 \times 53 + \frac{53 + 45}{2} \times 4 = 408\ \mathrm{m}^2$$

$$潤辺\ S_3 = \overline{\mathrm{cdef}} = 5.66 + 45 + 5.66 = 56.32\ \mathrm{m}$$

$$径深\ R_3 = A_3/S_3 = 408/56.32 = 7.24\ \mathrm{m}$$

$$流量\ Q_3 = \frac{1}{n_2} A_3 {R_3}^{2/3} I^{1/2} = \frac{1}{0.025} \times 408 \times 7.24^{2/3} \times \left(\frac{1}{2\,000}\right)^{1/2} = 1\,365.7\ \mathrm{m^3/s}$$

（3）全流量 Q

$$Q = Q' + Q_3 = 606.7 + 1\,365.7 = \underline{1\,972.4\ \mathrm{m^3/s}}$$

p.160［問題 2］,［問題 3］に try!

7 頭の良いベス君

Böss の定理
（1919）

開水路の流れは，常流または射流となる

うーん

あー らくちん

最小エネルギーで水を流すためには水深を限界水深と一致させる．同じ仕事も最小のエネルギーで

限界水深
$\frac{dE}{dH}=0$

ふつ夫君　　ベス君

比エネルギー

開水路の流れには，大気圧と接する自由水面を持つことによって水面変動が生じます．この問題を解決するために，まず**ベスの定理**について調べてみましょう．

開水路では，エネルギー線の高さを表す場合，水路床を基準面とした方が便利です．式（3·17）において，$E=H_e-z=v^2/2g+H$ を**比エネルギー**（単位質量当りのエネルギー）とする．**図 5·17**（a）において，水深 H と速度水頭（$v^2/2g$）の和（比エネルギー E）は，基準を水路床とすると次のとおり．

$$E=\frac{v^2}{2g}+\left(d+\frac{p}{\rho g}\right)=\frac{v^2}{2g}+H=\frac{Q^2}{2gA^2}+H \tag{5·14}$$

E-H 曲線

水面幅 B，水深 H の長方形断面について考えると流積 A は BH となり，比エネルギー E は次のとおり．

$$E=\frac{Q^2}{2gB^2H^2}+H \tag{5·15}$$

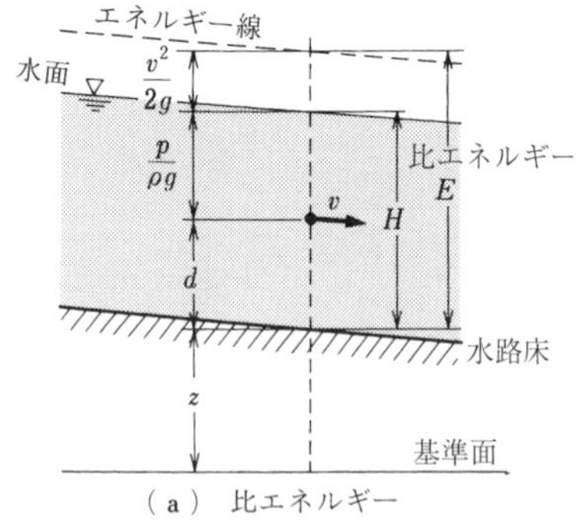

（a） 比エネルギー

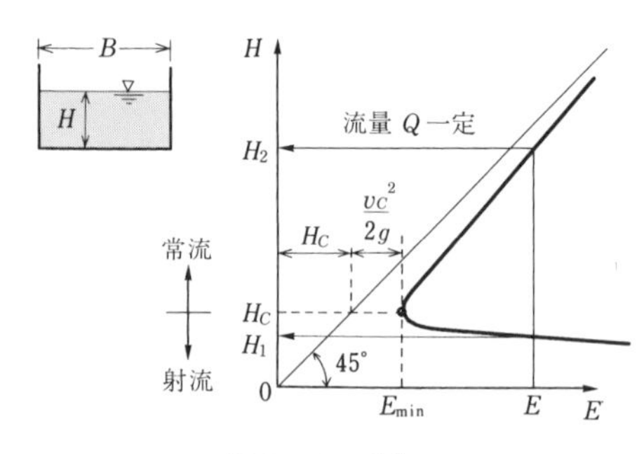

（b） *E-H* 曲線

図 5·17　比エネルギーと *E-H* 曲線

式(5·15)で，流量Qが一定と考え，EとHの関係をグラフに表すと図5·17(b)のようになり，このグラフを**比エネルギー曲線**という．一定の比エネルギーを与えたとき，二つの水深H_1（射流），H_2（常流）が存在する．この二つの水深（**交代水深**）は，限界水深H_Cより小さい水深（$H_1<H_C$）と限界水深より大きい水深（$H_2>H_C$）の組合せとなる．

ベスの定理

図5·17（b）において，比エネルギーが最小となる水深を**限界水深**H_C，流速を**限界流速**v_Cという．

比エネルギーEが最小（$dE/dH=0$）となる水深，限界水深H_Cを求めてみる．

式（5·15）を微分すると次のとおり．

$$\frac{dE}{dH}=-\frac{Q^2}{gB^2H^3}+1=0$$

$$\therefore\quad H_C=\sqrt[3]{\frac{Q^2}{gB^2}} \tag{5·16}$$

この限界水深H_Cは，一定流量Qを最小の比エネルギーE_Cで流すときの水深で，これを**ベス（Böss）の定理**または**最小比エネルギーの定理**という．

また，限界流速v_Cは，$Q=Av_C=v_CBH_C$から次のとおり．

$$H_C=\sqrt[3]{\frac{{v_C}^2B^2{H_C}^2}{gB^2}}=\sqrt[3]{\frac{{v_C}^2{H_C}^2}{gB^2}}\text{は，}{H_C}^3=\frac{{v_C}^2{H_C}^2}{g}$$

$$\therefore\quad v_C=\sqrt{gH_C}=\sqrt[3]{\frac{Qg}{B}} \tag{5·17}$$

No.11　限界水深，限界流速を求めよう

図5·18の長方形断面水路で，流量8 m^3/sの水が流れているときの限界水深H_Cと限界流速v_C，比エネルギーE_Cを求めよ．

（解）　限界水深H_Cは，式（5·16），（5·17）から次のとおり．

$$H_C=\sqrt[3]{\frac{Q^2}{gB^2}}=\sqrt[3]{\frac{8^2}{9.8\times10^2}}=\underline{0.403\text{ m}}$$

$$v_C=\sqrt{gH_C}=\sqrt{9.8\times0.403}=\underline{1.99\text{ m/s}}$$

比エネルギーE_Cは，式（5·14），$A=BH_C$より

$$E_C=\frac{Q^2}{2gB^2{H_C}^2}+H_C=\frac{8^2}{2\times9.8\times10^2\times0.403^2}+0.403$$
$$=\underline{0.604\text{ m}}$$

$B=10$ m
H_C

図5·18　長方形断面水路

8 経済的なベランジェ号

Bélanger（1789～1874）

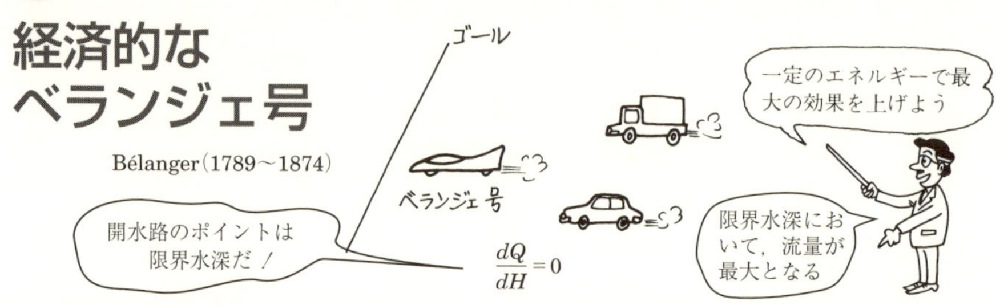

ベランジェの定理とは

ここでは，比エネルギーを一定にした場合の流量と水深との関係について**ベランジェの定理**（**最大流量の定理**）から調べてみましょう．

比エネルギー E が一定のとき，流量 Q が最大（$dQ/dH=0$）となる水深 H_C（**限界水深**）を求めてみましょう．式（5･14）を微分すると

$$\frac{dQ}{dH}=\sqrt{2gB^2(E-H)}-\frac{gB^2H}{\sqrt{2gB^2(E-H)}}=0$$

$$2gB^2(E-H)-gB^2H=0$$

$$\therefore\quad H_C=\frac{2}{3}E$$

この H_C を式（5･15）に代入すれば

$$H_C=\sqrt[3]{\frac{Q^2}{gB^2}} \qquad (5\cdot18)$$

限界水深 H_C は，比エネルギー E が一定のとき，流量 Q を最大にする水深でもあり，これを**ベランジェ（Bélanger）の定理**という．

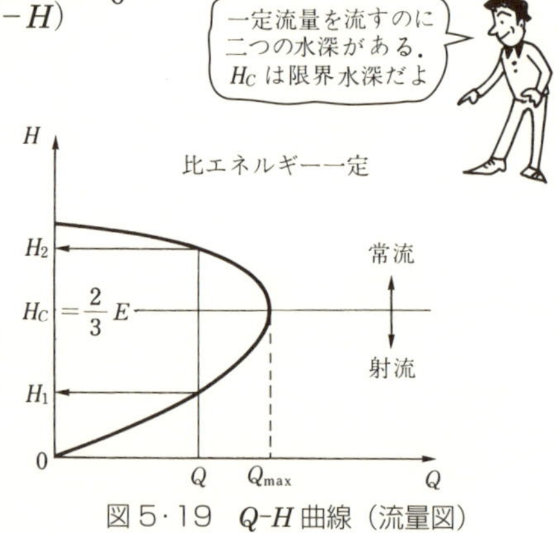

図 5･19　Q-H 曲線（流量図）

Q-H 曲線

式（5･14）を次のように変形すると

$$Q^2=2gB^2H^2(E-H)$$

$$\therefore\quad Q=BH\sqrt{2g(E-H)} \qquad (5\cdot19)$$

式（5･19）から，Q と H の関係をグラフに描くと**図 5･19** になる．この図から，比エネルギー E が一定でも同じ流量 Q を流す場合，二つの水深（交代水深）が存在し，流量 Q を最大にする水深があることが分かる．

限界こう配と限界流

図 5·20 に示すように，水路幅が広く，水深が小さい水路に一定流量が流れている等流水路において，こう配をしだいに大きくしていくと，流速はしだいに速くなり，等流水深はしだいに小さくなる．こう配がある限界に達すると等流水深は限界水深と一致する．このときのこう配を**限界こう配** i_C，流れを**限界流**（v_C）という．

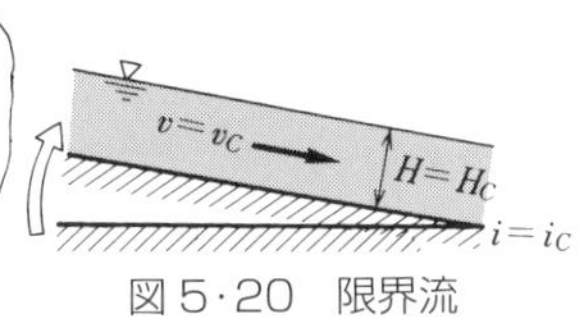

図 5·20　限界流

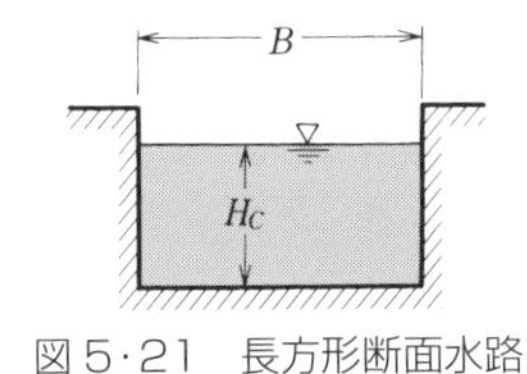

図 5·21　長方形断面水路

図 5·21 の長方形断面水路において，**限界流速** v_C は次のとおり．

$v_C=Q/BH_C$，　式（5·18）$H_C=\sqrt[3]{Q^2/gB^2}$ より

$$v_C=\frac{Q}{B}\sqrt[3]{\frac{gB^2}{Q^2}}=\sqrt[3]{\frac{Qg}{B}} \tag{5·20}$$

なお，シェジーの公式，式（3·35）から限界水深を求めると

$R=A/S=BH_C/S$，$v=Q/BH_C$，$I_C=i_C$ より

$$v_C=C\sqrt{RI_C}=C\sqrt{\frac{BH_C}{S}i_C}=\frac{Q}{BH_C},\quad {H_C}^3=\frac{Q^2S}{C^2B^2i_C}$$

$$\therefore\quad H_C=\sqrt[3]{\frac{Q^2S}{C^2B^3i_C}} \tag{5·21}$$

限界こう配 i_C は，式（5·18），式（5·21）より

$$H_C=\sqrt[3]{\frac{Q^2}{gB^2}}=\sqrt[3]{\frac{Q^2S}{C^2B^3i_C}},\quad \frac{Q^2}{gB^2}=\frac{Q^2S}{C^2B^3i_C},\quad \frac{S}{B}=\frac{BH}{R}\frac{1}{B}=\frac{H}{R}\fallingdotseq 1$$

$$\therefore\quad i_C=\frac{gS}{C^2B}=\frac{g}{C^2} \tag{5·22}$$

ただし，S：潤辺，B：水路幅，C：シェジーの係数

p.160［問題 4］に try!

重要事項　限界水深とは

1. 流量 Q が一定のとき，比エネルギー E を最小にする水深（ベスの定理）
2. 比エネルギー E が一定のとき，流量 Q を最大にする水深（ベランジェの定理）

9 毎日経験している常流と射流

常流・射流

開水路の流れにおいて，水深 H が限界水深 H_C よりも大きく，したがって流速が限界流速 v_C よりも遅い流れを**常流**といい，反対に水深 H が限界水深 H_C よりも小さく，流速 v が限界流速 v_C よりも速い流れを**射流**という．また，水路床のこう配 i を考えてみると，水路床のこう配 i が限界こう配 i_C よりも小さい場合の等流は常流であり，水路床のこう配 i が限界こう配 i_C よりも大きい場合の等流は射流となる．ここでは，開水路の流れの特徴である常流，射流について調べてみましょう．

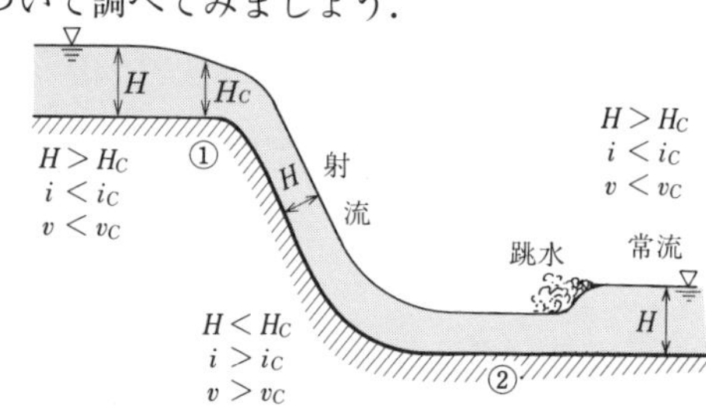

図 5·22 常流と射流

フルード数

水深 H が限界水深 H_C と一致する**限界流**の平均流速 v は，$dE/dH=0$ より，式（5·17）の限界流速 $v_C=\sqrt{gH_C}$ となる．これは式（3·48）長波の波速 c（伝搬速度）に等しい．

任意の水深 H に対する長波の波速 $c=\sqrt{gH}$ と平均流速 v との比（無次元量）を**フルード数** Fr という，フルード数は，慣性力（ma）と重力（mg）の比である．

$$\text{フルード数 } Fr=\frac{v}{\sqrt{gH}} \tag{5・23}$$

$$\frac{\text{慣性力}}{\text{重　力}}=\frac{ma}{mg}=\frac{v^2}{gH}=Fr^2$$

（$ma:\rho[\mathrm{L}^3][\mathrm{LT}^{-2}]$，$mg:\rho[\mathrm{L}^3]g$
ma/mg は，$\dfrac{\rho[\mathrm{L}^4\mathrm{T}^{-2}]}{\rho[\mathrm{L}^3]g}=\dfrac{[\mathrm{L}^2\mathrm{T}^{-2}]}{[\mathrm{L}]g}$
$[\mathrm{L}^2\mathrm{T}^{-2}]$ は v^2，分母の［L］を水深 H とする）

水深が限界水深のときの**限界フルード数** Fr_C は，$Fr_C = v/\sqrt{gH_C} = 1$ となる．

常流，射流，限界流をフルード数によって判別すると次のとおり．

常　流	$H > H_C$	$v < v_C$	⇨	$Fr = \dfrac{v}{\sqrt{gH}} < 1$
射　流	$H < H_C$	$v > v_C$	⇨	$Fr = \dfrac{v}{\sqrt{gH}} > 1$
限界流	$H = H_C$	$v = v_C$	⇨	$Fr_C = 1$

常流の場合は，長波の伝搬速度（波速）が流速よりも大きいために，水面に生じた変動は上流側に影響を及ぼす．反対に射流の場合は，長波の伝搬速度が流速よりも小さいために水面変動の影響は上流側に伝わらない．

図 5·22 のように常流から射流に変化する①付近では，水面低下が徐々に生じ，①で限界水深 H_C となり，射流へと連続して変化する．射流から常流に変化する②では，下流側の常流の水面上昇は上流側が射流であるためその影響が伝わらず不連続となり，エネルギー差を調整するため激しい渦が生じ，この渦を**跳水**という．跳水は，生起した場所から上流へも下流へも移動しない．

No.12　常流・射流の判別

図 5·23 のような幅 3 m の長方形断面水路に流量 4 m^3/s の水が水深 80 cm で流れているとき，常流か射流かを判別せよ．

（解）　限界水深　$H_C = \sqrt[3]{\dfrac{Q^2}{gB^2}} = \sqrt[3]{\dfrac{4^2}{9.8 \times 3^2}} = 0.57\ \text{m}$

∴　$H > H_C$ であるから常流．

伝搬速度 $c = \sqrt{gH} = \sqrt{9.8 \times 0.8} = 2.80\ \text{m/s}$

流速 $v = \dfrac{Q}{A} = \dfrac{4}{3 \times 0.8} = 1.67\ \text{m/s}$

フルード数 $Fr = \dfrac{v}{\sqrt{gH}} = \dfrac{1.67}{2.80} = 0.60 < 1$　　∴　常流

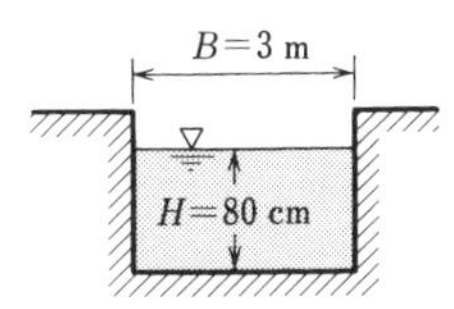

図 5·23　長方形断面水路

p.160［問題 5］に try!

重要事項　常流，射流，限界流の定義

	水深	流速	こう配	フルード数
常　流	$H > H_C$	$v < v_C$	$i < i_C$	$Fr < 1$
射　流	$H < H_C$	$v > v_C$	$i > i_C$	$Fr > 1$
限界流	$H = H_C$	$v = v_C$	$i = i_C$	$Fr_C = 1$

10 水深はどのように変化するか

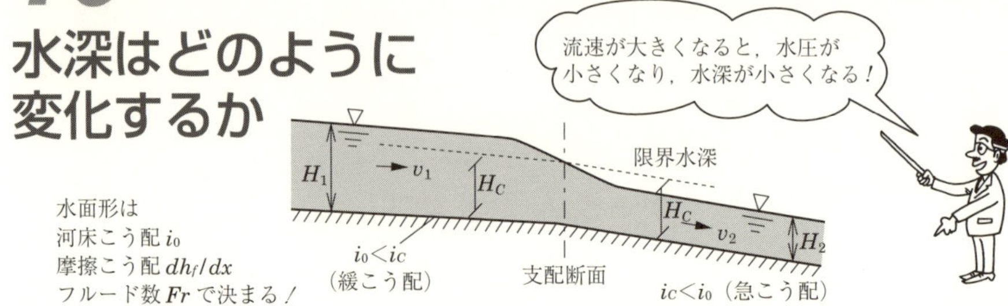

水面形の方程式

開水路の流れは，流量や河床こう配の変化によって，常流や射流の複雑な水面形となる．ここでは，水深，流速が緩やかに変化する**漸変流**の長方形断面水路（幅 B，水深 H）において，水深が流れ方向（x 軸）にどのように変化するか，流れの遷移について調べましょう．

水深 H の変化は，式（3·7）のベルヌーイの定理を微分して求める．

$$H_e=\frac{v^2}{2g}+H+z=\frac{1}{2g}\left(\frac{Q}{BH}\right)^2+H+z \text{ より}$$

$$\frac{dH_e}{dx}=\frac{1}{2g}\frac{d}{dx}\left(\frac{Q}{BH}\right)^2+\frac{dH}{dx}+\frac{dz}{dx}=-\frac{d}{dx}h_f$$

$$-\frac{Q^2}{gB^2H^3}\cdot\frac{dH}{dx}+\frac{dH}{dx}+\frac{dz}{dx}+\frac{dh_f}{dx}=0$$

$$\left(1-\frac{Q^2}{gB^2H^3}\right)\frac{dH}{dx}=i_0-\frac{dh_f}{dx}$$

$$\text{なお，}\frac{Q^2}{gB^2H^3}=\left(\frac{Q}{BH}\right)^2\frac{1}{gH}=\frac{v^2}{gH}=\left(\frac{v}{\sqrt{gH}}\right)^2=Fr^2$$

$dz/dx=-i_0$，H_e が一定のとき， $dh_f/dx=0$ より，水面の変化 dH/dx は次のとおり．

$$\therefore \quad \frac{dH}{dx}=\frac{i_0}{1-Q^2/gB^2H^3}=\frac{i_0}{1-Fr^2} \qquad (5\cdot24)$$

i_0：水路床こう配（dz/dx），Fr：フルード数，h_f：摩擦損失水頭

式（5·24）を**水面形の方程式**という．なお，エネルギー損失を考慮した場合は，分子が i_0-dh_f/dx（dh_f/dx：摩擦こう配）となる．

水面形は，水路床こう配 i_0，水深 H と等流水深 H_0，限界水深 H_C により，**表 5·2**，**図 5·25** となる．なお，一断面には S，C，M，H，A のどれかが現れる．

表 5·2　一様水路における水面形状の分類

水路の分類	水面形状	水深と等流水深ならびに限界水深	水面形の分類	流れの状態
急こう配	S_1	$H > H_C > H_0$	背　水	常　流
$i_0 > i_C$	S_2	$H_C > H > H_0$	低下背水	射　流
$H_C > H_0$	S_3	$H_C > H_0 > H$	背　水	射　流
限界こう配	C_1	$H > H_C = H_0$	背　水	常　流
$i_0 = i_C$	C_2	$H = H_C = H_0$	等　流	限界流
$H_C = H_0$	C_3	$H_C = H_0 > H$	背　水	射　流
緩こう配	M_1	$H > H_0 > H_C$	背　水	常　流
$i_0 < i_C$	M_2	$H_0 > H > H_C$	低下背水	常　流
$H_0 > H_C$	M_3	$H_0 > H_C > H$	背　水	射　流
水平	H_2	$H_0 \to \infty,\ H > H_C$	低下背水	常　流
$i_0 = 0$	H_3	$H_0 \to \infty,\ H_C > H$	背　水	射　流
逆こう配	A_2	$H > H_C$	低下背水	常　流
$i_C < 0$	A_3	$H_C > H$	背　水	射　流

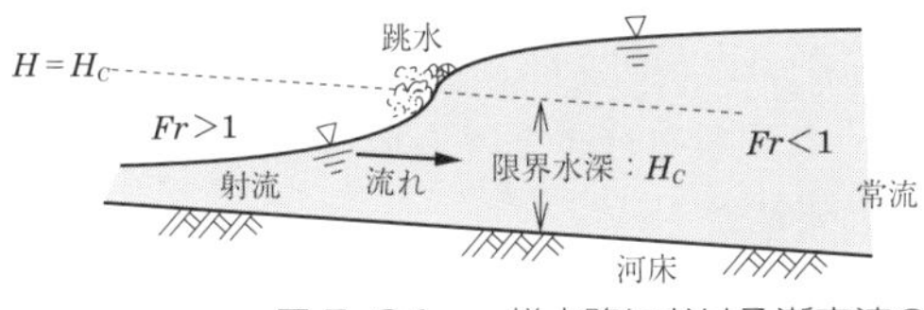

$Fr=1$のとき，分母がゼロ，水面形は決まらない（**跳水**）

図 5·24　一様水路における漸変流の水面形

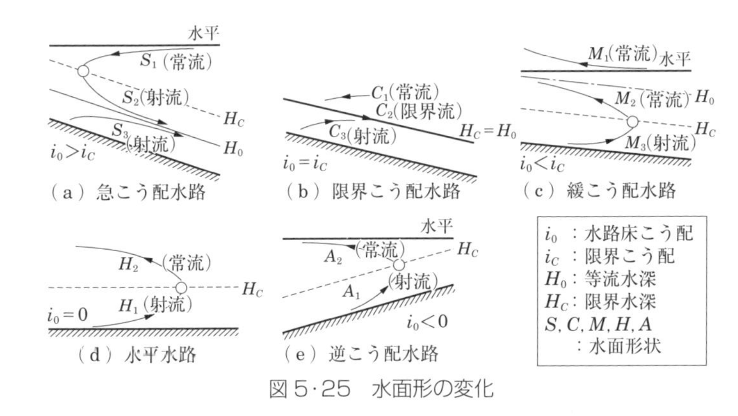

図 5·25　水面形の変化

重要事項　フルード数 $Fr = v/\sqrt{gH}$

水深 H に比較して波長が極めて長い長波の速度は$\sqrt{gH}$である．フルード数 Fr は，実際の水の速度と長波の速度の比であり，$Fr>1$ より大きい場合は，流れの方が長波の速度より速く，長波は下流にしか伝わらないが，Fr が 1 より小さい場合には，長波の速度の方が流れより速く，波は上流にも伝搬する．この関係が水面形を決定する．図 5·25 の矢印は，常流の場合は下流から常流へ，射流の場合は上流から下流への計算方向を示す．

11 いろいろ変化する水面形

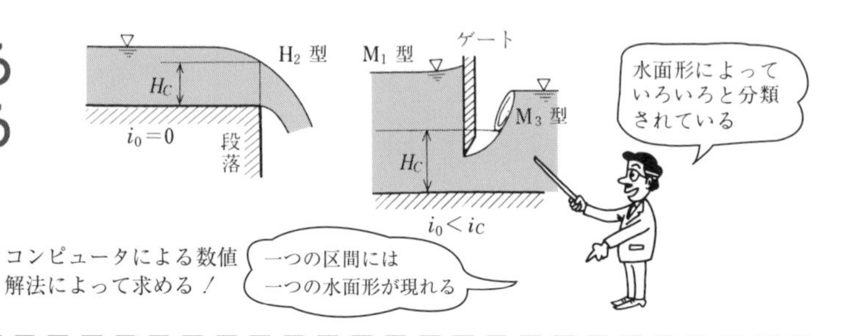

せき上げ背水曲線 低下背水曲線

実際の開水路の流れでは，水路の断面変化，水路床こう配の変化などにより流れは不等流となる．

図 5·26 のように常流の場合は，せきによる断面変化の影響が上流側に伝わり，水深が上流に向かって減少，徐々に等流水深に近づくような不等流となる．このような現象を**せき上げ背水**または**背水**という．また，このときの水面形を**せき上げ背水曲線**という．

図 5·27 のように，水路床こう配が途中で緩こう配（$i_0<i_C$）から限界こう配 i_C 以上の急こう配となる場合では，A–A（**支配断面**）より下流では水深は下流に向かって減少し，射流の等流水深に近づく．一方，常流である上流側には下流側の水面の低下の影響が伝わる．このような現象を**低下背水**といい，その水面形を**低下背水曲線**という．

水面形の計算

一様断面水路の不等流の水面形計算は，**ブレッス（Bresse）の式**を用いて求める．水面の変化 dH/dx は，長方形断面水路（$A=BH$）で $R\fallingdotseq H$ より，次の**不等流の基本式**となる．任意の水深 H までの影響距離 l は，式（5·26），式（5·27）による．

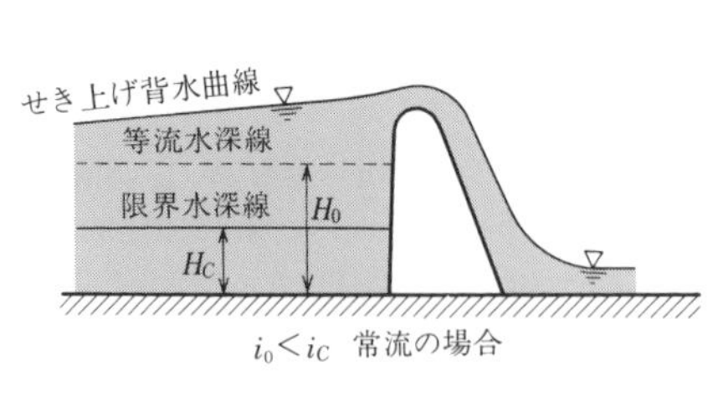

図 5·26　せき上げ背水曲線

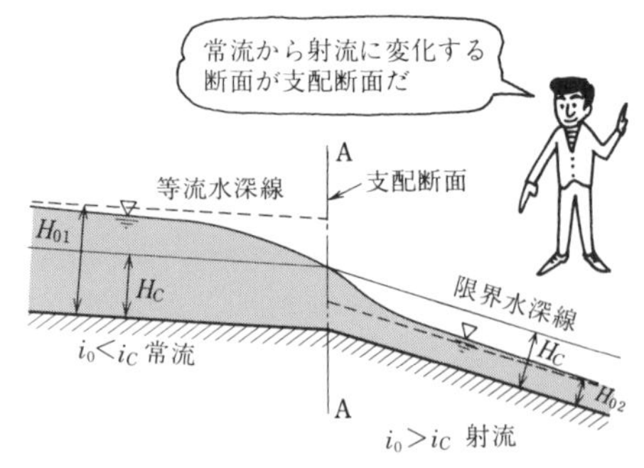

図 5·27　低下背水曲線と支配断面

$$\frac{dH}{dx}=\frac{i-n^2Q^2/R^{4/3}A^2}{1-Q^2B/gA^2}=i\frac{1-(H_0/H)^{10/3}}{1-(H_C/H)^3}\fallingdotseq i\frac{H-H_0{}^3}{H-H_C{}^3} \tag{5・25}$$

(1) せき上げ背水の場合（$H>H_0$，表5·2参照）

$$l=\frac{H_1-H}{i_0}+\frac{H_0}{i_0}\left(1-\frac{H_C{}^3}{H_0{}^3}\right)\left\{\phi\left(\frac{H_0}{H}\right)-\phi\left(\frac{H_0}{H_1}\right)\right\} \tag{5・26}$$

(2) 低下背水の場合（$H<H_0$，表5·2参照）

$$l=\frac{H_1-H}{i_0}+\frac{H_0}{i_0}\left(1-\frac{H_C{}^3}{H_0{}^3}\right)\left\{\phi_1\left(\frac{H}{H_0}\right)-\phi_1\left(\frac{H_1}{H_0}\right)\right\} \tag{5・27}$$

ただし，l：水深がHとなる基準断面からの距離〔m〕

H_1：基準断面の水深〔m〕，H_0：等流水深〔m〕

H_C：限界水深〔m〕，　　i_0：水路床こう配〔m〕

$\phi(H_0/H)$：次式で示される不等流関数（関数長省略）

$$\phi\left(\frac{H_0}{H}\right)=\frac{1}{6}\log_e\frac{1+H_0/H+(H_0/H)^2}{(1-H_0/H)^2}+\frac{1}{\sqrt{3}}\tan^{-1}\frac{2+H_0/H}{\sqrt{3}(H_0/H)}$$

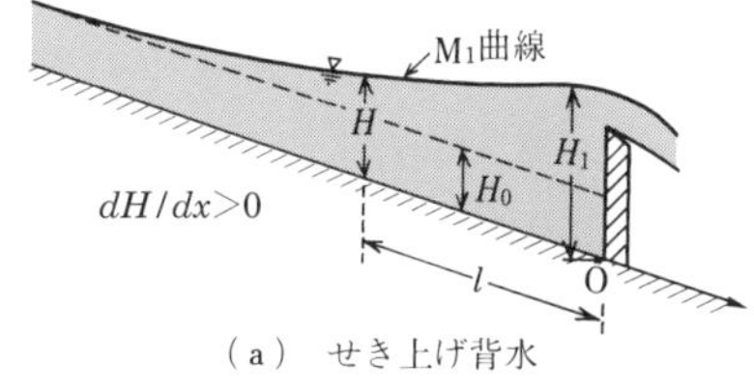

(a) せき上げ背水

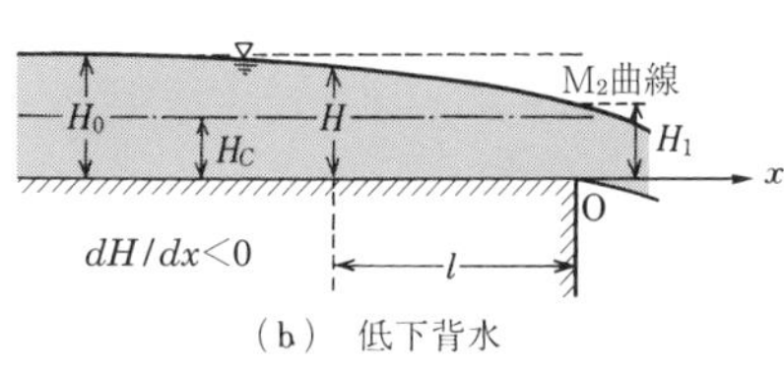

(b) 低下背水

図5·28　水面形の計算

No.13　水面形の概要

図5·28(a) の水路（$I=1/900$，$n=0.015$）に単位幅$B=1$ m当り$Q=2.5$ m^3/sの流量が流れている．この水路をせき止めたところ，せきの直上流の水深が1.4 mであった．水面形の概形を求めよ．

(解)　$A=BH$，$R\fallingdotseq H$として，マニングの式より不等流水深H_0を求めると

$Q=1/n\cdot AR^{2/3}I^{1/2}=1/n\cdot BH\cdot H^{2/3}I^{1/2}=1/n\cdot BH^{5/3}I^{1/2}$，$B=1$ mより

$H_0=(Qn/I^{1/2})^{3/5}=(2.5\times0.015/\sqrt{1/900})^{3/5}=1.073$ m

式（5·16）より限界水深H_0を求めると，

$H_C=\sqrt[3]{Q^2/gB^2}=\sqrt[3]{2.5^2/9.8}=0.861$ m

$H_1=1.4$ m$>H_0=1.073$ m$>H_C=0.861$ mより，緩こう配のせき上げ背水曲線M_1（表5·2，図5·25(c)）となる．

12 水位低下はなぜ？

摩擦損失水頭

開水路の場合，管水路と同様に摩擦による損失水頭や流入，断面変化，障害物など水路の形状の変化による損失水頭が生じます．これらの損失水頭は水位の変化となって現れます．

摩擦損失水頭 h_f は，水面の低下量に等しく，また摩擦損失係数 f' はマニングの公式を使用すれば $f'=2gn^2/R^{1/3}$ となる．

$$h_f=f'\frac{l}{R}\frac{v^2}{2g},\quad h_f=Il,\quad \text{ただし}\ I:\text{水面こう配} \tag{5・28}$$

流入による水位変化量

開水路の流入による損失水頭は，$h_e=f_e(v_2{}^2/2g)$ で表され，その水位変化量は，流入前の平均流速 v_1 が存在する場合と貯水池などのように水面が大きく，$v_1 \fallingdotseq 0$ とみなす場合に分けて求める．流入による水位変化量 $\varDelta h_e$ は次のとおり．

$$\left.\begin{aligned} v_1 \neq 0\ (\text{図 }\mathbf{5\cdot29}(\text{a})),\quad \varDelta h_e&=f_e\frac{v_2{}^2}{2g}+\left(\frac{v_2{}^2}{2g}-\frac{v_1{}^2}{2g}\right) \\ v_1 \fallingdotseq 0\ (\text{図 }5\cdot29(\text{b})),\quad \varDelta h_e&=f_e\frac{v_2{}^2}{2g}+\frac{v_2{}^2}{2g}=(f_e+1)\frac{v_2{}^2}{2g} \end{aligned}\right\} \tag{5・29}$$

ただし，f_e：流入損失係数（p.101，図 4・3 参照）

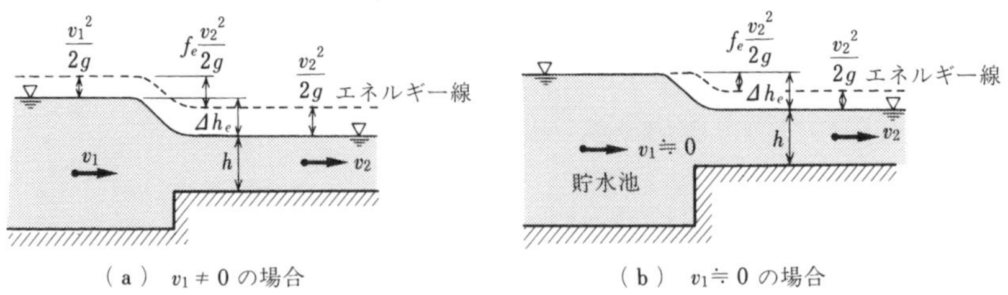

図 5・29　流入による水位変化量

断面変化による水位変化量

図 5·30 の水路幅の変化（漸拡，漸縮，急縮）や水路床の変化（段落ち，段上がり）による損失水頭は，$h_b = f_b(v_2{}^2/2g)$ で表され，その水位変化量 Δh_b は，次のとおり．

$$\Delta h_b = f_b \frac{v_2{}^2}{2g} + \left(\frac{v_2{}^2}{2g} - \frac{v_1{}^2}{2g}\right) \qquad (5\cdot30)$$

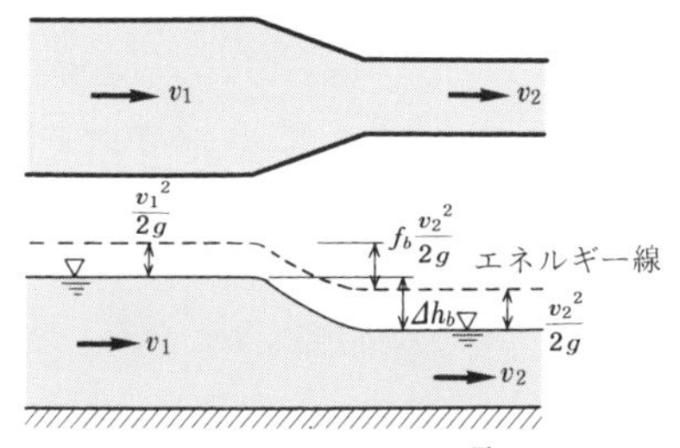

（a） 漸縮による水位変化量　　（b） 段落ちによる水位変化量

図 5·30　断面変化による水位変化量

No.14　流入による水位変化量を求めてみよう

図 5·31 のように広い貯水池から流速 1.5 m/s で取水するとき，この取水路における流入による水位変化量 Δh_e を求めよ．

ただし，入口の流入損失係数 f_e は 0.5 とする．

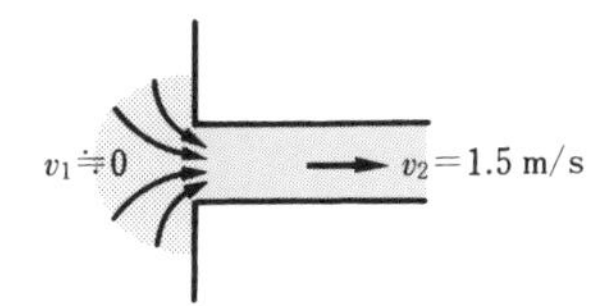

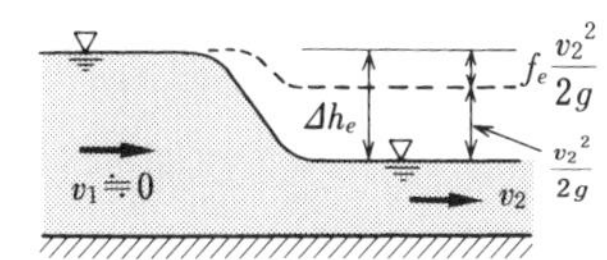

図 5·31　流入による水位変化量

（解）　$\Delta h_e = f_e \frac{v_2{}^2}{2g} + \frac{v_2{}^2}{2g} = \frac{v_2{}^2}{2g}(f_e + 1) = \frac{1.5^2}{2 \times 9.8} \times (0.5 + 1) = \underline{0.172\ \mathrm{m}}$

No.15　摩擦損失水頭を求めてみよう

水路幅 6 m，水深 2 m の長方形断面水路において，流量が 24 m^3/s で流れているとき，水路長 1 km における摩擦損失水頭を求めよ．

ただし，粗度係数は 0.012 とする．

（解）　流速 $v = Q/A = 2$ m/s，径深 $R = A/S = 1.2$ m

摩擦損失係数 $f' = 2gn^2/R^{1/3} = 2 \times 9.8 \times 0.012^2/1.2^{1/3} = 0.00266$

摩擦損失水頭 $h_f = f' \frac{l}{R} \frac{v^2}{2g} = 0.00266 \times \frac{1\,000}{1.2} \times \frac{2^2}{2 \times 9.8} = \underline{0.452\ \mathrm{m}}$

13 障害物が多いと走りにくい

それっ

開水路では，形状による損失水頭は水位の変化となって現れる

だんだんエネルギーが減ってきた

橋脚による水位変化量

開水路の流れの途中に橋脚を設けると水路幅が減少する．このため，流れは橋脚の上流側で水位が上がり，下流側では水位が下がり，下流側の等流水深となる．水位変化量 Δh_p は，**ドオ・ビュイソン（d'Aubuisson）の公式**により次のとおり．

$$\Delta h_p = \frac{Q^2}{2g}\left\{\frac{1}{C^2 B_2{}^2 (H_1 - \Delta h_p)^2} - \frac{1}{B_1{}^2 H_1{}^2}\right\} \qquad (5\cdot31)$$

ここで，Q：流量〔m^3/s〕

C：橋脚の断面形状による形状係数（**表5·3**）

v_1：橋脚上流側の流速〔m/s〕

H_1：橋脚上流側の水深〔m〕

B_1：橋脚直前の水路幅〔m〕

B_2：水路幅から全橋脚幅を差し引いた幅〔m〕，$B_2 = B_1 - \Sigma t$（t：橋脚1基の幅）

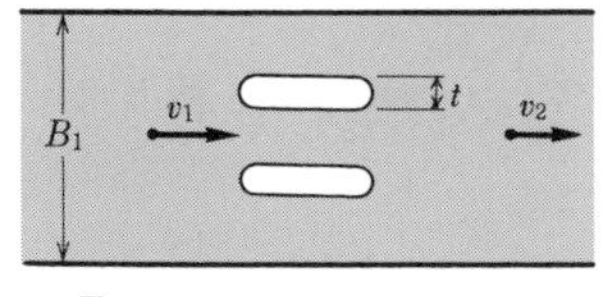

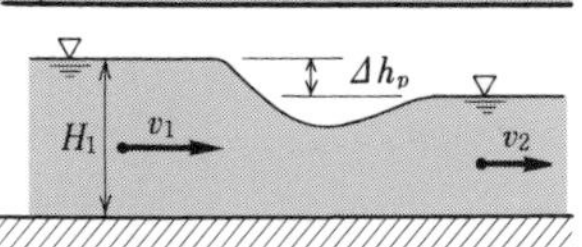

図5·32　橋脚による水位変化量

式（5·31）の計算方法は，まず右辺の $\Delta h_p = 0$ と置き，左辺の Δh_p を求め第一近似値とする．次に第一近似値を右辺に代入し，左辺の Δh_p を求め第二近似値とする．Δh_p の値が一定となるまで繰り返して計算します．

表5·3　橋脚の断面形状による形状係数

形状	C	$1/C^2$
	0.80	1.563
	0.90	1.235
	0.92	1.181
	0.93	1.156

スクリーンによる水位変化量

ちりよけなどのために，水路にスクリーンを設ける場合の損失水頭は，$h_r = f_r\,(v_1{}^2/2g)$ で，水位変化量は，**キルシュメールの実験**結果により次のとおり．

$$\Delta h_r = f_r \frac{v_1^2}{2g} + \left(\frac{v_2^2}{2g} - \frac{v_1^2}{2g} \right) \qquad (5 \cdot 32)$$

ここで，Δh_r：スクリーンによる水位変化量〔m〕

f_r：スクリーンによる損失係数（$f_r = \beta \sin\theta \, (t/b)^{4/3}$）

β：スクリーンの断面形状による係数（**表 5·4**）

v_1：スクリーン上流側の流速〔m/s〕

v_2：スクリーン下流側の流速〔m/s〕

b：スクリーンのバーの純間隔〔cm〕

t：スクリーンのバーの厚さ〔cm〕

表 5·4　スクリーンの断面形状による係数

形状	β
	1.60
	1.77
	2.34
	1.73

特に，スクリーンにごみが付着していない場合は，上下流の流速が等しい（$v_1 = v_2$）と考えられるので，式（5·32）は $\Delta h_r = f_r v_1^2/2g$ となる．また，ごみが付着した場合は，計算値の 3 倍程度割増しして用いる．

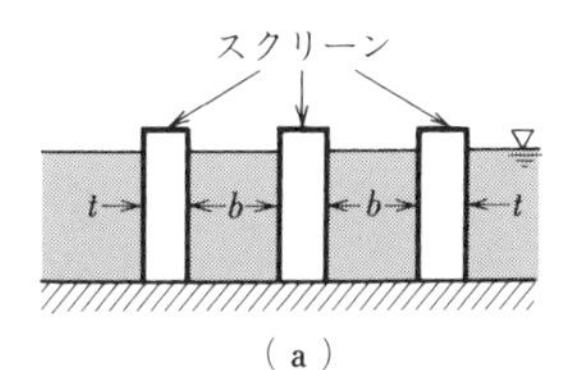

スクリーン　Δh_r　v_1　θ　v_2

（a）　（b）

図 5·33　スクリーンによる水位変化量

No.16　スクリーンによる水位変化量を求めてみよう

図 5·33 において，水路幅 2 m，水深 1 m，流量 3 m³/s の長方形断面水路に，幅 10 mm の鋼板を中心間隔 5 cm でスクリーンを配置した．このときのスクリーンによる水位変化量を求めよ．

ただし，スクリーンの傾斜角を 80°，$\beta = 2.34$ とする．

（解）　中心間隔が 5 cm であるから，純間隔 $b = 5 - 1 = 4$ cm

損失係数 $f_r = \beta \sin\theta \left(\dfrac{t}{b} \right)^{4/3} = 2.34 \sin 80^\circ \times \left(\dfrac{1}{4} \right)^{4/3} = 0.363$

流速 $v_1 = Q/A = 3/2 = 1.5$ m/s，$v_1 = v_2$ と考えると

水位変化量 $\Delta h_r = f_r \dfrac{v_1^2}{2g} = 0.363 \times \dfrac{1.5^2}{2 \times 9.8} = \underline{0.042 \text{ m}}$

p.160［問題 6］に try!

14 波が襲ってくる！

段波の種類

一定の流量の水が流れている水路において，流れを急に水門で遮断したり，ダムなどの水門を急に開いたりした場合には，急激な段差を持つ水面形が上下流へ伝わる．これを**段波**という．

(1) **図 5·34** (a) は，上流にあるダムなどの水門を開けた場合で，急激に流量が増加し正段波が下流に伝わる．

(2) 図 5·34 (b) は，上流の水門を閉じた場合で，急激に流量を減少させ正段波が下流に伝わる．

(3) 図 5·34 (c) は，下流にある水門を閉じた場合あるいは河川における津波の遡上の場合で，流量増加による負段波が上流に伝わる．

(4) 図 5·34 (d) は，下流にある水門を開いた場合で，流量減少による負段波が上流に伝わる．

このように段波が流れと同方向に進むものを**正段波**，反対方向に進むもの（遡上するもの）を**負段波**という．

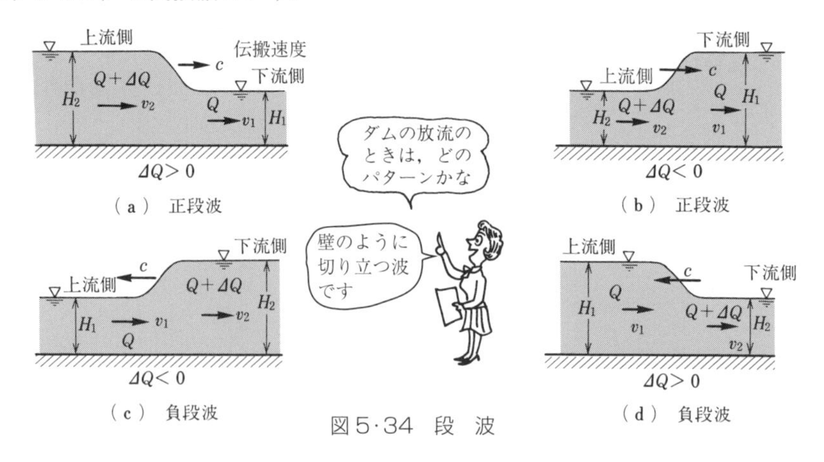

図 5·34 段 波

台形断面の段波の伝搬速度

図5·35の台形断面の段波の**伝搬速度**cは，次のとおり．式中の± で，＋の符号は正段波，－の符号は負段波を示す．

$$c = v \pm \sqrt{\frac{A_1 + \Delta A}{\Delta A} gM} = v \pm \sqrt{\frac{AgM}{A - A_1}} \qquad (5 \cdot 33)$$

$$M = \frac{1}{3A_1}\left\{H_2{}^2\left(\frac{B_2}{2} + b\right) - H_1{}^2\left(\frac{B_1}{2} + b\right)\right\},\quad A = \frac{H_2}{2}(b + B_2)$$

$$A_1 = \frac{H_1}{2}(b + B_1),\quad \Delta A = \frac{1}{2}(H_2 - H_1)(B_2 + B_1)$$

ただし，H_2：段波高，A_1：段波到達前の流積

ΔA：段波による流積増加分，v：段波到達前の流速（Q/A_1）

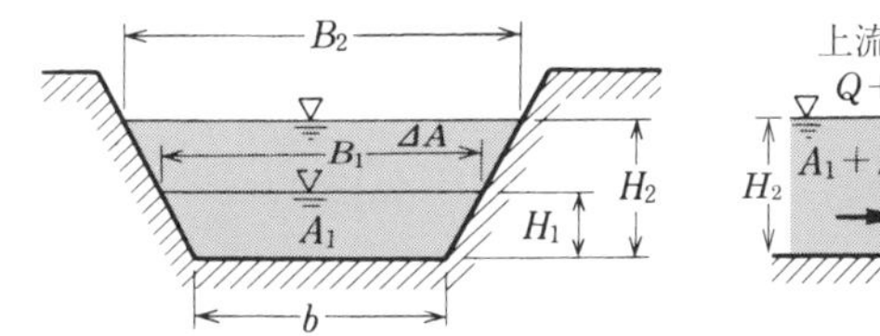

図5·35　台形断面の段波

長方形断面の場合

長方形断面は，図5·35において$b = B_2 = B_1$，$A = B_2H_2$，$A_1 = B_2H_1$となるので，式（5·33）に代入すれば

$$c = v \pm \sqrt{\frac{H_2 g}{2H_1}(H_2 + H_1)} \qquad (5 \cdot 34)$$

段波の波高が小さいときは，$H_2 \fallingdotseq H_1$より長波の波速$\sqrt{gH}$に一致する．

$$c = v \pm \sqrt{gH} \qquad (5 \cdot 35)$$

No.17　伝搬速度を求めよう

水路幅10 m，水深2 mの長方形断面水路において，流量20 m³/sの水が流れているとき，段波高4 mの段波が上流から下流に向かう伝搬速度を求めよ．

（解） 段波到達前の流速$v = Q/A_1 = 20/(10 \times 2) = 1$ m/s

式（5·34），$H_2 = 4$ m，$H_1 = 2$ mから，正段波の伝搬速度は次のとおり．

$$c = v + \sqrt{\frac{H_2 g}{2H_1}(H_2 + H_1)} = 1 + \sqrt{\frac{4 \times 9.8}{2 \times 2} \times (4 + 2)} = \underline{8.67\ \mathrm{m/s}}$$

15 こわい水・洪水

洪水流

大雨などが原因で洪水時には，河川に多量の水が流入します．このときの流れは，水深，流量，流速が時々刻々と変化し，また場所によっても変化する流れ（非定常流）となる．ここでは，**洪水流**の性質について調べてみましょう．

いま，河川の上流から3点①，②，③を選び，それぞれの水位の時間による変化，つまり同時刻での各地点の水位を描くと**図5·36**（a）の**ハイドログラフ**になる．この図5·36から，洪水時の流れは非常に大きな波長を持った波が上流から下流に伝わっているものと考えられる．最高水位が t 時間に l だけ移動したとすると，最高水位の伝搬速度 c は次のとおり．

$$c = \frac{l}{t} \qquad (5 \cdot 36)$$

クライツ・セドンの法則により，この伝搬速度は**表5·5**のようになる．表5·5は，長方形，放物線形，三角形断面とも水深に比べて幅の広い断面で，v は流速です．

表5·5　種々の断面形に対する伝搬速度

水路断面	マニングの公式	シェジーの公式
長方形	$\frac{5}{3}v$	$\frac{3}{2}v$
放物線形	$\frac{13}{9}v$	$\frac{4}{3}v$
三角形	$\frac{4}{3}v$	$\frac{5}{4}v$

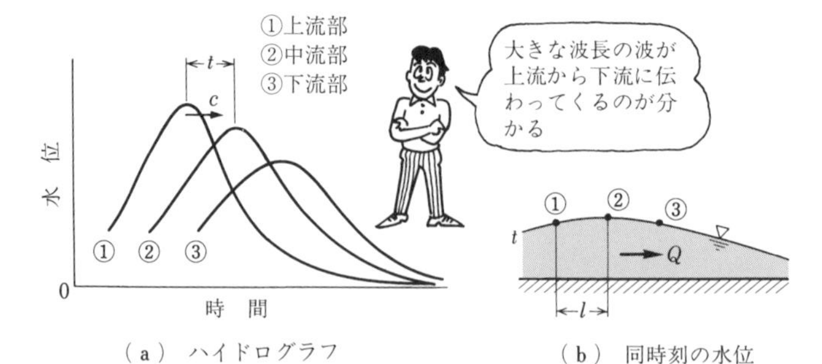

（a） ハイドログラフ　（b） 同時刻の水位

図5·36　洪水の伝搬

洪水流の特徴

洪水時には，雨が地表水として河川に多量に流れ込み，流量は急激に増加します．このとき洪水流の特徴はどのようなものか考えてみましょう．

(1) ある断面について考えると，洪水が起こると水位と同時に流量，流速が最大となる．それぞれの最大値を取る時間的な順序は，**図5·37** のように，まず最初に水面こう配の最大が起こり，流速，流量の最大が続き，最後に水位の最大が生じる．

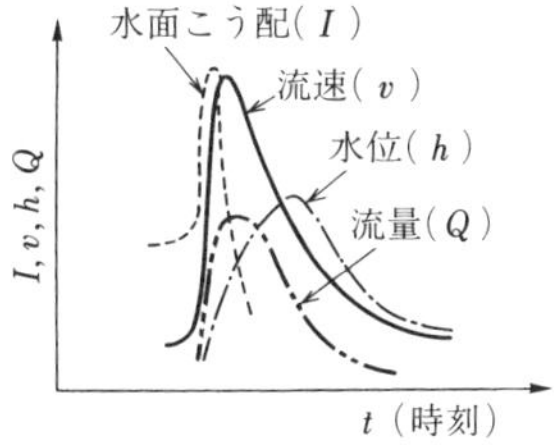

図 5·37　洪水時の最大量の発生順序

(2) 同じ地点でも，水面こう配は増水時の方が減水時より急であり，しかも同じ水位でも，流速，流量は増水時の方が大きい．

(3) 最大流量，最高水位とも下流に行くにつれて減少する．ただし，途中で合流していない場合です．

(4) 洪水流は非定常流ですが，近似的に等流の平均流速公式（シェジーの公式，マニングの公式など）を用いてもよい．ただし，最大流量または最高水位時の流れのときです．

トピックス　天井川

日本の大部分の都市は河川の水位より低い所（氾濫区域）にあり，天井川と呼ばれています．

日本の河川を見ると，ほとんどの河川は堤防で囲まれています．昔から堤防は治水工事の中心でした．河川改修の目安は，洪水時の流量にあります．洪水の量を測定する方法がなかった時代は，洪水の水位をもって工事（築堤方式）を行ってきました．したがって，堤防は洪水のたびに高くなってきました．大阪府の淀川の例では，明治時代に比較して 1.6 m 高く，また幅も約 2 倍となっています．このように，堤防が高くなると安全である反面，いったん破堤すると流水の破壊力が大きいので被害も相当なものとなります．

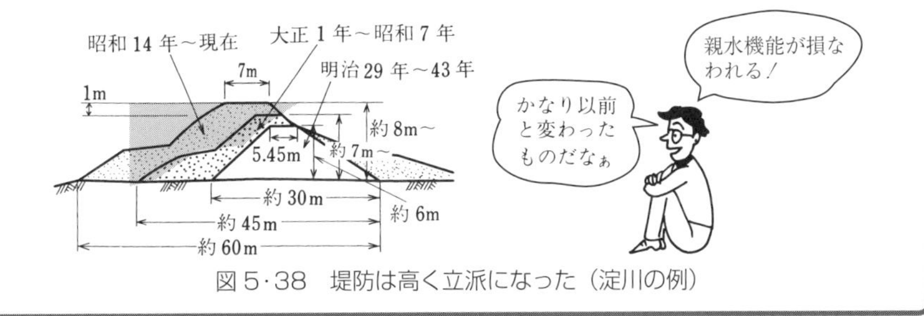

図 5·38　堤防は高く立派になった（淀川の例）

5章のまとめ問題

（解答は p.196）

【問題 1】 図 **5·39** の水面こう配 1/2 000，両側壁のこう配 1：2 の台形断面水路に流量 40 m^3/s の水を流すとき，水理学上最も有利な断面を設計せよ．

ただし，粗度係数を 0.025 とする．

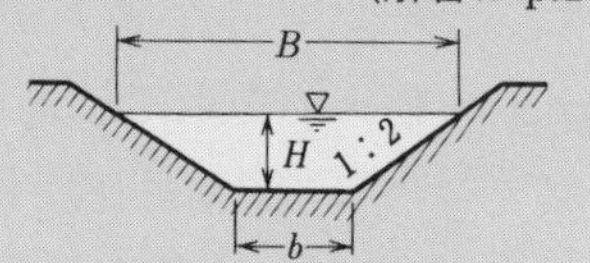

図 5·39　台形断面水路

【問題 2】 図 **5·40** において，底辺の粗度係数を 0.016，両側壁の粗度係数を 0.013，水面こう配を 1/1 000 とするときの流量を求めよ．

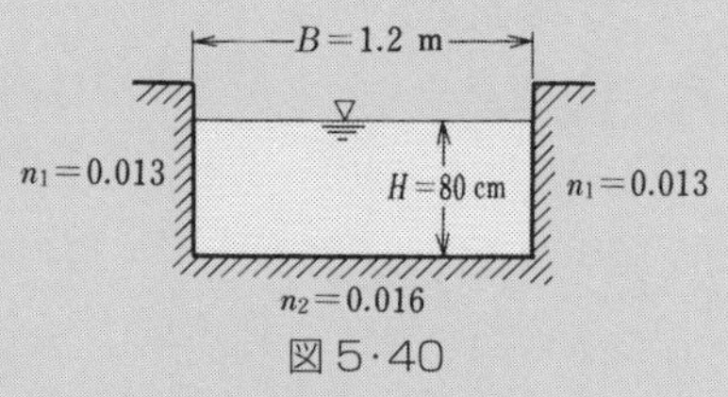

図 5·40

【問題 3】 図 **5·41** の複断面水路の流量を求めよ．ただし，水面こう配 I＝1/1 600，粗度係数は，高水敷では n_1＝0.035，低水路では n_2＝0.020 とする．

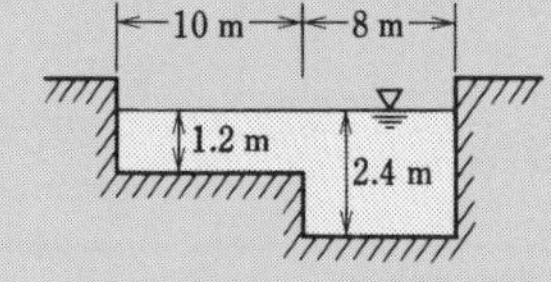

図 5·41　複断面水路

【問題 4】 図 **5·42** の流積が一定の長方形断面水路において，最大流量を得るための水深を求めよ．

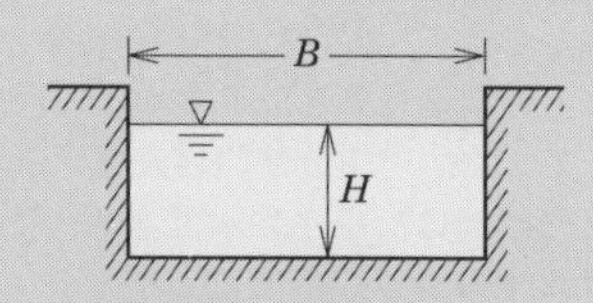

図 5·42　長方形水路

【問題 5】 図 **5·43** の長方形断面水路に，流量 Q＝1 m^3/s の水が流れているとき，比エネルギー E はいくらか．また，限界水深 H_C，限界流速 v_C，フルード数 Fr を求め，常流か射流かを判別せよ．

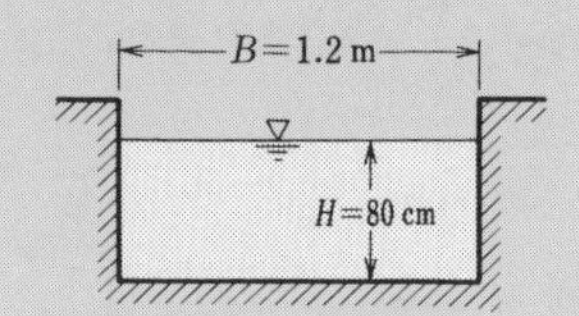

図 5·43　長方形断面水路

【問題 6】 図 **5·44** の河川に幅 2 m の橋脚 4 基を設けたとき，橋脚による水位変化量を求めよ．ただし，流量 Q が 800 m^3/s，水深 H_1 を 4 m とする．

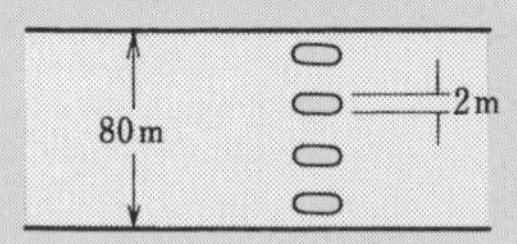

図 5·44　橋脚による水位変化量

トピックス 琵琶湖疏水

琵琶湖疏水は，近畿の水がめ，琵琶湖の水を滋賀県大津市から京都市左京区を結ぶ疏水である．北垣国道京都府知事が，工部大学校(現 東京大学)卒業の田辺朔郎(1861～1944年）に命じ，明治 18 年に着工，明治 23 年に竣工した．

これにより，動力源と舟運路の確保，かんがいや生活水，防火用水への利用が可能となり，京都は古都から近代都市への再生を果たした．当時の土木事業を先進国の技術者に頼らざるを得なかった時期に，日本人だけで成し遂げた日本の近代土木技術の黎明期である．

田辺朔郎のことば「これからの動力は電気だ．もはや水車の時代ではない．この琵琶湖疏水の現場に，私の手で水力発電を採り入れ，時代を先取りしたい．」

図 5·45 南禅寺水路閣（提供：京都市上下水道局）

トピックス　ワンド（入江）を残したお雇い外国人

オランダ人河川改修技術者デ・レイケは，明治 6 年に来日し，最初に取り組んだのが淀川の改修工事である．当時，淀川は上流から大量の土砂が流れ込み，川底が浅く流路は複数に分かれ，洪水と氾濫が繰り返されていた．デ・レイケは，水制により水深と一定の水路を確保する河川改修を行う際に，欧州式の小枝を束ねた「そだ」を河床に沈める「そだ沈床」を採用した．そだ沈床に囲われたところが現在の「ワンド」となり，水の流れをコントロールし，水の浄化，水生動物の産卵や稚魚の生育に適した場所となっている．

デ・レイケは，日本に 30 年間滞在し淀川のほか，木曽三川（木曽川，長良川，揖斐川）の分離工事や福井県の九頭川の改修工事など多くの業績を残している．

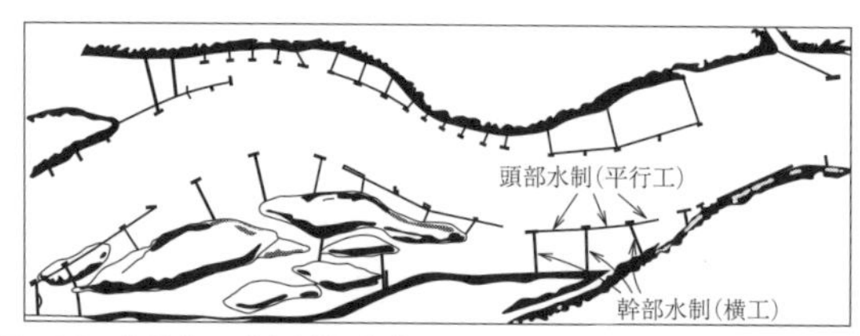

図 5·46　河川に「水制」を施した例（淀川資料館所蔵の資料より）

下格子の上にそだを敷き込む

上格子を組み立て，上下を結束，水中に沈め杭を打つ

図 5·47　そだ沈床（提供：北陸粗朶業振興組合）

6章

オリフィス・せき・ゲート

河川にはどれくらいの流量が流れているのかを常に把握しておきます．それは，洪水からの被害を防ぐ洪水防御，または上水道，工業用水などの利水を考えるとき，河川の流量を正確に求めておく必要があるからです．

また，河川にダムやせきを設けると当然上流側の水面は上昇します．この場合，河川の流量を調節するためには，ダムやせきに設けられたゲートの開閉によって行われるので，せきやゲートの特性を知っておく必要があります．

このように，河川の流量を正しく測定することは，治水上，利水上，構造物の設計や計画・管理などにとって重要なことです．

オリフィスは排水口として利用されることが多く，**ゲート**は水路の途中やダム頂に設けて，流量や水位の調節に利用されています．また，**せき**は開水路の流量測定や水位を調節するための構造物として使われています．

この章では，オリフィス，せき，ゲートを流れる水の状態や流量の測定方法および主な水理学実験について学びます．

1 水理学実験室をのぞいてみよう

マノメータの実験

マノメータの実験では，二つの異なった管の圧力差を求めることができます．また，マノメータは，2 章で学んだように，圧力の大きさなどによって各種のマノメータが用いられる（p.29 を参照）．

図 6·1 は，差圧計（圧力差 Δp が小さい場合のもの）によって圧力差を求めている．液体には，水の密度よりやや小さく，水と混合しないトルエン(密度：0.866 g/cm^3)やベンゼン(密度：0.879 g/cm^3)などが用いられる．

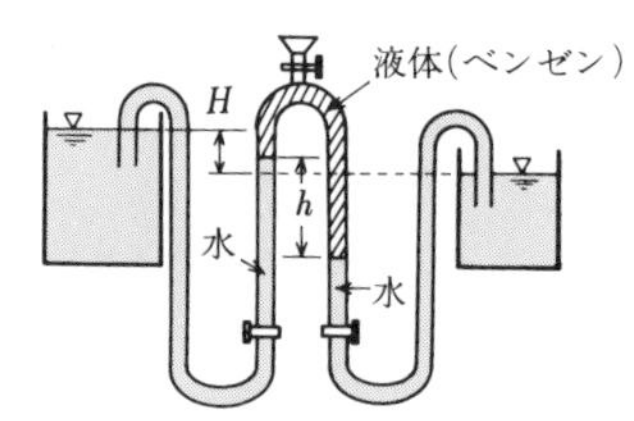

図 6·1　マノメータの実験

層流と乱流の実験

レイノルズの実験では，**図 6·2** のレイノルズ数測定装置を使って，3 章で学んだ層流と乱流を観察し，それぞれの限界点に対するレイノルズ数を測定する（p.64 を参照）．

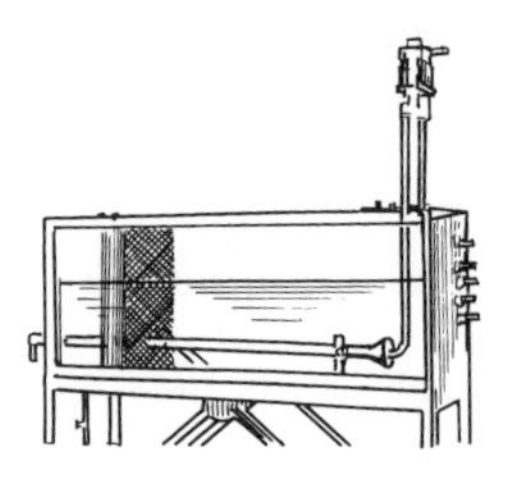
図 6·2　レイノルズの実験

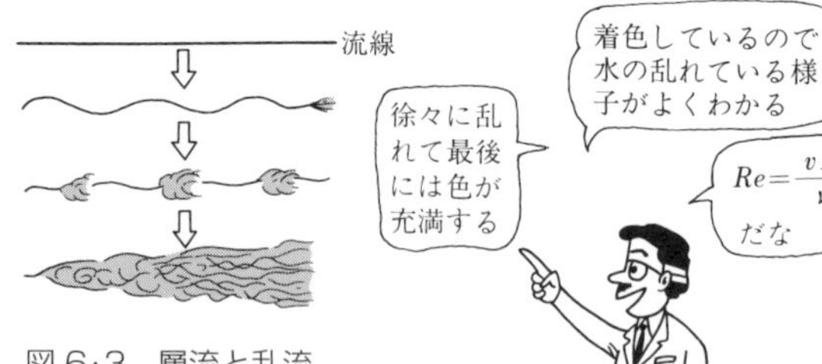

図 6·3　層流と乱流

三角せき・オリフィスの実験

三角せきの実験では，流量と越流水深との関係を求め，これに基づいて任意の水深に対する流量を求める．例えば，実験により**図 6·5** のようなグラフが得られれば，越流水深が 10 cm に対する流量は 4.4 l/s となる（p.171 を参照）．

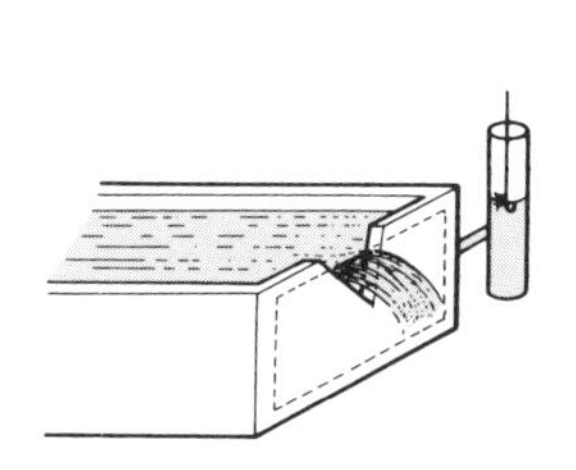

図 6·4　三角せきの実験

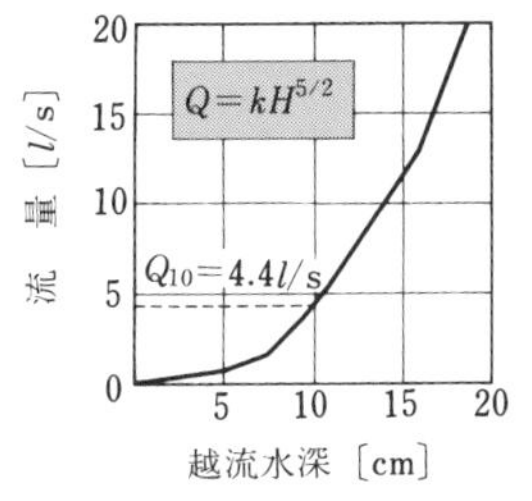

図 6·5　Q-H 曲線

オリフィスの実験では，水深を一定に保ち，オリフィスからの流出流量を測定して流量係数を求めます．**図 6·6** (b) のように，ある水深を 10 等分して H_1 から H_{10} まで水面を降下させ，各水位間の降下時間を測定して，流量係数の変化を調べる（p.166 を参照）．

図 6·6　オリフィスの実験

実験の相似則

水理現象や水理構造物の計画や設計については，数学的な解析がすべてできるとは限らない．このような場合に，模型実験により解析する方法が広く用いられる．しかし，模型実験が示す水の運動と実際の水の運動との間に，力学的な相似性が成立していないと模型実験で得た結果を実際の現象に適用することはできない．この相似性を規定する法則を**相似則**といい，次の三つの条件が満たされている必要がある．

(1) 物の大きさなどの形状が幾何学的に相似であること

(2) 流れの速さなど運動の状態が相似であること

(3) いろいろな力の比が相似であること

流体に作用する力として，物体の質量と加速度で表される**慣性力**（ma），地球の引力による**重力**（mg），流体の摩擦力に相当する**粘性力** $\left(\tau A=\mu\dfrac{du}{dy}\cdot A\right)$ がある．これを同時に相似することは不可能で，どの力に注目するかにより，**フルード相似則**（慣性力と重力），**レイノルズ相似則**（慣性力と粘性力）が用いられる．

p.178［問題 1］に try!

2 オリフィスの分類

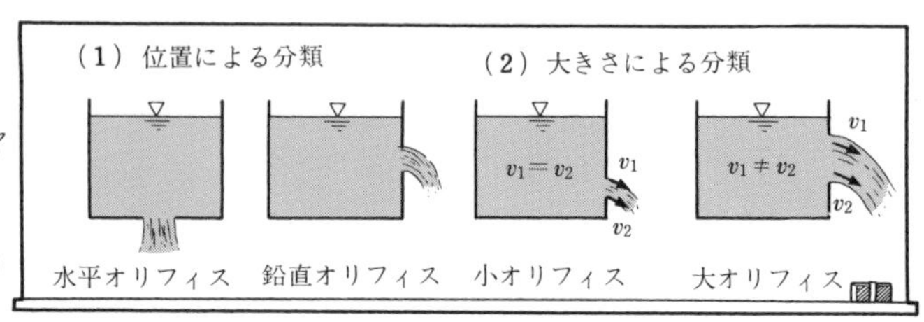

オリフィスとは

オリフィスとは，**図 6·7** に示すように，水槽の底面や側壁に穴をあけ，あるいは管路の途中にオリフィス板を挿入した流出孔をいう．

図 6·7(a) のように，水深 H に比べてオリフィスの大きさが小さい場合，つまり水深の影響がない場合は，オリフィスからの流出速度はどの部分をとっても等しい．このようなオリフィスを**小オリフィス**という．

水面①とオリフィスから流出する点②についてベルヌーイの定理を適用すれば，

$$\frac{0^2}{2g}+H+\frac{0}{\rho g}=\frac{v^2}{2g}+0+\frac{0}{\rho g},\quad H=v^2/2g,\ \text{流速係数}\ C_v\ \text{で補正すると}$$

$$\left.\begin{aligned} v &= C_v\sqrt{2gH} \\ Q &= Ca\sqrt{2gH} \end{aligned}\right\} \qquad (6\cdot1)$$

ただし，C_v：流速係数，C_a：収縮係数，C：流量係数（$=C_aC_v$）
a：$\pi d^2/4$，開口の面積，　H：水深または圧力水頭差

水槽から流出する液体の速度は，水深の平方根に比例する．この式を**トリチェリーの定理**という．

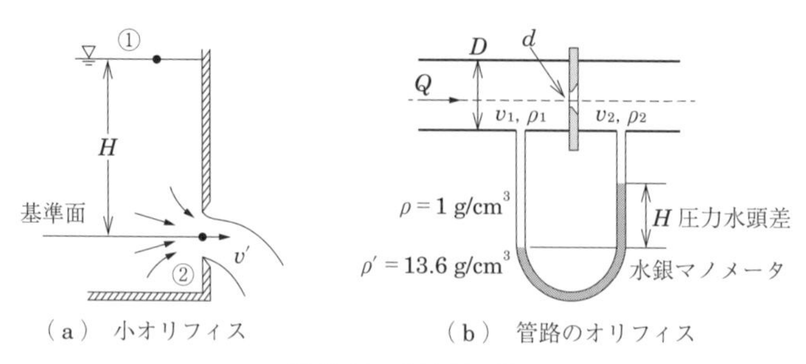

（a） 小オリフィス　（b） 管路のオリフィス

図 6·7 オリフィス

ベナコントラクタ

オリフィスの流出付近では，水槽の水は流出口に集まってくるので，慣性による縮流が生じ，しだいに断面の面積が減少し，やがて最小断面積となる．この最小断面積の部分を**ベナコントラクタ**という．実際のオリフィスの断面積 a よりも流出断面積 a_0 は小さく，**収縮係数** C_a を掛けて $a_0 = C_a a$ となる．流速は，粘性のためエネルギーの損失があるので流速係数 C_v で補正する．ゆえに，オリフィスの流量は次のとおり．

D/2 のところで最小断面となる

図6·8　ベナコントラクタ

$$Q = a_0 v_0 = C_a a C_v \sqrt{2gH} = Ca\sqrt{2gH} \qquad (6 \cdot 2)$$

ただし，C_a：収縮係数（0.6〜0.7），　C_v：流速係数（0.96〜0.99）

C：流量係数（$= C_a C_v$，無次元量）

No.1　オリフィスからの流出流量を求めよう

Let's try

図6·9 のように水槽の側壁に小オリフィスを設けた．この小オリフィスからの流量を求めよ．

ただし，流速係数 $C_v = 0.96$，収縮係数 $C_a = 0.65$ とする．

（解）　流量係数 $C = C_a C_v = 0.65 \times 0.96 = 0.62$

オリフィスの断面積 a は

$$a = \frac{\pi D^2}{4} = \frac{\pi \times 0.02^2}{4} = 3.14 \times 10^{-4}\,\mathrm{m}^2$$

流量 $Q = Ca\sqrt{2gH}$

$$= 0.62 \times 3.14 \times 10^{-4} \times \sqrt{2 \times 9.8 \times 2.0}$$

$$= 1.22 \times 10^{-3}\,\mathrm{m}^3/\mathrm{s} = \underline{1.22\,l/\mathrm{s}}$$

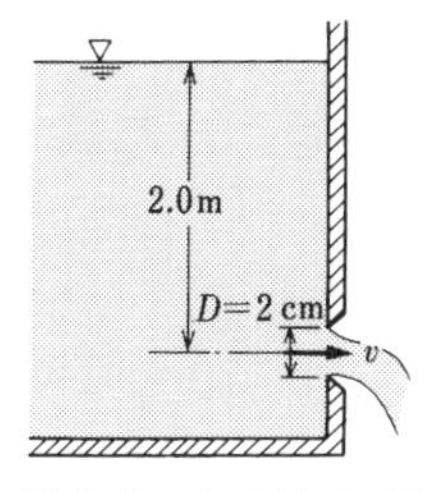

図6·9　小オリフィス

p.178［問題 2］に try!

重要事項　オリフィスの流速，流量（トリチェリーの定理）

小オリフィスの流速 v と流量 Q は，次のとおり．ただし，C，C_a，C_v（無次元量）

$$v = C_v\sqrt{2gH}$$

$$Q = Ca\sqrt{2gH}$$

3 大オリフィスの特徴

大オリフィス

図 6·10 のように，オリフィスが水深と比べて大きいときはオリフィスの上部と下部の水深が異なるため，流速は一様とはなりません．このようなオリフィスを**大オリフィス**という．大オリフィスでは，水槽内にもオリフィスに向かって流れが生じる．これを**接近流速** v_0 という．図 6·10 において，①と②についてベルヌーイの定理を適用すると，

$$\frac{v_0^2}{2g}+0+\frac{p_0}{\rho g}=\frac{v^2}{2g}+0+\frac{0}{\rho g},\quad \frac{p_0}{\rho g}=H \text{ から，}\quad \frac{v_0^2}{2g}+H=\frac{v^2}{2g}$$

$$\therefore\quad v=\sqrt{2g\left(H+\frac{v_0^2}{2g}\right)}=\sqrt{2g(H+H_0)} \qquad (6\cdot3)$$

このときの $H_0=v_0^2/2g$ を**接近流速水頭**という．

次に**図 6·11** のような長方形断面の大オリフィスの流量を求めてみると，微小面積 dA からの流量 dQ は，流量係数を C とするとき

$$dQ=C\sqrt{2g(H+H_0)}\,dA=C\sqrt{2g(H+H_0)}\,bdH$$

$$Q=\int_{H1}^{H2}C\sqrt{2g(H+H_0)}\,bdH=Cb\sqrt{2g}\int_{H1}^{H2}\sqrt{(H+H_0)}\,dH$$

$$\therefore\quad Q=\frac{2}{3}Cb\sqrt{2g}\left\{(H_2+H_0)^{3/2}-(H_1+H_0)^{3/2}\right\} \qquad (6\cdot4)$$

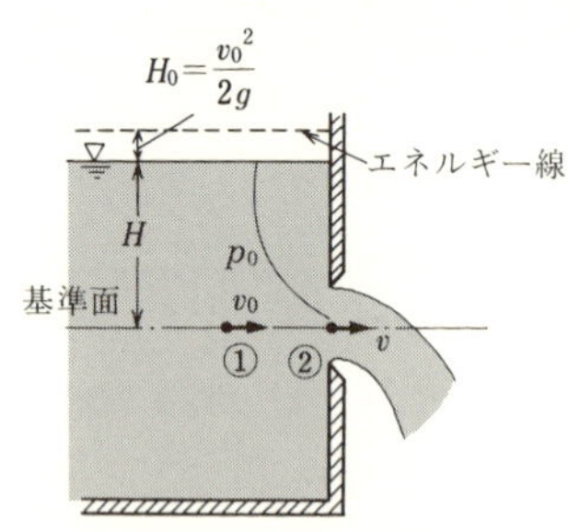

図 6·10　大オリフィス

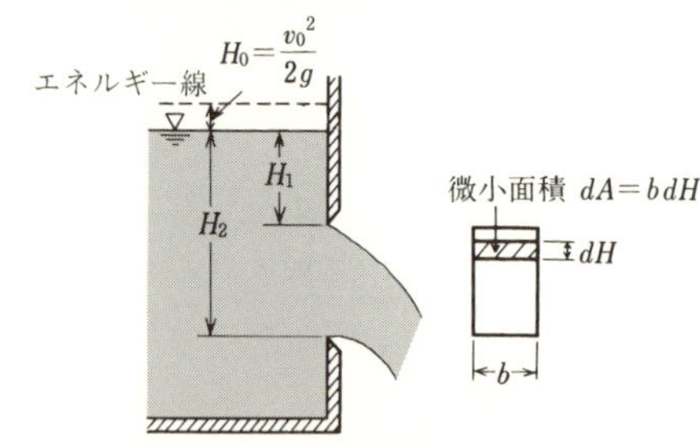

図 6·11　長方形断面の大オリフィス

もぐりオリフィス

オリフィスが全部または一部が下流側の水面下にあるものを**もぐりオリフィス**という．

図 6·12 において，①と②についてベルヌーイの定理を適用すると

$$\frac{{v_1}^2}{2g}+0+\frac{p_1}{\rho g}=\frac{{v_2}^2}{2g}+0+\frac{p_2}{\rho g}$$

ここで，$p_1/\rho g=H_1$，$p_2/\rho g=H_2$ から

$$\frac{{v_1}^2}{2g}+H_1=\frac{{v_2}^2}{2g}+H_2$$

$$\therefore\quad v_2=\sqrt{2g\left(H_1-H_2+\frac{{v_1}^2}{2g}\right)}=\sqrt{2g(H+H_0)} \tag{6・5}$$

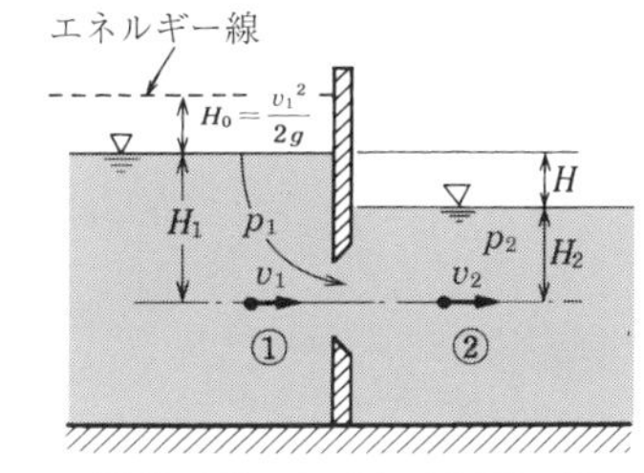

図 6·12　もぐりオリフィス

流量 Q は，オリフィスの面積を a，流量係数を C とすると

$$Q=Ca\sqrt{2g(H+H_0)} \tag{6・6}$$

No.2　大オリフィスからの流量を求めよう

図 6·13 のような大オリフィスからの流量を求めよ．
ただし，接近流速を無視し，流量係数を $C=0.60$ とする．

(解)

$$Q=\frac{2}{3}Cb\sqrt{2g}({H_2}^{3/2}-{H_1}^{3/2})$$
$$=\frac{2}{3}\times0.60\times1.0\sqrt{2\times9.8}$$
$$\times(2.0^{3/2}-1.3^{3/2})$$
$$=\underline{2.38\ \mathrm{m^3/s}}$$

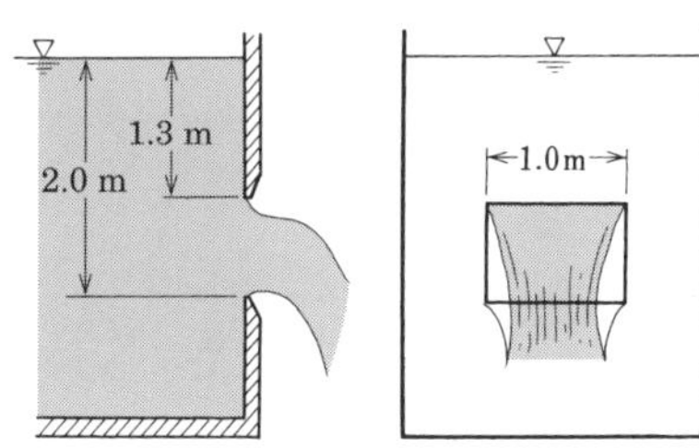

図 6·13　大オリフィス

No.3　もぐりオリフィスからの流量を求めよう

図 6·12 において，$H_1=2.4$ m，$H_2=1.0$ m，直径 40 cm のもぐりオリフィスとするときの流量を求めよ．

ただし，接近流速を無視し，流量係数 $C=0.62$ とする．

(解)　接近流速を無視するので，$H_0=0$ となり

$$流量\ Q=Ca\sqrt{2gH}=0.62\times\frac{\pi\times0.4^2}{4}\sqrt{2\times9.8\times(2.4-1.0)}$$
$$=\underline{0.41\ \mathrm{m^3/s}}$$

4 流量の少ないときは三角せき

四角せき
三角せき
全幅せき
代表的な刃形せき
三角形にすることで越流水深を大きくして精度を高める
流量の測定

せきの種類とナップ

水路に**図 6·14** のような壁を作ると水はその上を越流する．このような壁を**せき**という．ここでは，せきを越える流れの流量測定について調べてみましょう．

せきには，越流部が鋭くとがったものとせき頂が幅広くなっているものとがあり，前者を**刃形せき**（図 6·14(a)），後者を**広頂せき**（図 6·14(b)）という．

刃形せきには，越流部の形状により**四角せき**や**三角せき**など，あるいは越流部と水路幅が等しい**全幅せき**がある．

刃形せきを越流した水の流れを**ナップ**という．このナップには，せきから離れて落下する**完全ナップ**（図 6·14(c)）とせきに付着して流れる**付着ナップ**（図 6·14(d)）とがある．

広頂せきでは，図 6·14(b) のように上流側で常流，下流側で射流となり，せきの頂上では水深が限界水深となる．

図 6·14　せきとナップ

三角せき

三角せきは，四角せきに比べて同じ流量でも越流水深が大きくなり，流量の少ない場合の流量測定に用いる．

$$Q=\frac{8}{15}C\tan\frac{\theta}{2}\sqrt{2g}\,H^{5/2}\ \text{〔m}^3\text{/s〕} \quad (6\cdot 7)$$

ただし，C＝流量係数（無次元量）

図 6·15　三角せき

JIS 公式（$\theta=90°$）は次のとおり．

$$\left.\begin{aligned} Q&=KH^{5/2}\ \text{〔m}^3\text{/min〕}\\ K&=81.2+\frac{0.24}{H}+\left(8.4+\frac{12}{\sqrt{D}}\right)\left(\frac{H}{B}-0.09\right)^2 \end{aligned}\right\} \quad (6\cdot 8)$$

ただし，K：流量係数［$L^{1/2}T^{-1}$］〔$m^{1/2}/s$〕，H：越流水深〔m〕

B：水路幅〔m〕，D：せき高〔m〕，適用範囲：$B=0.5\sim1.2$ m

$D=0.1\sim0.75$ m，$H=0.07\sim0.26$ m，$H\leqq B/3$

（注）JIS 公式（B 8302）を用いるときは，流量係数を K（実験式），流量 Q は〔m^3/min〕で表示し，それ以外の公式は流量係数を C，流量 Q は〔m^3/s〕で表示する．

No.4　三角せきを用いて流量を求めよう

図 6·16 の直角三角せきの流量を求めよ．

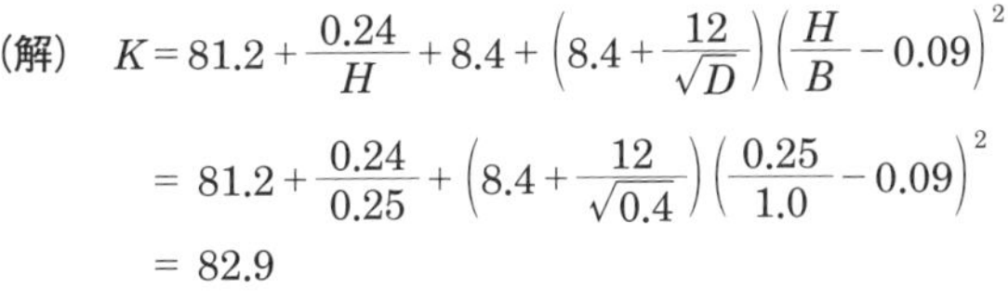

（解）　$K=81.2+\dfrac{0.24}{H}+8.4+\left(8.4+\dfrac{12}{\sqrt{D}}\right)\left(\dfrac{H}{B}-0.09\right)^2$

$=81.2+\dfrac{0.24}{0.25}+\left(8.4+\dfrac{12}{\sqrt{0.4}}\right)\left(\dfrac{0.25}{1.0}-0.09\right)^2$

$=82.9$

$Q=KH^{5/2}=82.9\times0.25^{5/2}=\underline{2.59\ \text{m}^3/\text{min}}$

p.178［問題 3］に try!

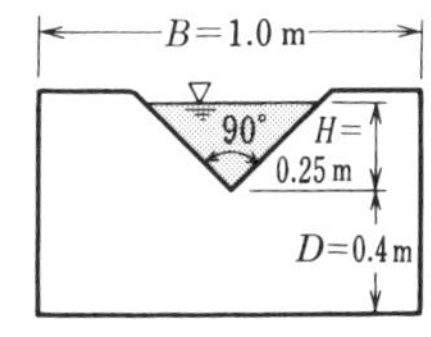

図 6·16　三角せき

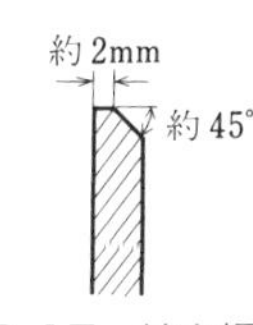

図 6·17　せき板

トピックス　せきの目的

せきは，河川などの開水路を横断して設けられ，流水をせき止めその上を越流させるもので，用水の取水，舟運のための水位・水深の確保，河川の分派点における流量調整（分水せき），河口部における塩水遡上の防止，高潮防御（防潮せき）などがある．

5

口を大きく開けて

四角せき

刃形せきのうち，四角せき，越流部と水路幅の等しい全幅せきについて調べてみましょう．

四角せきは，**図 6·18** のように長方形断面の大オリフィスの水面がオリフィスの上端と一致した場合と考えられる．その流量 Q は，式（6·4）で $H_1=0$，$H_2=H$ と置いて次のように求める．

$$Q=\frac{2}{3}Cb\sqrt{2g}\left\{(H+H_0)^{3/2}-{H_0}^{3/2}\right\}〔m^3/s〕 \quad (6\cdot 9)$$

ただし，C：流量係数（無次元量）

JIS 公式は次のとおり．

$$\left.\begin{aligned} &Q=KbH^{3/2}〔m^3/min〕\\ &K=107.1+\frac{0.177}{H}+14.2\frac{H}{D}-25.7\sqrt{\frac{(B-b)H}{DB}}+2.04\sqrt{\frac{B}{D}} \end{aligned}\right\} \quad (6\cdot 10)$$

ただし，H：越流水深〔m〕，B：水路幅〔m〕，D：せき高〔m〕

K：流量係数［$L^{1/2}T^{-1}$］〔$m^{1/2}/s$〕，b：越流幅〔m〕

適応範囲：$0.5\,m \leqq B \leqq 6.3\,m$, $0.15\,m \leqq b \leqq 5\,m$

$0.15\,m \leqq D \leqq 3.5\,m$, $0.06 \leqq \dfrac{bD}{B_2}$，　$0.03\,m \leqq H \leqq 0.45\sqrt{b}$〔m〕

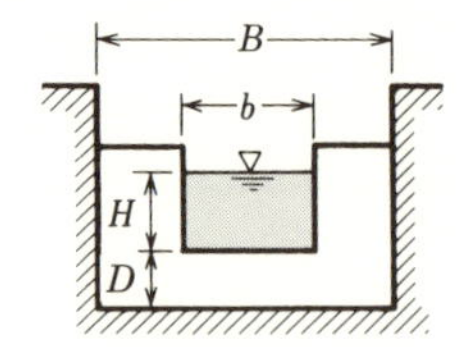

越流する流れは，側方，下方の 3 方向で収縮する．
式(6·10)は，慣性による縮流やせきの切欠きなどの影響を流量係数の中に考慮してあります．

図 6·18　四角せき

全幅せき

全幅せきは，図 6·19 のように越流部のせき幅と水路幅が等しいもので，JIS 公式は次のとおり．

$$\left.\begin{aligned} Q &= KBH^{3/2}\ \text{〔m}^3\text{/min〕} \\ K &= 107.1 + \left(\frac{0.177}{H} + 14.2\frac{H}{D}\right)(1+\varepsilon) \end{aligned}\right\} \quad (6 \cdot 11)$$

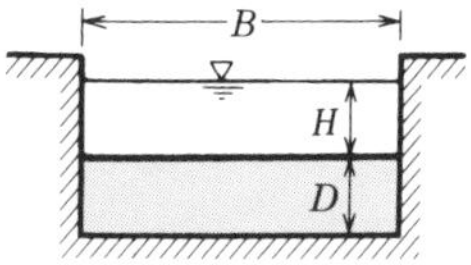

図 6·19　全幅せき

ただし，K：流量係数［$L^{1/2}T^{-1}$］〔$m^{1/2}/s$〕

B：水路幅〔m〕，H：越流水深〔m〕，D：せき高〔m〕

ε：補正項，$D \leqq 1$ m のとき $\varepsilon = 0$

$D > 1$ m のとき $\varepsilon = 0.55(D-1)$

適用範囲：$B \geqq 0.5$ m，$0.3\ \text{m} \leqq D \leqq 2.5$ m

$0.03\ \text{m} \leqq H \leqq 0.8$ m　（ただし，$H \leqq D$ で，かつ $H \leqq B/4$）

No.5　四角せきを用いて流量を求めよう

図 6·20 のような水路幅 5 m の水路の四角せきを設けたところ，越流水深は 40 cm であった．このときの四角せきの流量を求めよ．

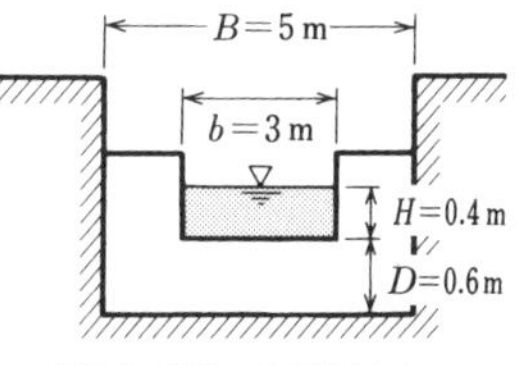

図 6·20　四角せき

（解）　流量係数 K は，式（6·10）より

$$K = 107.1 + \frac{0.177}{H} + 14.2\frac{H}{D} - 25.7\sqrt{\frac{(B-b)H}{BD}} + 2.04\sqrt{\frac{B}{D}}$$

$$= 107.1 + \frac{0.177}{0.4} + 14.2 \times \frac{0.4}{0.6} - 25.7\sqrt{\frac{(5-3)\times 0.4}{5 \times 0.6}} + 2.04\sqrt{\frac{5}{0.6}} = 109.6$$

流量 $Q = KbH^{3/2} = 109.6 \times 3 \times 0.4^{3/2} = \underline{83.18\ \text{m}^3/\text{min}}$

No.6　全幅せきの流量を求めよう

図 6·19 において，水路幅 3 m，せき高 1 m，越流水深 0.4 m のとき，このせきの流量を求めよ．

（解）　補正項 ε は $D \leqq 1$ m のとき $\varepsilon = 0$ となり，流量係数 K は次のとおり．

$$K = 107.1 + \frac{0.177}{H} + 14.2\frac{H}{D} = 107.1 + \frac{0.177}{0.4} + 14.2 \times \frac{0.4}{1} = 113.2$$

流量 $Q = KBH^{3/2} = 113.2 \times 3 \times 0.4^{3/2} = \underline{85.91\ \text{m}^3/\text{min}}$

6

せき頂は流速が速くなる

広頂せき

せきの形が台形状で，せき頂の幅が越流水深よりも大きいものを**広頂せき**（**台形せき**）という．

図 6·21 の広頂せきの流量 Q は，次のとおり（**本間の式**）．

（1）完全越流および不完全越流（せき上に限界流が現れる）

$$Q = CBH_1^{3/2}\ 〔\mathrm{m^3/s}〕 \tag{6・12}$$

（2）もぐり越流（せき上でも常流のまま流れる）

$$Q = C'BH_2\sqrt{H_1 - H_2}\ 〔\mathrm{m^3/s}〕 \tag{6・13}$$

ただし，C，C'：流量係数［$\mathrm{L^{1/2}T^{-1}}$］〔$\mathrm{m^{1/2}/s}$〕，B：水路幅〔m〕

H_1，H_2：せき頂を基準とする上流および下流の水深〔m〕

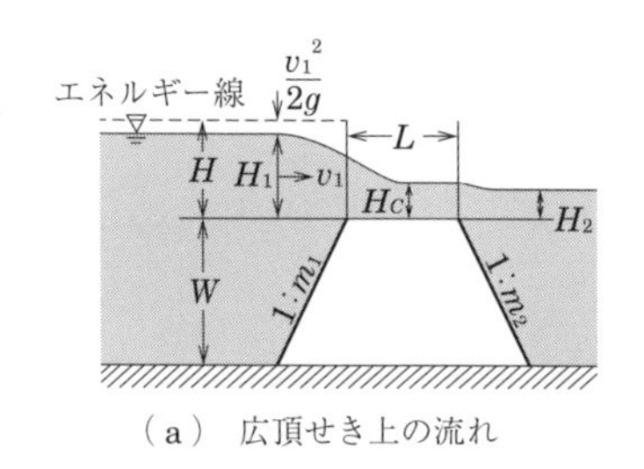

（a） 広頂せき上の流れ

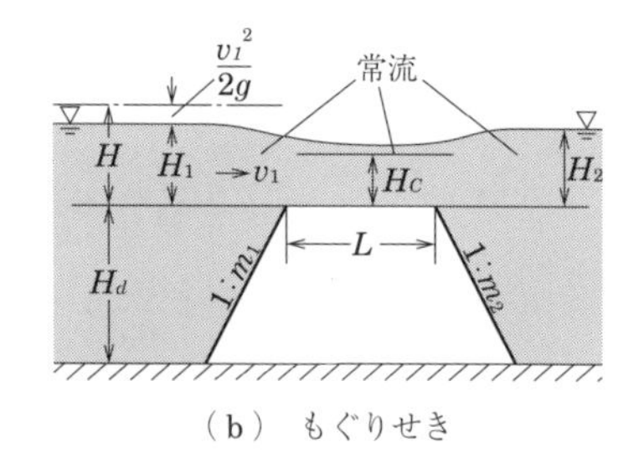

（b） もぐりせき

図 6·21 広頂せき

表 6·1 台形せきの流量係数

下流面 m_2	上流面 m_1	完全越流係数 C_0	境界となる H_2/H_1 の値	不完全越流 C/C_0	境界となる H_2/H_1 の値	もぐり越流 C'/C_0
5/3 以上	0 ～ 4/3	$1.37 + 1.02\dfrac{H_1}{W}$	0.60	$1.018 - 0.030\dfrac{H_2}{H_1}$	0.7	2.6
1/1 付近	0 ～ 2/3	$1.28 + 1.42\dfrac{H_1}{W}$	0.45	$1.090 - 0.200\dfrac{H_2}{H_1}$	0.8	2.6
2/3 付近	0 ～ 1/3	$1.24 + 1.64\dfrac{H_1}{W}$	0.25	$1.032 - 0.124\dfrac{H_2}{H_1}$	0.8	2.6
長方形断面 $H_1/L < 1/2$		1.55	2/3	—	2/3	2.6

（土木学会編「水理公式集」より）

長方形せき

図 6·22 のように，広頂せきの上流端，下流端が角張ったせきを**長方形せき**といい，その流量 Q は次のとおり（**ゴビンダ・ラオの公式**）．H_1/L の値により，**表 6·2** のように分類をする．

$$Q = C_1 B H_1^{3/2}\ \text{〔m}^3\text{/s〕} \qquad (6 \cdot 14)$$

ただし，

C_1：流量係数（表 6·2）
　　$[\mathrm{L}^{1/2}\mathrm{T}^{-1}]$〔$\mathrm{m}^{1/2}/\mathrm{s}$〕

H_1：越流水深〔m〕

B：せき幅〔m〕

L：せき長〔m〕

W：せき高〔m〕

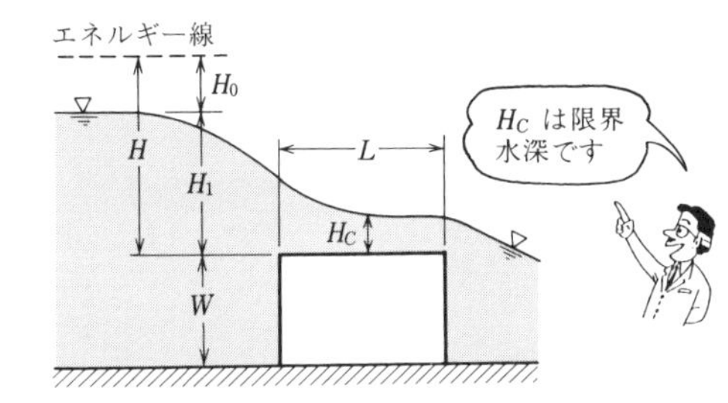

図 6·22　長方形せき

流量係数は
H_1/L によって
分類されます

表 6·2　長方形せきの流量係数

名　称	H_1/L	C_1	流　況
長頂せき	$0 < H_1/L \leqq 0.1$	式(a)	連続した波状水面
広頂せき	$0.1 \leqq H_1/L \leqq 0.4$	式(b)	せき頂面に平行な流れ
狭頂せき	$0.4 \leqq H_1/L \leqq (1.5 \sim 1.9)$	式(c)	完全な曲線流
刃形せき	$(1.5 \sim 1.9) \leqq H_1/L$	式(d)	下流水脈がせき頂からはく離

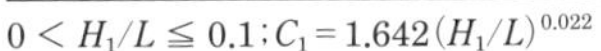

$0 < H_1/L \leqq 0.1$；$C_1 = 1.642(H_1/L)^{0.022}$　(a)

$0.1 < H_1/L \leqq 0.4$；$C_1 = 1.552 + 0.083(H_1/L)$　(b)

$0.4 < H_1/L \leqq (1.5 \sim 1.9)$；$C_1 = 1.444 + 0.352(H_1/L)$　(c)

$(1.5 \sim 1.9) \leqq H_1/L$；$C_1 = 1.785 + 0.237(H_1/W)$　(d)

（土木学会編「水理公式集」より）

No.7　長方形せきを用いて流量を求めよう

図 6·23 のような幅 8 m の水路に，せき高 50 cm，せき長 1.2 m の長方形せきを設けた．このときの長方形せきの流量を求めよ．

（解） $\dfrac{H_1}{L} = \dfrac{0.2}{1.2} = 0.167$，表 6·2 から広頂せきとなり，流量係数を求める．

$$C_1 = 1.552 + 0.083\left(\frac{H_1}{L}\right) = 1.566$$

$$Q = C_1 B H_1^{3/2} = 1.566 \times 8 \times 0.2^{3/2} = \underline{1.12\ \mathrm{m^3/s}}$$

p.178［問題 5］に try!

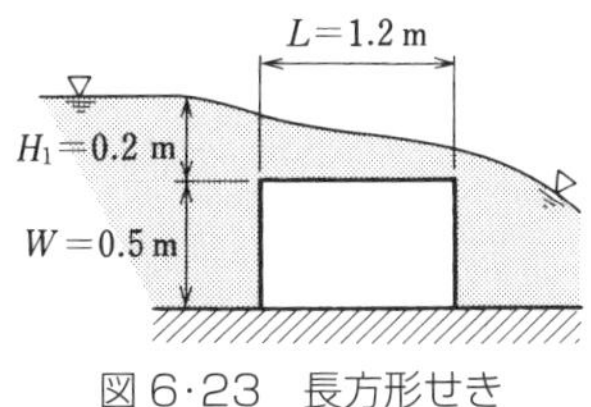

図 6·23　長方形せき

7 関所を通るには通行手形が必要

ゲート

ゲートは，水路途中やせき頂に作られ，流量や水位を調節する．ここでは，よく用いられる**スルースゲート**について調べてみましょう．

ゲートからの流れは，下流側の流れの状態により**図 6·24** のように二つに分かれる．図 6·24(a)は，下流側の水位 H_2 がゲートの開き H_0 よりも小さい場合で，これを**自由流出**という．次に図 6·24 (b) は，下流側の水位 H_2 がゲートの開き H_0 よりも大きい場合で，これを**もぐり流出**という．

（a） 自由流出 $H_0 > H_2$　　（b） もぐり流出 $H_0 < H_2$

図 6·24　自由流出ともぐり流出

自由流出

自由流出では，ゲートからの流れがいったん最小の水深となる断面が生じます．この断面の流れは，水路床と平行となり，また流速も一様になる．

図 6·24 (a) において，①，②でベルヌーイの定理を適用すると

$$\frac{v_1^2}{2g} + z_1 + \frac{p_1}{\rho g} = \frac{v_2^2}{2g} + z_2 + \frac{p_2}{\rho g}$$

$$H_1 = z_1 + \frac{p_1}{\rho g}, \quad H_2 = z_2 + \frac{p_2}{\rho g}$$

接近流速 v_1 を無視すると，次のとおり．

$$H_1 = \frac{{v_2}^2}{2g} + H_2 \qquad (6 \cdot 15)$$

$$\therefore \quad v_2 = \sqrt{2g(H_1 - H_2)}$$

ここで，ゲートの開きを H_0 とすれば，$H_2 = C_a H_0$ となり，流量 Q は

$$Q = C_a C_v B H_0 \sqrt{2g(H_1 - C_a H_0)} \text{〔m}^3\text{/s〕} \qquad (6 \cdot 16)$$

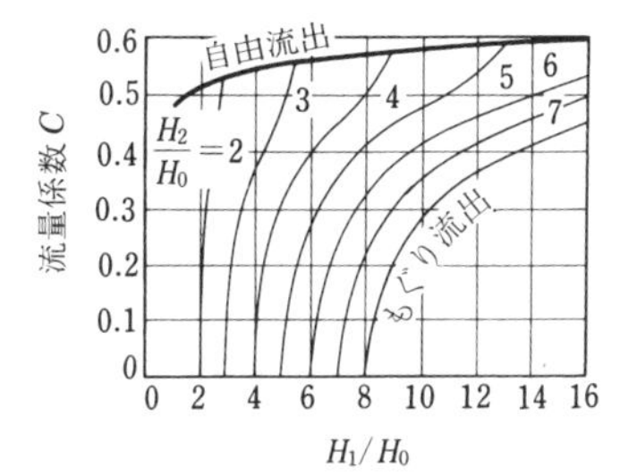

図 6·25　流量係数（ヘンリー）

ただし，C_v：流速係数（0.60～0.61），C_a：収縮係数（0.95～0.99）
C：流量係数（無次元量），　B：水路幅〔m〕

流量係数 C（**図 6·25**）を用いて流量 Q を求めると

$$Q = CBH_0\sqrt{2gH_1} \text{〔m}^3\text{/s〕} \qquad (6 \cdot 17)$$

もぐり流出

流量 $Q = CBH_0\sqrt{2g(H_1 - H_2)}$〔m³/s〕　(6・18)

ただし，C：もぐり流出の流量係数（$= C_v \cdot C_a$）

表 6·25 のヘンリー（Henry）の実験による流量係数 C を用いると，自由流出およびもぐり流出の流量固定の一般式は次のとおり．

$$Q = CBH_0\sqrt{2gH_1} \text{〔m}^3\text{/s〕} \qquad (6 \cdot 19)$$

ただし，C：流量係数（図 6·25）

No.8　自由流出の流量を求めてみよう

図 6·24(a) において，$H_1 = 3$ m，$H_0 = 0.4$ m とするときの流量を求めよ．ただし，接近流速を無視し，水路幅を 4 m とする．

（解）　流量係数を図 6·25 の自由流出の曲線から求めると $H_1/H_0 = 3/0.4 = 7.5$，したがって $C = 0.57$．式（6·17）から流量 Q を求めると

$$Q = CBH_0\sqrt{2gH_1} = 0.57 \times 4 \times 0.4\sqrt{2 \times 9.8 \times 3} = \underline{6.99 \text{ m}^3/\text{s}}$$

No.9　もぐり流出の流量を求めてみよう

図 6·24(b) において，$H_1 = 3$ m，$H_0 = 0.5$ m，$H_2 = 2$ m とするときの流量を求めよ．ただし，水路幅を 4 m とする．

（解）　$H_2/H_0 = 2/0.5 = 4$，$H_1/H_0 = 3/0.5 = 6$ であるから，図 6·25 のもぐり流出の曲線から流量係数を求めると $C = 0.4$ となる．

流出 $Q = CBH_0\sqrt{2gH_1} = 0.4 \times 4 \times 0.5\sqrt{2 \times 9.8 \times 3} = \underline{6.13 \text{ m}^3/\text{s}}$

p.178［問題 6］に try!

6章のまとめ問題

（解答は p.198）

【問題 1】 ある潜水艦が 20 km/h の速度で潜航する状態を観測するためにレイノルズ相似則に基づいて実物の 1/10 の長さの模型を作り，同じ海水を入れたタンク内で実験を行った．この場合の模型の速度を求めよ．

【問題 2】 図 **6·26** の小オリフィスの流量を 15 l/s にするには，オリフィスの直径をいくらにすればよいか．ただし，流速係数 C_v を 0.95，収縮係数 C_a を 0.64 とする．

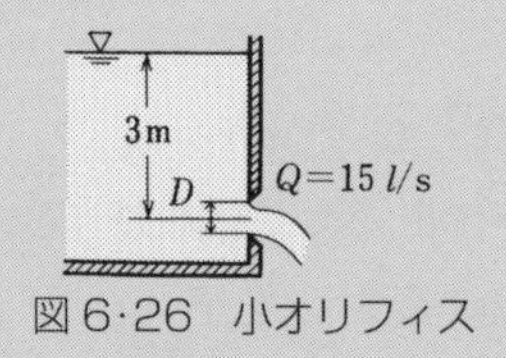

図 6·26　小オリフィス

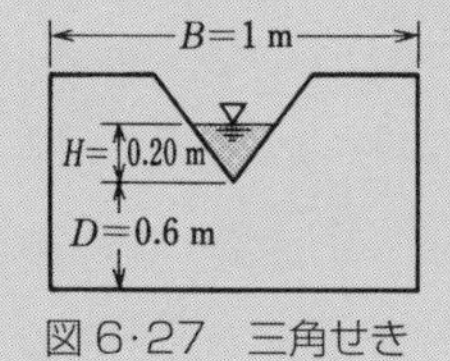

図 6·27　三角せき

【問題 3】 図 **6·27** の水路幅 1.0 m の直角三角せきの流量を求めよ．

【問題 4】 図 **6·28** の全幅せきのせき幅 B を求めよ．ただし，越流量を 288 m^3/min とする．

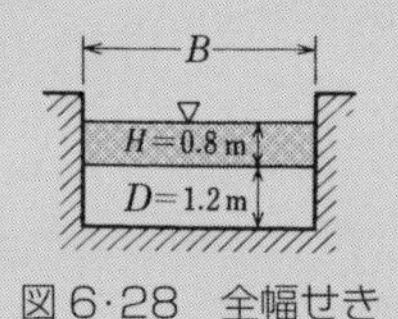

図 6·28　全幅せき

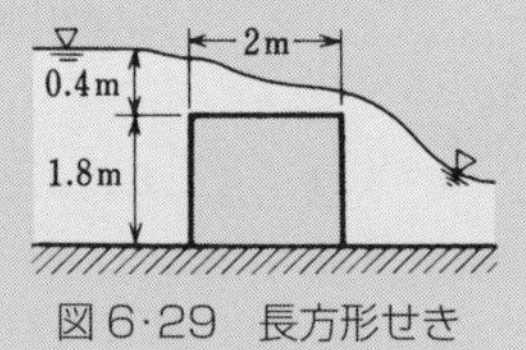

図 6·29　長方形せき

【問題 5】 図 **6·29** の長方形せきで，水路幅 15 m のときの流量を求めよ．

【問題 6】 図 **6·30** のもぐり流出のゲートに流量 6.7 m^3/s の水を流出させるためには，ゲートの開きをいくらにすればよいか求めよ．ただし，ゲートの幅を 4 m，上流側の水深を 4 m，下流側の水深を 3 m とする．

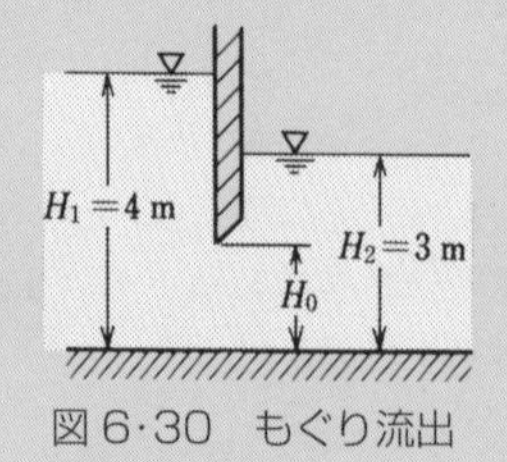

図 6·30　もぐり流出

7章

地中の水理学

よく乾いた土の表面に水をまいても水がたまることなく消えてしまいます．また，多量の水をまいた場合でも水たまりはできますが，しばらくすると土の表面から水たまりは消えます．

地上に降った雨水は，地表面を流れ，河川や水路に流入したり，また蒸発や地中に浸透したりします．地表面の水が，地中の土粒子と土粒子の間に流れ込んで浸透していき，粘土層や岩盤などの不透水層に突き当たるとその上に水がたまり，帯水層を作り**地下水**となります．

地下水の流れの多くは，一般に管水路・開水路の流速に比べ非常に遅い．例えば，砂層では流速 10^{-4} m/s，粘土層では流速 10^{-8} m/s 位です．

地下水は水資源として有効に利用されていますが，一方，地すべり，土石流などの災害の原因ともなり，治水上，利水上，重要な要素となっています．したがって，堤防，アースダムなどの水理構造物，井戸や集水暗きょによる地下水の取水施設，またトンネルやボックスカルバートなどの地中構造物などの設計・施工についても，地下水の位置，流れの方向，浸透，圧力などを十分に調査しなければなりません．

この章では，土に関連した水の流れ，地中の水理学について学びます．

1 目の細かさによってろ過する速さが違う

Darcy（1803〜1858）フランスの技術者

ダルシーの法則

砂層を通って流れる地下水について，1856 年，**ダルシー（Darcy）**は次のような実験法則を発見しました．

図 7·1 のように，円筒管の砂層に流量 Q の水が長さ l の区間を流れるとき，損失水頭を Δh，**透水係数**を k とすれば

$$\left.\begin{aligned} Q &= kA\frac{\Delta h}{l} = kAI \text{〔m}^3\text{/s〕} \\ v &= \frac{Q}{A} = \frac{kAI}{A} = kI \text{〔m}^3\text{/s〕} \end{aligned}\right\} \quad (7 \cdot 1)$$

ただし，A：断面積〔m^2〕

I：動水こう配（$\Delta h/l$）

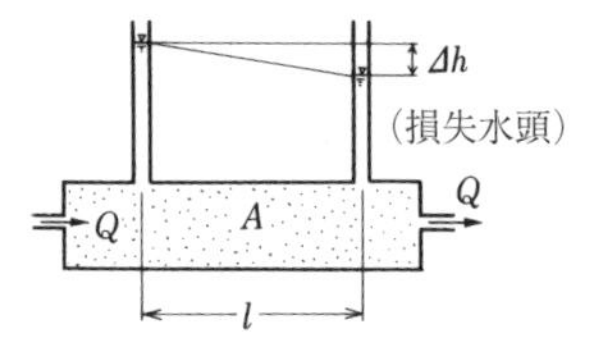

図 7·1　ダルシーの法則

（1）**ヘーズンの式**（実験式）

$$k = Cd_{10}^{\ 2}(0.7 + 0.03\,t) \text{〔m/s〕} \quad (7 \cdot 2)$$

ただし，C：定数，d_{10}：有効径〔m〕，t：水温〔℃〕

（2）**コツェニの式**（実験式）

$$k = \frac{Cg}{\nu}\,\frac{\lambda^3}{(1-\lambda)^2}\,ds^2 \text{〔m/s〕} \quad (7 \cdot 3)$$

ただし，C：粒径の形状による定数（0.003〜0.0055），λ：空隙率

ν：動粘性係数〔m^2/s〕，ds：土粒子の直径（0.39〜0.49）

室内透水試験

定水位法は，**表 7·1** のように比較的透水係数が大きい場合に用いられます．透水係数は次のとおり．

$$k = \frac{Ql}{Ah} \text{〔m/s〕} \quad (7 \cdot 4)$$

ただし，Q：浸透流量〔m^3/s〕，　l：砂層の長さ〔m〕

A：砂層の断面層〔m^2〕，h：水位差〔m〕

変水位法は，粘土のような透水量が小さいものの透水係数の測定に用いる．

$$k = 2.3\frac{a}{A}\frac{l}{t}\log_{10}\frac{h_1}{h_2}\ 〔\mathrm{m/s}〕 \qquad (7\cdot5)$$

ただし，A：試料筒の面積〔$\mathrm{m^2}$〕，a：水位計の面積〔$\mathrm{m^2}$〕

l：砂層の長さ〔m〕，　t：透水時間〔s〕

h_1：最初の水位計の水位〔m〕，h_2：t 秒後の水位計の水位〔m〕

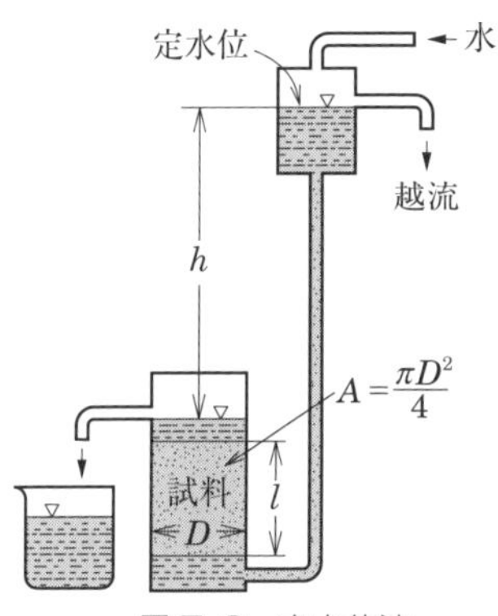

図 7·2　定水位法

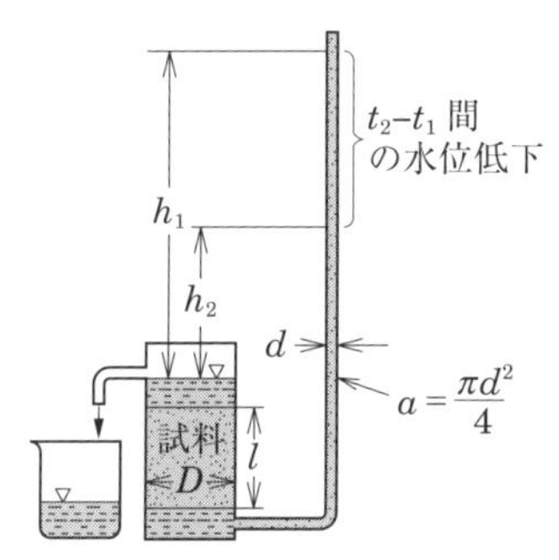

図 7·3　変水位法

表 7·1　透水係数の概略値と決定法

k〔m/s〕	10^0　　10^{-2}	10^{-4}	10^{-6}　　10^{-8}	10^{-10}
土砂の種類	きれいな砂利	きれいな砂 きれいな砂利混じりの砂	細砂，シルト，砂とシルトの混合砂	難透水性土 粘　　土
決定法	揚水試験法，定水位法，実験公式		変水位法	

（土木学会編「水理公式集」より）

No.1　透水係数を求めよう

図 7·1 において，$l = 50$ cm，$\Delta h = 18$ cm，$A = 30\ \mathrm{cm^2}$，$Q = 0.027\ l/\mathrm{min}$ のとき透水係数はいくらか．

（解）　$I = \Delta h/l = 18/50 = 0.36$，$Q = 0.45\ \mathrm{cm^3/s}$，式（7·1）より

$$k = \frac{Q}{AI} = \frac{0.45\ \mathrm{cm^3/s}}{30\ \mathrm{cm^2} \times 0.36} = 0.042\ \mathrm{cm/s} = \underline{4.2 \times 10^{-4}\ \mathrm{m/s}}$$

p.188［問題 1］，［問題 2］に try!

重要事項　対数（常用対数，自然対数）について

$a^x = y \iff x = \log_a y$（$a > 0$，$a \neq 1$）

$\log_{10} y = 0.43 \log_e y$，$\log_e y = 2.30 \log_{10} y$

x を底，y を真数，$a = 10$ のとき常用対数，$a = e$ のとき自然対数という．

2
名水に選ばれた地下水

被圧地下水

図 7·4 のように，上下を粘土層などの不透水層にはさまれ，高い圧力を受けた状態の地下水を**被圧地下水**という．また，この状態において，井戸の底が不透水層まで届いている井戸を**掘抜井戸**（完全貫入井戸）といい，その揚水量 Q は次のとおり．

$$Q = \frac{2\pi kb(H - h_0)}{2.3\log_{10}(R/r_0)} \text{〔m}^3\text{/s〕} \qquad (7 \cdot 6)$$

ただし，

Q：揚水量，　k：透水係数

r_0：井戸の半径，H：原地下水頭

h_0：井戸の水位，b：被圧帯水層厚

R：影響半径

井戸の中心から地下水位が変化しない点までの距離（半径 R）を**影響円**という．この影響円の半径 R の値は一般には不明で，R/r_0 ＝3 000～5 000 倍または R＝500～1 000 m 程度にすることが多い．

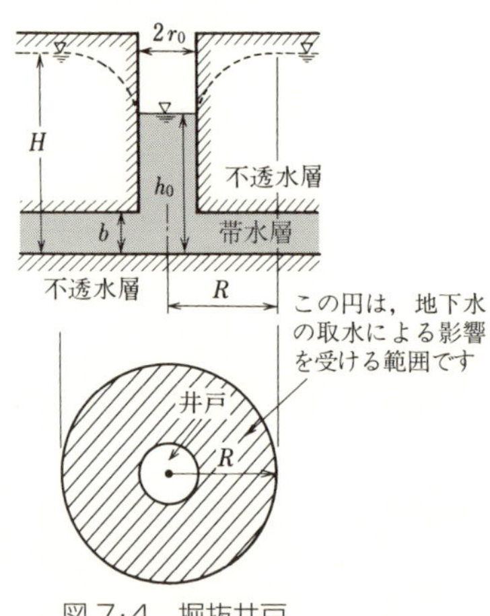

図 7·4　掘抜井戸

自由地下水

自由地下水は，帯水層の中に自由（地下）水面を持ち，土の間隙を通して大気圧と接している．自由水面のある帯水層を貫き，不透水層まで達している井戸を**深井戸**といい，井戸の底が不透水層まで達しない帯水層の中間にとどまっている井戸を**浅井戸**という．

（1）深井戸の揚水量 Q

$$Q = \frac{\pi k(H^2 - h_0{}^2)}{2.3\log_{10}(R/r_0)} \text{〔m}^3\text{/s〕} \qquad (7 \cdot 7)$$

(2) 浅井戸の揚水量 Q

① 井戸底と側壁から流入する場合（フォルヒハイマーの式）

$$Q=\frac{\pi k(H^2-h_0{}^2)}{2.3\log_{10}(R/r_0)}\sqrt{\frac{t+0.5\,r_0}{h_0}}\sqrt[4]{\frac{2h_0-t}{h_0}}\ 〔\mathrm{m^3/s}〕 \qquad (7\cdot8)$$

② 井戸底のみ流入する場合

$$Q=4kr_0(H-h_0)\ 〔\mathrm{m^3/s}〕 \qquad (7\cdot9)$$

図 7·5　深井戸と浅井戸

No.2　揚水量を求めてみよう

図 7·4 のような直径 1.2 m の掘抜井戸において，初めの井戸の水位が 10 m であったが，水をくみ上げたところ水位が 2 m 低下した．このときの揚水量を求めよ．

ただし，透水係数 k は 5.5×10^{-4} m/s，帯水層の厚さを 2.5 m，影響半径 R を 500 m とする．

(解)　初めの水位 $H=10$ m，井戸の水位 $h_0=10-2=8$ m，井戸の半径 $r_0=0.6$ m であるから，式（7·6）から揚水量は次のとおり．

$$揚水量\ Q=\frac{2\pi\times5.5\times10^{-4}\times2.5\times(10-8)}{2.3\log_{10}(500/0.6)}=\underline{2.57\times10^{-3}\ \mathrm{m^3/s}}$$

No.3　深井戸の揚水量を求めてみよう

図 7·5 (a) において，直径 2 m，水深 10 m の深井戸から揚水したところ水位が 2 m 低下した．このときの揚水量を求めよ．

ただし，透水係数を 1.5×10^{-4} m/s，影響半径を 500 m とする．

(解)　式（7·7）から

$$Q=\frac{\pi\times1.5\times10^{-4}(10^2-8^2)}{2.3\log_{10}(500/1)}=\underline{2.73\times10^{-3}\ \mathrm{m^3/s}}$$

p.188［問題 3］，［問題 4］に try!

3 集水暗きょの取水量

集水暗きょ

川岸または河床に透水性の暗きょを埋設し，これに浸透にきた水を集めて取水するものを**集水暗きょ**という．

図 7·6 (a) のように，自由水面のある地下水で不透水層の水平なところに集水暗きょが埋設されている場合，地下水が側壁から流入するときの取水量 Q は，**デュピュイ・フォルヒハイマー (Dupuit-Forchheimer) の式**により求めることができる．

$$Q=\frac{k(H^2-H_0{}^2)L}{R} \ \text{〔m}^3\text{/s〕} \tag{7・10}$$

ただし，k：透水係数，H：原地下水位，H_0：集水暗きょの水深

L：集水暗きょの長さ，R：影響半径

図 7·6 (b) のように，自由水面のある地下水に集水暗きょを埋設して，暗きょの底面のみ流入する場合の取水量 Q は，次のとおり．

$$Q=\frac{\pi k(H-H_0)L}{2.3\log_{10}(2R/b)} \ \text{〔m}^3\text{/s〕} \tag{7・11}$$

ただし，b：集水暗きょ幅の 1/2

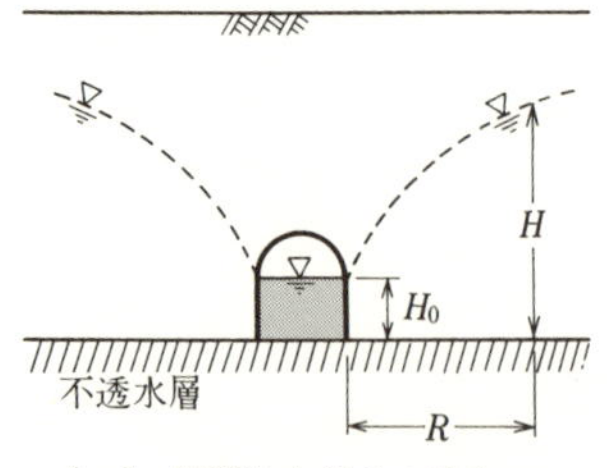

（a） 側壁から流入の場合

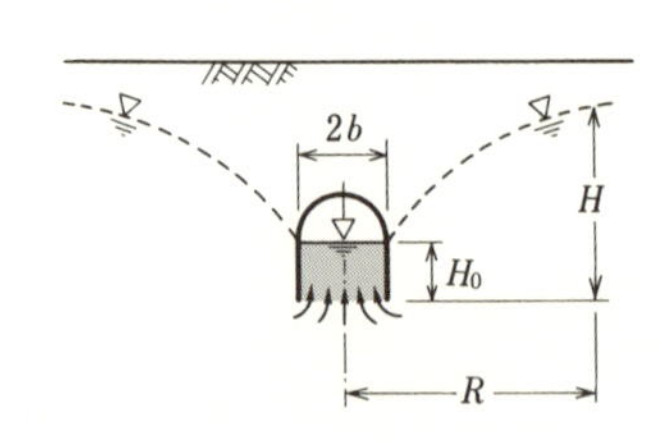

（b） 底面のみ流入の場合

図 7·6 集水暗きょ

河床下の暗きょ

図 7·7 のように，河床中に直径 D の集水暗きょを埋設した場合，地下水は集水暗きょの全周壁から流入する．流量 Q は次のとおり（**マスカットの式**）．

$$Q=\frac{2\pi k\{H_0+d-(p_C/\rho g)\}}{2.3\log_{10}(4d/D)}\ \text{〔m}^3\text{/s〕} \qquad (7\cdot12)$$

図 7·7　河床下の暗きょ

ただし，H_0：河川の水深

d：河床から集水暗きょの中心までの距離

D：集水暗きょの直径，　p_C：集水暗きょ内の水圧

No.4　集水暗きょからの取水量を求めよう

図 7·6(a)の集水暗きょを設けた．このときの集水暗きょの長さ 1 m 当りの取水量 Q を求めよ．ただし，透水係数 k を 2×10^{-3} m/s，暗きょの水深 H_0 を 0.3 m，原地下水位 H を 6 m，影響半径 R を 5 m とする．

（解）　$Q=\dfrac{k(H^2-H_0{}^2)}{R}L=\dfrac{2\times10^{-3}\times(6^2-0.3^2)}{5}\times1=\underline{1.44\times10^{-2}\ \text{m}^3\text{/s}}$

No.5　取水量を求めよう

図 7·7 において，河川の水深 H_0 を 5 m，暗きょの直径 D を 50 cm，暗きょ内の圧力水頭を 2 m，河床から暗きょの中心までの距離 d を 1.2 m，透水係数 k を 5.6×10^{-3} m/s とするとき，暗きょ 1 m 当りの取水量 Q を求めよ．

（解）　$Q=\dfrac{2\pi\times5.6\times10^{-3}\times(5+1.2-2)}{2.3\log_{10}(4\times1.2/0.5)}=\underline{6.54\times10^{-2}\ \text{m}^3\text{/s}}$

No.6　取水量を求めよう

図 7·8 のように，川岸から 10 m 離れた所に集水暗きょを設けた．川の水深が 4 m のとき，集水暗きょの水深が 50 cm となった．このときの集水暗きょの長さ 1 m 当りの取水量 Q を求めよ．ただし，透水係数を 2.5×10^{-3} m/s，水は川の方からだけ浸透するものとする．

（解）　川の方からだけ浸透するので，式（7·10）で求める取水量の 1/2 となる．

$$Q=\frac{1}{2}\times\frac{2.5\times10^{-3}(4^2-0.5^2)\times1}{10}$$

$$=\underline{1.97\times10^{-3}\ \text{m}^3\text{/s}}$$

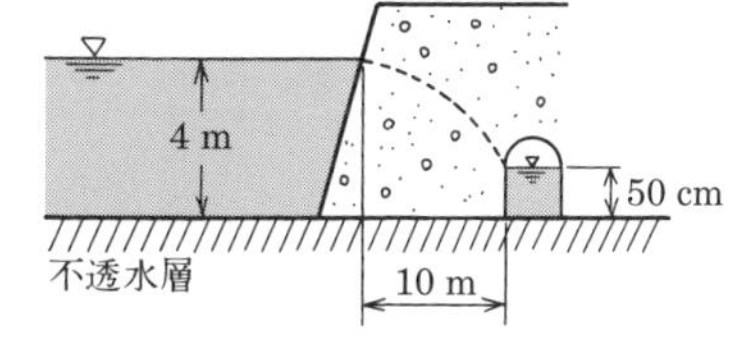

図 7·8　集水暗きょ

4 穴を掘ったら水がわき出てきた

浸潤線

河川の堤防やアースダムでは，**図 7·9** のように水が堤体内に浸透するため，①〜②線が自由水面となり，この線を**浸潤線**という．浸潤線が裏のり面に出る場合には，ここから湧水し，のり尻が弱体化して危険な状態となるので，浸潤線が外に出ないように排水施設や集水装置を設けて防護する．

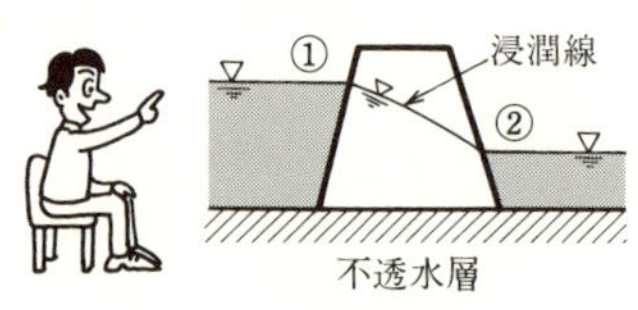

図 7·9　堤体の浸透

定常流の浸透

デュピュイ・フォルヒハイマーの準一様流の仮定は，自由水面のこう配が小さく，流線がほぼ平行で圧力分布が静水圧分布に近似できるものに適用され，**図 7·10** において，上下流の水位差 ΔH が堤体の長さ L に対して非常に小さい場合，単位幅当りの浸透流量 Q は次のとおり．

$$Q=\frac{k}{2L}(H_1^2-H_2^2) \qquad (7 \cdot 13)$$

ただし，k：透水係数，　L：堤体の長さ

H_1：上流の水位，　H_2：下流の水位

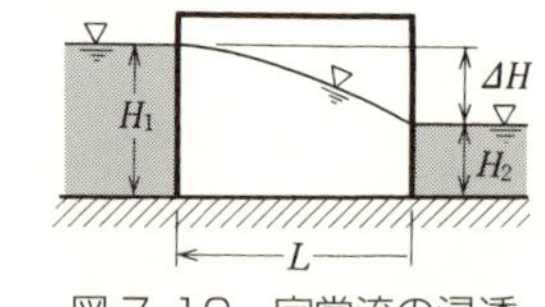

図 7·10　定常流の浸透

図 7·11 の台形断面では，**キャサグランデ（Cassagrande）の方法**により，単位幅当りの浸透流量 Q は次のとおり．

$$\left.\begin{aligned} Q &= ka\sin^2\alpha \\ a &= S_0-\sqrt{S_0^2-\left(\frac{H}{\sin\alpha}\right)^2} \end{aligned}\right\} \qquad (7 \cdot 14)$$

ただし，S_0：浸潤線の長さ（近似式から求める）

H：水頭，α：堤体ののり面角度（$0° < \alpha < 60°$）

浸透流量を求めるには，まず $\overline{AA_1}=0.3\times\overline{AA_2}$ として点 A_1 を求め，次に S_0 の第一近似式として，$S_0=\overline{CA_1}=\sqrt{H^2+d^2}$ として a_1 を求める．S_0 の第二近似式としては，$S_0=a_1+\overline{BA_1}$ として a_2 を求め，さらに，S_0 の第三近似式は $S_0=a_2+\overline{BA_1}$ として a_3 を求める．この繰返しにより a を決定すれば，式（7･14）から浸透流量 Q が求まる．

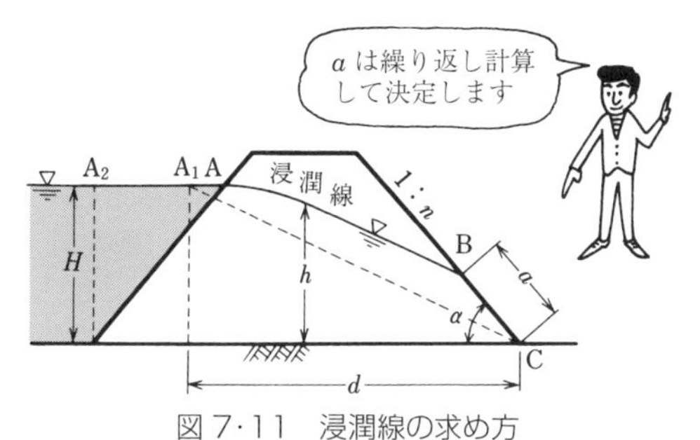

図 7･11　浸潤線の求め方

非定常流の場合

河川の洪水の影響や海岸部の地下水が潮汐によって水位が上下するとき，堤体内の浸透水も影響を受け非定常流となる．浸透流の先端が時間とともに進む距離 l は，次のとおり．

$$l=c\sqrt{Ht} \qquad (7\cdot15)$$

ただし，c：定数，t：時間，H：水深

また，浸透水が裏のり尻に達するときの時間 t は，次のとおり．

$$t=\frac{1}{k}\frac{(b+nh)\sqrt{h^2+(b+nh)^2}}{h} \qquad (7\cdot16)$$

ただし，k：透水係数，　　　n：裏のりこう配

h：堤防高または水位，　b：天端幅

トピックス　パイピング現象

浸透性の地盤の上にダムおよび堤防などの構造物を作ると，その下に地下水流が生じます．すなわち，**図 7･12** のように地層と構造物との境①，②，③に沿って地下水が流れます．この地下水の流速が大きくなると地層中の微細砂を流し去り，構造物の沈下を引き起こすことになります．

また，③付近では，流線が鉛直上向きとなるため，地盤がふくれ上がり土粒子を流し去り構造物の破壊を起こすこともあります．これら二つの現象を合わせて**パイピング現象**といいます．

図 7･12　パイピング現象

7章のまとめ問題

（解答は p.200）

【問題 1】　ある試料の室内透水試験（変水位法）を行ったところ，次の結果を得た．最初の水位計の水位 h_0 が 100 cm，15 分後の水位計の水位が 71.6 cm であった．この試料の透水係数を求めよ．

ただし，試料筒の直径が 10 cm，水位計の直径が 0.5 cm，試料の長さが 30 cm である．

【問題 2】　図 **7·13** の定水位透水試験装置により透水係数の測定を行った．このときの透水係数を求めよ．ただし，流量 20 cm³/s，砂層の断面積 80 cm² とする．

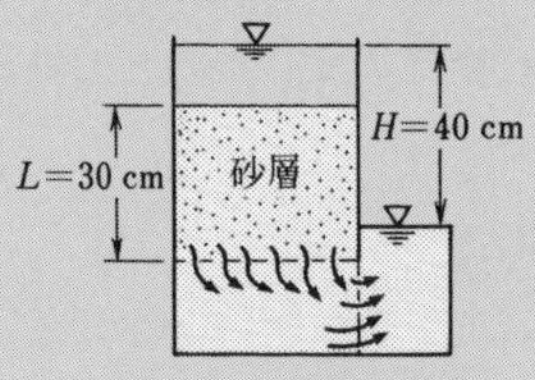

図 7·13　定水位法

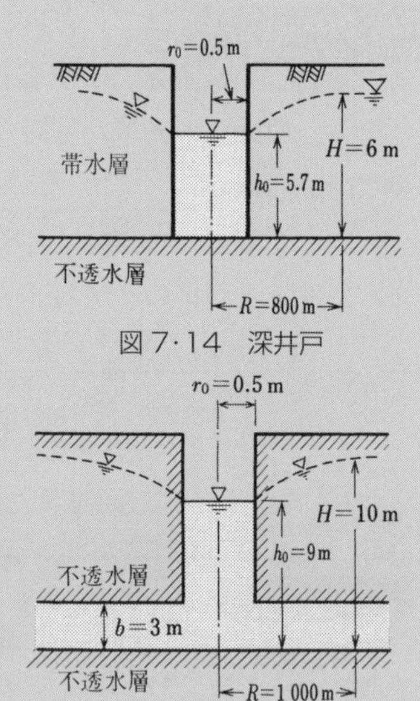

図 7·14　深井戸

図 7·15　掘抜井戸

【問題 3】　図 **7·14** の半径 0.5 m の深井戸の揚水量を求めよ．

ただし，透水係数 k は 0.02 m/s である．

【問題 4】　図 **7·15** の掘抜井戸の揚水量を求めよ．

ただし，被圧帯水層の厚さを 3 m，透水係数 k を 0.14 cm/s とする．

【問題 5】　図 **7·16** の不透水層の水平なところに集水暗きょを設けた．取水量 1.50 l/s を得るためには集水暗きょの長さはいくら必要か求めよ．

ただし，透水係数 0.015 cm/s，影響半径 400 m とする．

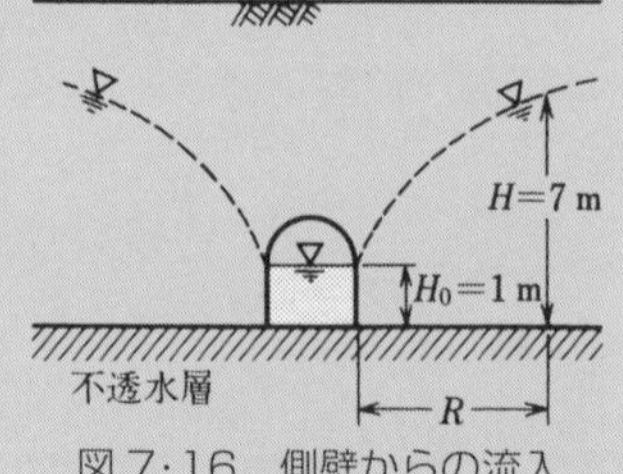

図 7·16　側壁からの流入

トピックス　地下水と地盤沈下

地盤の空隙には，地下水と空気が満たされています．このうち，地下水を排除することを圧密というが，圧密によって地盤沈下が生じます．

わが国の近代化の過程で，涵養量以上の過剰に地下水を採取することによって引き起こされた地盤沈下は，いったん生じると回復は困難です．**図 7·17** は，代表的な地域の地盤沈下の経年変化の様子を示したものです．この 100 年ほどの間に，全国の沖積平野の地盤沈下は驚くばかりです．

現在は地下水の採取が抑制され，地盤沈下は止まっていますが回復することはありません．今は反対に地下水が上昇し，地下構造物に大きな浮力が生じるなど，新たな問題が発生しています．

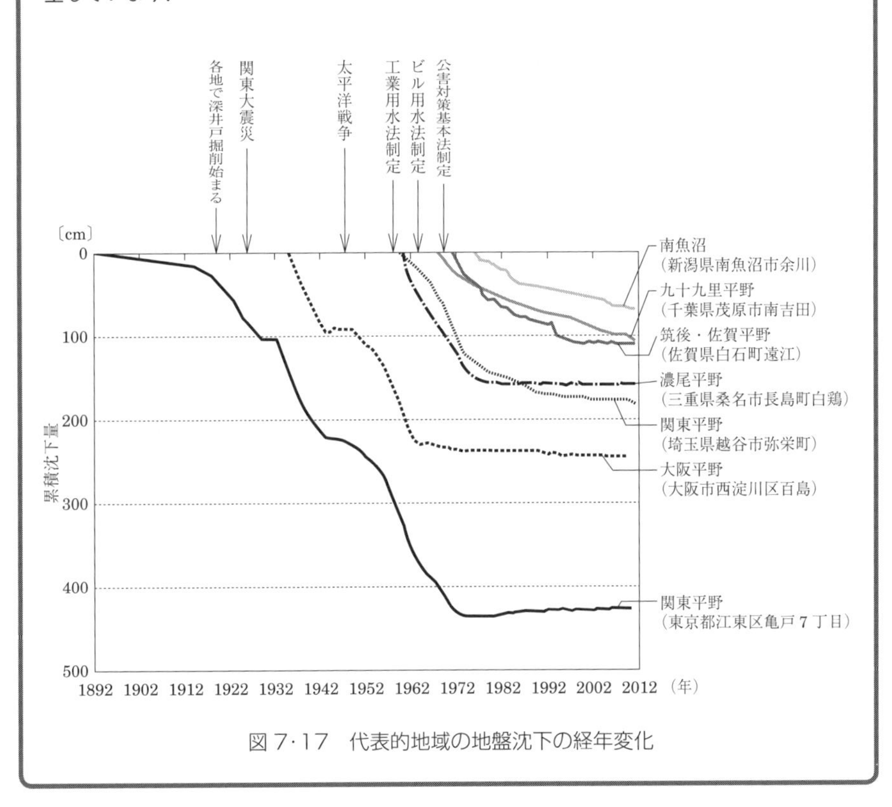

図 7·17　代表的地域の地盤沈下の経年変化

トピックス　地下水および地下水の利用状況

地下水とは，地表面下にある水のうち，地下水面より深い帯水層に水が飽和しているものをいう．地下水面より浅いところで土壌間に水が満たされていない不飽和のものは**土壌水**，河川や湖沼の陸上にあるものを**表流水**という．

地盤は，水分を吸収する性質があり，この浸透により地中に地下水が蓄えられる．水は地上や地下，大気中を循環しており，地下深く浸透した水は涵養，流動，流出という循環系を構成している．地下水の位置エネルギーと圧力の和を地下水ポテンシャルというが，地下水は地下水ポテンシャルの高い方から低い方へ流れる．

図 7·18 および**表 7·2** は，日本における地下水の利用状況および用途別割合・地下水依存率を示したものである．

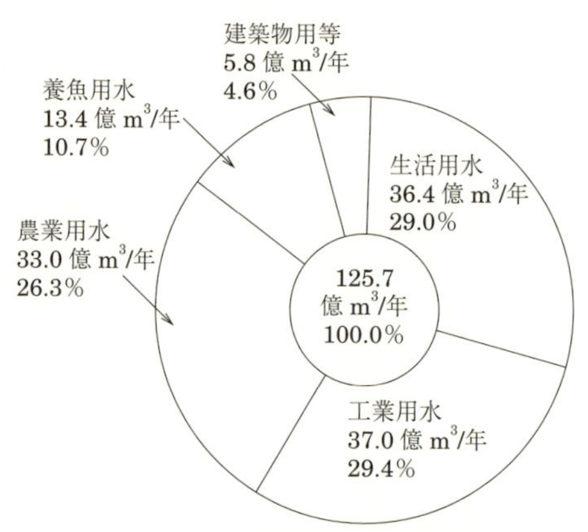

図 7·18　地下水使用の用途別割合
（出典：国土交通省：日本の水資源白書，2016）

表 7·2　全国の地下水使用状況（用途別割合，地下水依存率）

用　途	地下水使用量〔億 m^3/年〕	地下水用途別割合〔%〕	全水使用量〔億 m^3/年〕	地下水依存率〔%〕
1. 生活用水	36.4	29.0	162.8	22.4
2. 工業用水	37.0	29.4	123.2	30.0
3. 農業用水	33.0	26.3	566.4	5.8
合　計	106.4	84.7	852.4	12.5

（出典：国土交通省：日本の水資源白書，2016）

まとめ問題解答

1章　水の性質および次元（p.20）

〔問題1〕　単位体積重量，密度

単位体積重量 $w=\dfrac{W}{V}=\dfrac{882\ \mathrm{N}}{100\ l}=\dfrac{882\ \mathrm{N}}{0.1\ \mathrm{m}^3}=\underline{8.82\ \mathrm{kN/m^3}}$

密度 $\rho=\dfrac{w}{g}=\dfrac{8.82\ \mathrm{kN/m^3}}{9.8\ \mathrm{m/s^2}}=\dfrac{8.82\times10^3\ \mathrm{kg\cdot m/s^2\cdot 1/m^3}}{9.8\ \mathrm{m/s^2}}$

$=0.9\times10^3\ \mathrm{kg/m^3}=\underline{900\ \mathrm{kg/m^3}}$

〔問題2〕　重　量

$w=\rho g=1\,000\ \mathrm{kg/m^3}\times9.8\ \mathrm{m/s^2}=9\,800\ \mathrm{N/m^3}$

$V=1\ \mathrm{m}\times1\ \mathrm{m}\times2\ \mathrm{m}=2\ \mathrm{m}^3$

水の重量 $W=wV=9\,800\ \mathrm{N/m^3}\times2\ \mathrm{m^3}=19.6\times10^3\ \mathrm{N}=\underline{19.6\ \mathrm{kN}}$

〔問題3〕　毛管現象

式（1･3），表1･3より

（水の場合）　$h=\dfrac{4\times73.49\times10^{-3}\ \mathrm{kg/s^2}\times\cos 9°}{999.1\ \mathrm{kg/m^3}\times9.8\ \mathrm{m/s^2}\times0.005\ \mathrm{m}}$

$=5.9\times10^{-3}\ \mathrm{m}=\underline{5.9\ \mathrm{mm}}$

（水銀の場合）　$h=\dfrac{4\times487\times10^{-3}\ \mathrm{kg/s^2}\times\cos 140°}{13\,558\ \mathrm{kg/m^3}\times9.8\ \mathrm{m/s^2}\times0.005\ \mathrm{m}}$

$=-2.5\times10^{-3}\ \mathrm{m}=\underline{-2.5\ \mathrm{mm}}$

〔問題4〕　動粘性係数

式（1･5）から，動粘性係数 ν は，次のようになる．

$\nu=\dfrac{\mu}{\rho}=\dfrac{1.002\times10^{-3}\ \mathrm{kg/(m\cdot s)}}{998.20\ \mathrm{kg/m^3}}=\underline{1.004\times10^{-6}\ \mathrm{m^2/s}}$

〔問題5〕　せん断応力（表面力）

20℃の水の粘性係数 $\mu=1.002\times10^{-3}\ \mathrm{Pa\cdot s}$，　$\Delta u=0.1\ \mathrm{m/s}$，

$\Delta y=5\times10^{-3}\ \mathrm{m}$ である．せん断応力 τ は，式（1･4）から

$\tau=\mu\dfrac{\Delta u}{\Delta y}=1.002\times10^{-3}\ \mathrm{kg/(m\cdot s)}\times\dfrac{0.1\ \mathrm{m/s}}{5\times10^{-3}\mathrm{m}}=\underline{0.02\ \mathrm{N/m^2}}$

なお，平板全体に働く力 P は，$P=\tau A=0.02\ \mathrm{N/m^2}\times2\ \mathrm{m^2}=\underline{0.04\ \mathrm{N}}$

〔問題 6〕 重力加速度

$w=\rho g=60\times 9.8=588$ N より， $\rho=w/g$ —①

$w'=\rho g'=66\times 9.8=647$ N より， $\rho=w'/g'$ —②

w'はエレベーターが等速加速度運動しているために生じる見掛けの重力（非慣性系座標）である．質量 ρ は一定であるから，①，②より

$$\rho=\frac{w}{g}=\frac{w'}{g'},\quad \frac{588\ \mathrm{N}}{9.8\ \mathrm{m/s^2}}=\frac{647\ \mathrm{N}}{g'}$$

重力加速度 $g'=\dfrac{647}{588}\times 9.8=\underline{10.8\ \mathrm{m/s^2}}$

なお，エレベーターの加速度は，$a=10.8-9.8=\underline{1.0\ \mathrm{m/s^2}}$ となる．

2章 静水圧 (p.54)

〔問題 1〕 せきに作用する全水圧・作用点

$H_G=(0.5+2)/2=1.25$ m， $A=1.5\times 2=3$ m^2 より

$$P=\rho g H_G A=1\,000\ \mathrm{kg/m^3}\times 9.8\ \mathrm{m/s^2}\times 1.25\ \mathrm{m}\times 3\ \mathrm{m^2}$$

$$=36\,750\ \mathrm{N}=\underline{36.75\ \mathrm{kN}}$$

$$H_C'=\frac{H}{3}\frac{2H_1+H_2}{H_1+H_2}=\frac{1.5}{3}\times\frac{2\times 0.5+2}{0.5+2}=0.6\ \mathrm{m}$$

$$H_C=H_2-H_C'=\underline{1.4\ \mathrm{m}}$$

〔問題 2〕 水門の回転

（1） $P=\rho g H_G A=1\,000\ \mathrm{kg/m^3}\times 9.8\ \mathrm{m/s^2}\times 0.9\ \mathrm{m}\times 1.2\ \mathrm{m^2}=\underline{10.58\ \mathrm{kN}}$

$$H_C'=\frac{1.2}{3}\times\frac{2\times 0.3+1.5}{0.3+1.5}=0.467\ \mathrm{m}$$

$$\therefore\quad H_C=H_2-H_C'=\underline{1.033\ \mathrm{m}}$$

（2） 作用点の位置 H_C が O 点より上にくるとき，水門は回転する．

$H_C\leqq H-0.5$， $H_G=H-0.6$， $I_G=(1\times 1.2^3)/12=0.144$ m^4

$A=1.2$ m^2 より

$$H_C=H_G+\frac{I_G}{H_G A}=(H-0.6)+\frac{0.144}{(H-0.6)\times 1.2}$$

$$(H-0.6)+\frac{0.144}{1.2(H-0.6)}\leqq H-0.5$$

$$\therefore\quad \underline{H\geqq 1.8\ \mathrm{m}}$$

〔問題 3〕 ローリングゲートの全水圧・作用点

$$P_x=\rho g H_G A_x=1\,000\ \mathrm{kg/m^3}\times 9.8\ \mathrm{m/s^2}\times 1\ \mathrm{m}\times 6\ \mathrm{m^2}=58.80\ \mathrm{kN}$$

$$P_z=\rho g V=\rho g AB=1\,000\ \mathrm{kg/m^3}\times 9.8\ \mathrm{m/s^2}\times\frac{1}{2}\times\frac{3.14\times 2^2}{4}\ \mathrm{m^2}\times 3\ \mathrm{m}$$

$$=46.16\ \mathrm{kN}$$

$$P=\sqrt{P_x^{\,2}+P_z^{\,2}}=\underline{74.75\ \mathrm{kN}}$$

$\theta = \tan^{-1}\dfrac{P_z}{P_x} = 38°8'$,　$H_C' = \dfrac{1}{3} \times 2 = 0.67\ \mathrm{m}$

$P_x(D/2 - H_C') = P_z a$ から

$a = \dfrac{P_x \times (D/2 - H_C')}{P_z} = \dfrac{58.8 \times (1 - 0.67)}{46.158} = \underline{0.42\ \mathrm{m}}$

〔問題 4〕　浮体の安定

(1)　浮力 $B = 1\,025\ \mathrm{kg/m^3} \times 9.8\ \mathrm{m/s^2}(10\ \mathrm{m} \times 5\ \mathrm{m} \times d$〔m〕)

$= 502.3d$〔kN〕

$W = B$ から，$502.3d = 686$　∴　$d = \underline{1.366\ \mathrm{m}}$

(2)　$d = 1.5\ \mathrm{m}$ のときの浮力 B

$B = 1\,025\ \mathrm{kg/m^3} \times 9.8\ \mathrm{m/s^2}(10\ \mathrm{m} \times 5\ \mathrm{m} \times 1.5\ \mathrm{m}) = 752.4\ \mathrm{kN}$

積載荷重 = 浮力 − 自重 $= 752.4 - 686 = \underline{66.4\ \mathrm{kN}}$

3章　水の運動 (p.94)

〔問題 1〕　流積・潤辺・流量

流積 $A = 3.5 \times 2.0 = \underline{7.0\ \mathrm{m^2}}$,　潤辺 $S = 2 \times 2 + 3.5 = 7.5\ \mathrm{m}$

径深 $R = A/S = 7.0/7.5 = \underline{0.933\ \mathrm{m}}$

流量 $Q = Av = 7.0 \times 2.5 = \underline{17.5\ \mathrm{m^3/s}}$

〔問題 2〕　連続の式

$D_1 = 5\ \mathrm{cm} = 0.05\ \mathrm{m}$，$D_2 = 15\ \mathrm{cm} = 0.15\ \mathrm{m}$，流積 $A_1 = \pi D_1^2/4$

$= 0.00196\ \mathrm{m^2}$，$A_2 = \pi D_2^2/4 = 3.14 \times 0.15^2/4 = 0.0177\ \mathrm{m^2}$,

連続の式 $A_1 v_1 = A_2 v_2$ から，$0.00196 \times 3.0 = 0.0177 \times v_2$

∴　$v_2 = 0.00196 \times 3.0/0.0177 = \underline{0.332\ \mathrm{m/s}}$

〔問題 3〕　完全流体のベルヌーイの定理

流積 $A_1 = \pi D_1^2/4 = 3.14 \times 0.25^2/4 = 0.0491\ \mathrm{m^2}$

$A_2 = \pi D_2^2/4 = 3.14 \times 0.18^2/4 = 0.0254\ \mathrm{m^2}$

連続の式 $A_1 v_1 = A_2 v_2$ から

$0.0491 \times 3.0 = 0.0254 \times v_2$　∴　$v_2 = \underline{5.80\ \mathrm{m/s}}$

$\rho = 1\,000\ \mathrm{kg/m^3}$，$p = 120\ \mathrm{kPa} = 120\,000\ \mathrm{Pa}$

ベルヌーイの定理　$\dfrac{v_1^2}{2g} + z_1 + \dfrac{p_1}{\rho g} = \dfrac{v_2^2}{2g} + z_2 + \dfrac{p_2}{\rho g}$ から

$$\frac{3^2}{2 \times 9.8} + 6 + \frac{120\,000}{1\,000 \times 9.8} = \frac{5.8^2}{2 \times 9.8} + 5 + \frac{p_2}{1\,000 \times 9.8}$$

$\dfrac{p_2}{9\,800} = 12.0\ \mathrm{m}$　　∴　$p_2 = 117\,600\ \mathrm{Pa} = \underline{117.6\ \mathrm{kPa}}$

〔問題 4〕 ベンチュリーメータ

流積 $A_1 = \pi D_1{}^2/4 = 3.14 \times 0.3^2/4 = 0.0707\ \mathrm{m}^2$

$A_2 = \pi D_2{}^2/4 = 3.14 \times 0.15^2/4 = 0.0177\ \mathrm{m}^2$

$\rho = 1\,000\ \mathrm{kg/m^3}$,　$\rho' = 13\,600\ \mathrm{kg/m^3}$

流量 $Q = C\dfrac{A_1 A_2}{\sqrt{A_1{}^2 - A_2{}^2}}\sqrt{2g(12.6 \times H')}$

$= 0.98\dfrac{0.0707 \times 0.0177}{\sqrt{0.0707^2 - 0.0177^2}}\sqrt{2 \times 9.8 \times 12.6 \times 0.10}$

$= 0.98 \times 0.0125 \div 0.0684 \times 4.97 = \underline{0.892\ \mathrm{m^3/s}}$

〔問題 5〕 粘性流体のベルヌーイの定理

流積 $A_1 = \pi D_1{}^2/4 = 0.785\ \mathrm{m}^2$，$A_2 = \pi D_2{}^2/4 = 0.196\ \mathrm{m}^2$

連続の式 $A_1 v_1 = A_2 v_2$ から

$0.785 \times 4.0 = 0.196 \times v_2$，$v_2 = 16.0\ \mathrm{m/s}$

損失水頭を考慮したベルヌーイの定理 $\dfrac{v_1{}^2}{2g} + z_1 + \dfrac{p_1}{\rho g} = \dfrac{v_2{}^2}{2g} + z_2 + \dfrac{p_2}{\rho g} + h_l$ から

$$\frac{4^2}{2 \times 9.8} + 15 + \frac{330\,000}{1\,000 \times 9.8} = \frac{16^2}{2 \times 9.8} + 10 + \frac{250\,000}{1\,000 \times 9.8} + h_l$$

$\therefore\ h_l = \underline{0.918\ \mathrm{m}}$

〔問題 6〕 マニングの平均流速公式

流積 $A = 3.0 \times 1.5 = 4.5\ \mathrm{m}^2$，潤辺 $S = 3 + 1.5 \times 2 = 6\ \mathrm{m}$

径深 $R = A/S = 4.5/6 = 0.75\ \mathrm{m}$，$I = 0.2\ \% = 0.002$

マニングの公式から平均流速 v は

$$v = \frac{1}{n}R^{2/3}I^{1/2} = \frac{1}{0.012} \times 0.75^{2/3} \times 0.002^{1/2} = \underline{3.08\ \mathrm{m/s}}$$

4章 管水路 (p.126)

〔問題 1〕 流入損失係数

流積 $A = \pi D^2/4 = 3.14 \times 0.05^2/4 = 0.00196\ \mathrm{m}^2$

流速 $v = Q/A = 0.006/0.00196 = 3.06\ \mathrm{m/s}$

水槽と①点でベルヌーイの定理を立てると（基準面は管の中心）

$$0 + 2 + 0 = \frac{3.06^2}{2 \times 9.8} + 0 + 1.30 + h_e \quad \therefore\ h_e = 0.222\ \mathrm{m}$$

$h_e = f_e\dfrac{v^2}{2g}$ から　$0.222 = f_e \times \dfrac{3.06^2}{2 \times 9.8}$　$\therefore\ f_e = \underline{0.465}$

〔**問題 2**〕　急拡損失係数

流積 $A_1=\pi {D_1}^2/4=3.14\times0.15^2/4=0.0177\ \mathrm{m^2}$

$A_2=\pi {D_2}^2/4=3.14\times0.30^2/4=0.0707\ \mathrm{m^2}$

流速 $v_1=Q/A_1=0.4/0.0177=22.6\ \mathrm{m/s}$

流速 $v_2=Q/A_2=0.4/0.0707=5.66\ \mathrm{m/s}$

断面①，②の間にベルヌーイの定理を立てると（基準面は管の中心）

$$\frac{22.6^2}{2\times9.8}+0+2.3=\frac{5.66^2}{2\times9.8}+0+19.7+h_{se}\quad\therefore\quad h_{se}=7.02\ \mathrm{m}$$

$h_{se}=f_{se}\dfrac{{v_1}^2}{2g}$ から　$7.02=f_{se}\times\dfrac{22.6^2}{2\times9.8}\quad\therefore\quad f_{se}=\underline{0.269}$

〔**問題 3**〕　単線管水路

表 4·4 から $f_v=0.81$，E 点での平均流速

$$v=\sqrt{\frac{2gH}{f_e+f_b+f_v+f(l/D)}}=\sqrt{\frac{2\times9.8\times3}{0.5+1.0+0.81+0.4\times(27/0.1)}}$$

$=\sqrt{0.533}=0.730\ \mathrm{m/s}$

流積 $A=\pi D^2/4=3.14\times0.1^2/4=0.00785\ \mathrm{m^2}$

流量 $Q=Av=0.00785\times0.730=0.00573\ \mathrm{m^3/s}=\underline{5.73\times10^{-3}\ \mathrm{m^3/s}}$

〔**問題 4**〕　単線管水路

$A=\pi D^2/4=3.14\times1.2^2/4=1.13\ \mathrm{m^2}$，$v=Q/A=2.0/1.13=1.77\ \mathrm{m/s}$

A 水槽と F 水槽の水位差を H とすると

$$v=\sqrt{\frac{2gH}{f_e+2f_b+f_v+f_o+f(l/D)}}$$

$$1.77=\sqrt{\frac{2\times9.8\times H}{0.5+2\times1.0+0.1+1.0+0.025\times300/1.2}}$$

$1.77=\sqrt{1.99H}$，　$1.99H=3.13\quad\therefore\quad H=1.57\ \mathrm{m}$

$H_A-H_F=H$ から

$H_F=H_A-H=15-1.57=\underline{13.43\ \mathrm{m}}$

〔**問題 5**〕　ポンプの軸動力

$A=\pi D^2/4=3.14\times0.7^2/4=0.385\ \mathrm{m^2}$，$v=Q/A=1.0/0.385=2.60\ \mathrm{m/s}$

管路部分の損失水頭 $h_l=f\dfrac{l}{D}\dfrac{v^2}{2g}=0.025\times\dfrac{2\,000}{0.7}\times\dfrac{2.60^2}{2\times9.8}=24.6\ \mathrm{m}$

全揚程 $H_P=H+H_l=50+24.6=74.6\ \mathrm{m}$

軸動力 $S=\dfrac{9.8\,QH_P}{\eta_p}=\dfrac{9.8\times1.0\times74.6}{0.8}=\underline{914\ \mathrm{kW}}$

5章　開水路 (p.160)

〔問題 1〕　水理学上の最良断面

式（5·10）から

流積 $A=(2\sqrt{1+m^2}-m)H^2=(2\sqrt{1+2^2}-2)H^2=2.472\,H^2$

径深 $R=H/2$

これを流量 $Q=Av=A\dfrac{1}{n}R^{2/3}I^{1/2}$ に代入すると

$$Q=2.472H^2\times\frac{1}{0.025}\times\left(\frac{H}{2}\right)^{2/3}\times\left(\frac{1}{2\,000}\right)^{1/2}$$

$$=2.472\times\frac{1}{0.025}\times\frac{1}{2^{2/3}}\times\frac{1}{2\,000^{1/2}}\times H^2\times H^{2/3}=1.39\,H^{8/3}$$

$Q=40\ \mathrm{m^3/s}$ であるから

$$1.39\,H^{8/3}=40,\quad H=\left(\frac{40}{1.39}\right)^{3/8}\quad\therefore\quad H=3.52\ \mathrm{m}$$

この H の値を式（5·10）に代入すると

流積 $A=2.472\times3.52^2=\underline{30.6\ \mathrm{m^2}}$

底幅 $b=2H(\sqrt{1+m^2}-m)=2\times3.52\times(\sqrt{1+2^2}-2)=\underline{1.66\ \mathrm{m}}$

水面幅 $B=2H\sqrt{1+m^2}=2\times3.52\sqrt{1+2^2}=\underline{15.74\ \mathrm{m}}$

潤辺 $S=2H(2\sqrt{1+m^2}-m)=2\times3.52\times(2\sqrt{1+2^2}-2)=\underline{17.40\ \mathrm{m}}$

径深 $R=\dfrac{H}{2}=\dfrac{3.52}{2}=\underline{1.76\ \mathrm{m}}$

〔問題 2〕　開水路の流量（等価粗度係数）

潤辺 $S=S_1+S_2=0.8\times2+1.2=2.8\ \mathrm{m}$

等価粗度係数 n は式（5·13）から

$$n=\left(\frac{S_1n^{3/2}+S_2n^{3/2}}{S}\right)^{2/3}=\left(\frac{0.8\times2\times0.013^{3/2}+1.2\times0.016^{3/2}}{2.8}\right)^{2/3}=0.014$$

流積 $A=1.2\times0.8=0.96\ \mathrm{m^2}$，径深 $R=A/S=0.96/2.8=0.34\ \mathrm{m}$

したがって

$$\text{流量 } Q=\frac{1}{n}AR^{2/3}I^{1/2}=\frac{1}{0.014}\times0.96\times0.34^{2/3}\times\left(\frac{1}{1\,000}\right)^{1/2}=\underline{1.06\ \mathrm{m^3/s}}$$

〔問題 3〕　複断面水路の流量

（1）高水敷部分の計算

流積 $A_1=1.2\times10=12\ \mathrm{m^2}$，潤辺 $S_1=1.2+10=11.2\ \mathrm{m}$

径深 $R_1=A_1/S_1=12/11.2=1.07\ \mathrm{m}$

$$\text{流量 } Q_1=\frac{1}{n_1}A_1{R_1}^{2/3}I^{1/2}=\frac{1}{0.035}\times12\times1.07^{2/3}\times\left(\frac{1}{1\,600}\right)^{1/2}$$

$$=8.97\ \mathrm{m^3/s}$$

(2) 低水路部分の計算

流積 $A_2 = 8 \times 2.4 = 19.2\ \mathrm{m}^2$，潤辺 $S_2 = 1.2 + 8 + 2.4 = 11.6\ \mathrm{m}$

径深 $R_2 = A_2/S_2 = 19.2/11.6 = 1.66\ \mathrm{m}$

流量 $Q_2 = \dfrac{1}{n_2} A_2 R_2^{2/3} I^{1/2} = \dfrac{1}{0.02} \times 19.2 \times 1.66^{2/3} \times \left(\dfrac{1}{1\,600}\right)^{1/2} = 33.65\ \mathrm{m^3/s}$

(3) 全流量の計算

流量 $Q = Q_1 + Q_2 = 8.79 + 33.65 = \underline{42.44\ \mathrm{m^3/s}}$

〔問題 4〕 最小潤辺と最大流量

流量は，$Q = v \cdot A = \dfrac{1}{n} R^{2/3} I^{1/2} A = \dfrac{1}{n}\left(\dfrac{A}{S}\right)^{2/3} I^{1/2} A$

n と I，A は一定であるから，Q を最大にするためには，S を最小にすればよい．

すなわち，$S = B + 2H = \dfrac{A}{H} + 2H$ の式を H で微分すると

$\dfrac{dS}{dH} = -\dfrac{A}{H^2} + 2 = 0$

よって，$A = 2H^2$　ここで，$A = BH$ を代入すると，$BH = 2H^2$

$\therefore\quad H = \dfrac{B}{2}$ となる．

すなわち，$\underline{H \text{ が } \dfrac{B}{2} \text{ のときに流量が最大となる．}}$

〔問題 5〕 比エネルギー，フルード数

流速 $v = \dfrac{Q}{A} = \dfrac{Q}{BH} = \dfrac{1}{1.2 \times 0.80} = 1.04\ \mathrm{m/s}$

比エネルギー E は，式 (5·14) から

$E = \dfrac{v^2}{2g} + H = \dfrac{1.04^2}{2 \times 9.8} + 0.80 = \underline{0.86\ \mathrm{m}}$

限界水深 H_C は，式 (5·18) から

$H_C = \sqrt[3]{\dfrac{Q^2}{gB^2}} = \sqrt[3]{\dfrac{1^2}{9.8 \times 1.2^2}} = \underline{0.41\ \mathrm{m}}$（$< H = 0.8\ \mathrm{m}$，常流）

限界流速 v_C は，式 (5·17) から

$v_C = \sqrt{gH_C} = \sqrt{9.8 \times 0.41} = \underline{2.0\ \mathrm{m/s}}$（$> v = 1.04\ \mathrm{m/s}$，常流）

フルード数 Fr は，式 (5·23) から

$Fr = \dfrac{v}{\sqrt{gH}} = \dfrac{1.04}{\sqrt{9.8 \times 0.8}} = \underline{0.37}$（$< 1$，常流）

〔問題 6〕 橋脚による水位変化量

表 5·3 から，$C=0.92$，$\dfrac{1}{C^2}=1.181$

式（5·31）から Δh_p の第一近似値を求める．

$Q=800\ \mathrm{m^3/s}$，　$H_1=4\ \mathrm{m}$，　$B_1=80\ \mathrm{m}$，　$B_2=80-2\times4=72\ \mathrm{m}$

$$v_1=\frac{Q}{A}=\frac{800}{80\times4}=2.5\ \mathrm{m/s}$$

$$\Delta h_{p1}=\frac{Q^2}{2g}\left(\frac{1}{C^2{B_2}^2{H_1}^2}-\frac{1}{{B_1}^2{H_1}^2}\right)=\frac{v^2}{2g}\left\{\frac{1}{C^2}\left(\frac{B_1}{B_2}\right)^2-1\right\}$$

$$=\frac{2.5^2}{2\times9.8}\times\left\{1.181\times\left(\frac{80}{72}\right)^2-1\right\}=0.319\times(1.458-1)=0.15\ \mathrm{m}$$

式（5·31）に代入して第二近似値を求める．

$$\Delta h_{p2}=\frac{Q^2}{2g}\left\{\frac{1}{C^2{B_2}^2(H_1-\Delta h_{p1})^2}-\frac{1}{{B_1}^2{H_1}^2}\right\}$$

$$=\frac{800^2}{2\times9.8}\times\left\{\frac{1}{0.92^2\times72^2\times(4-0.15)^2}-\frac{1}{80^2\times4^2}\right\}$$

$$=32\,653\times\left\{\frac{1}{65\,037}-\frac{1}{102\,400}\right\}=0.18\ \mathrm{m}$$

同様にして，第三近似値，第四近似値を求める．

第三近似値：$\Delta h_{p3}=0.19\ \mathrm{m}$，第四近似値：$\Delta h_{p4}=0.19\ \mathrm{m}$ となり

水位変化量は $\underline{0.19\ \mathrm{m}}$ となる．

6章 オリフィス・せき・ゲート（p.178）

〔問題 1〕 レイノルズ相似則

実物と模型との間では，レイノルズ相似則が成り立つから，模型の速度 v_m，長さ $L_m=L/10$，$Re=vD/\nu$ より

$$Re=\frac{vL}{\nu}=\frac{v_mL_m}{\nu},\quad v_m=\frac{vL}{L_m}=\frac{20\times L}{L/10}=\underline{200\ \mathrm{km/h}}$$

二つの流れでレイノルズ数が等しいということは，慣性力と粘性力の比が等しいことから，作用する力の割合，力学的に相似な状態にある．

〔問題 2〕 オリフィス

流量 $Q=15\ l/\mathrm{s}=0.015\ \mathrm{m^3/s}$

式（6·2）から

$$Q=C_aaC_v\sqrt{2gH}$$

$$0.015=0.64\times a\times0.95\sqrt{2\times9.8\times3}=4.66\,a$$

$$\therefore\quad a=0.0032\ \mathrm{m^2}$$

オリフィスの直径を D とすれば，$a=\dfrac{\pi D^2}{4}$ から

$$0.0032=\frac{\pi D^2}{4}\quad\therefore\quad D=0.064\ \mathrm{m}=\underline{6.4\ \mathrm{cm}}$$

〔**問題 3**〕 直角三角せき

式（6·8）から求める．

$$K = 81.2 + \frac{0.24}{H} + \left(8.4 + \frac{12}{\sqrt{D}}\right)\left(\frac{H}{B} - 0.09\right)^2$$

$$= 81.2 + \frac{0.24}{0.2} + \left(8.4 + \frac{12}{\sqrt{0.6}}\right)\left(\frac{0.2}{1.0} - 0.09\right)^2 = 82.7$$

流量 Q は次のとおり．

$Q = KH^{5/2} = 82.7 \times 0.2^{5/2} = \underline{1.48\ \mathrm{m^3/min}}$

〔**問題 4**〕 全幅せき

$D = 1.2\ \mathrm{m} > 1\ \mathrm{m}$ であるから

補正項 $\varepsilon = 0.55(D-1) = 0.55 \times (1.2-1) = 0.11$

式（6·11）に代入すると

流量係数 $K = 107.1 + \dfrac{0.177}{H} + 14.2\dfrac{H}{D}(1+\varepsilon)$

$$= 107.1 + \frac{0.177}{0.8} + 14.2 \times \frac{0.8}{1.2} \times (1 + 0.11) = 117.8$$

流量 $Q = KBH^{3/2}$ から

$288 = 117.8 \times B \times 0.8^{3/2} = 84.3\,B$

∴ $B = \underline{3.4\ \mathrm{m}}$，せき幅は 3.4 m

〔**問題 5**〕 長方形せき

表 6·2 から流量係数 C_1 を求める．

$\dfrac{H_1}{L} = \dfrac{0.4}{2} = 0.2$

したがって広頂せきとなり，流量係数 C_1 は次のようになる．

$C_1 = 1.552 + 0.083\left(\dfrac{H_1}{L}\right) = 1.552 + 0.083 \times 0.2 = 1.569$

したがって，式（6·14）から

流量 $Q = C_1 B H_1^{3/2} = 1.569 \times 15 \times 0.4^{3/2} = \underline{5.95\ \mathrm{m^3/s}}$

〔**問題 6**〕 もぐり流出

式（6·18）から

$Q = CBH_0\sqrt{2g(H_1 - H_2)}$

$6.7 = C \times 4 \times H_0\sqrt{2 \times 9.8 \times (4-3)}$ ∴ $H_0 = 0.378/C$

ここで，C を 0.4 と仮定すると

$H_0 = 0.378/0.4 = 0.95\ \mathrm{m}$

$H_1/H_0 = 4/0.95 = 4.2$， $H_2/H_0 = 3/0.95 = 3.2$， 図 6·25 より，$C = 0.37$

$Q = 0.37 \times 4 \times 0.95\sqrt{2 \times 9.8 \times (4-3)} = 6.22\ \mathrm{m^3/s}$

流量 $6.7\ \mathrm{m^3/s}$ よりまだ小さいので，$H_0 = 1.0\ \mathrm{m}$ とすると

$H_1/H_0 = 4/1.0 = 4.0$，$H_2/H_0 = 3/1.0 = 3.0$， 図 6·25 より $C = 0.38$

$Q = 0.38 \times 4 \times 1.0\sqrt{2 \times 9.8 \times (4-3)} = 6.73\ \mathrm{m^3/s}$

したがって，ゲートの開きは1 mである．

7章　地中の水理学（p.188）

〔問題1〕　透水係数（変水位法）

式（7·5）から求める．

$$\text{透水係数}\ k = 2.3\frac{a}{A}\frac{l}{t}\log_{10}\frac{h_1}{h_2} = 2.3\left(\frac{D_2}{D_1}\right)^2 \times \frac{l}{t}\log_{10}\frac{h_1}{h_2}$$

$$= 2.3 \times \left(\frac{0.5}{10}\right)^2 \times \frac{30}{15 \times 60} \times \log_{10}\frac{100}{71.6} = 2.8 \times 10^{-5}\ \mathrm{cm/s}$$

$$= \underline{2.8 \times 10^{-7}\ \mathrm{m/s}}$$

〔問題2〕　透水係数（定水位法）

式（7·4）から求める．

$$\text{透水係数}\ k = \frac{Ql}{Ah} = \frac{20 \times 30}{80 \times 40} = 0.188\ \mathrm{cm/s} = \underline{18.8 \times 10^{-2}\ \mathrm{m/s}}$$

〔問題3〕　深井戸（自由地下水）

式（7·7）から求める．

$$\text{揚水量}\ Q = \frac{\pi k (H^2 - h_0{}^2)}{2.3\log_{10}\left(\dfrac{R}{r_0}\right)} = \frac{\pi \times 0.02 \times (6^2 - 5.7^2)}{2.3\log_{10}\left(\dfrac{800}{0.5}\right)} = \underline{0.03\ \mathrm{m^3/s}}$$

〔問題4〕　被圧地下水

式（7·6）から求める．$k = 0.14\ \mathrm{cm/s} = 1.4 \times 10^{-3}\ \mathrm{m/s}$

$$\text{揚水量}\ Q = \frac{2\pi kb(H - h_0)}{2.3\log_{10}\left(\dfrac{R}{r_0}\right)} = \frac{2\pi \times 1.4 \times 10^{-3} \times 3 \times (10-9)}{2.3\log_{10}\left(\dfrac{1\,000}{0.5}\right)}$$

$$= \underline{0.0035\ \mathrm{m^3/s}} = 12.6\ \mathrm{m^3/h}$$

〔問題5〕　集水暗きょ

式（7·10）から

$$Q = \frac{k(H^2 - H_0{}^2)L}{R}$$

$k = 0.015\ \mathrm{cm/s} = 1.5 \times 10^{-4}\ \mathrm{m/s}$

$Q = 1.5\ l/\mathrm{s} = 1.5 \times 10^{-3}\ \mathrm{m/s}$

$$1.5 \times 10^{-3} = \frac{1.5 \times 10^{-4} \times (7^2 - 1^2)}{400}L$$

$$\therefore\ L = 1.5 \times 10^{-3} \times \frac{400}{1.5 \times 10^{-4} \times 48} = \underline{83.3\ \mathrm{m}}$$

参考文献

1）土木学会編：水理公式集，2018年版，土木学会
2）栗津清蔵：大学課程　水理学，オーム社
3）玉井信行，有田正光：大学土木　水理学，オーム社
4）内山久雄，内山雄介：ゼロから学ぶ土木の基本　水理学，オーム社
5）有田正光，中井正則：水理学演習，東京電機大学出版部
6）大西外明：最新　水理学Ⅱ，森北出版
7）伊藤実，吉川貞治：土木基礎シリーズ　水理学，彰国社
8）岩佐義朗，金丸昭治ほか：水理学Ⅰ，朝倉書店
9）星田義治，浜野啓造：水理学の基礎，東海大学出版会
10）土木学会編：水理実験指導書，土木学会
11）日下部重幸：水理学の基礎，啓学出版
12）本間仁，米元卓介，米谷秀三：水理学入門（改訂版），森北出版
13）千秋信一，川嶋賢一，前田　弘，細谷浩正：発電工学，彰国社
14）高橋裕：水のはなしⅢ，技報堂出版
15）盛岡通，奥田朗ほか：土木学会関西支部編：「水のなんでも辞典」，講談社
16）中川博次：グラフィックス・くらしと土木2　山と川と海，オーム社
17）藤井敏夫：グラフィックス・くらしと土木7　ダム，オーム社
18）H. ラウス，S. インス（高橋裕，鈴橋明訳）：水理学史，鹿島出版会
19）国土交通省：平成30年版　日本の水資源白書
20）PEL編集委員会編：水理学，実教出版

SI　単　位

付表·1　SI単位

区分	量	量記号	単位の名称	常用単位の単位記号	備　考
空間・時間・周期現象	平面角	α ほか	ラジアン	rad, mrad, μrad	$1° = \pi/180$ rad
	長さ	l ほか	メートル	km, m, cm, mm	
	面積	A ほか	平方メートル	km^2, m^2, cm^2, mm^2	
	体積	V ほか	立方メートル	m^3, l（リットル） cm^3, mm^3	$1\,l = 10^{-3}\,m^3$, l はSI単位と併用してよい
	時間	t	秒	s, ms, d, h, min	
	角速度	ω	ラジアン毎秒	rad/s	
	速度	v など	メートル毎秒	m/s	
	加速度	a	メートル毎秒・毎秒	m/s^2	標準自由落下の加速度 $g = 9.80665\,m/s^2$
	回転数	n	回毎秒	s^{-1}, min^{-1}	1 Hz（ヘルツ）$= 1\,s^{-1}$
力学	質量	m	キログラム	Mg,（t）, kg, g, mg	$1\,t = 10^3\,kg$
	密度	ρ	キログラム毎立方メートル	Mg/m^3,（t/m^3） kg/m^3, g/cm^3	
	力・重量	F, P, W	ニュートン	MN, kN, N, mN	$1\,N = 1\,kg \cdot m/s^2$, $1\,kgf = 9.80665\,N$
	力のモーメント	M	ニュートンメートル	MN·m, kN·m, N·m, mN·m	$1\,kgf \cdot m = 9.80665\,N \cdot m$, $1\,Pa = 1\,N/m^2$
	圧力・応力	$\rho \cdot \sigma$	パスカル	Pa, kN/m^2, N/m^2	$1\,kgf/m^2 = 9.80665\,N/m^2$
			ニュートン毎平方メートル	mN/m^2	
	単位体積当りの重量	γ	ニュートン毎立方メートル	kN/m^3, N/m^3	$1\,tf/m^3 = 1\,gf/cm^3$ $= 9.80665\,kN/m^3$
	断面二次モーメント	I	メートル4乗	m^4, cm^4	
	断面係数	Z, W	メートル3乗	m^3, cm^3	
	透水係数	k	メートル毎秒	m/s, cm/s	
	粘性係数	μ	パスカル秒	Pa·s	1 P（ポアズ）$= 0.1\,N \cdot s/m^2$
			ニュートン毎秒平方メートル	$N \cdot s/m^2$, $mN \cdot s/m^2$	
	動粘性係数	ν	平方メートル毎秒	m^2/s, mm^2/s	1 St（ストークス）$= 1\,cm^2/s$
	表面張力	σ	ニュートン毎メートル	N/m, mN/m	$1\,gf/cm = 0.980665\,N/m$
	エネルギー・仕事	A, W	ジュール	MJ, kJ, J, mJ	$1\,J = 1\,N \cdot m$, $1\,cal = 4.18605\,J$
熱	常用温度	t, θ	セルシウス度	℃	
	熱力学温度	T, H	ケルビン	K	t〔℃〕$= (t + 273.15)$〔K〕

付表·2　力・重量の単位換算表

区分	N	kgf	dyn
N	1	0.101972	1×10^{5}
kgf	9.80665	1	9.80665×10^{5}
dyn	1×10^{-5}	1.0197×10^{-5}	1

付表·3　単位体積重量の単位換算表

区分	kN/m^3	gf/cm^3
kN/m^3	1	0.101972
gf/cm^3	9.80665	1

付表·4　単位面積当りの力の単位換算表

区分	kN/m^2	kgf/cm^2	bar	水銀柱〔mm〕(0℃)	水柱〔m〕(15℃)
kN/m^2	1	0.0101972	0.01	7.50	0.1021
kgf/cm^2	98.0665	1	0.980665	735.5	10.01
bar	100	1.0197	1	750	10.21
水銀柱〔mm〕(0℃)	0.1333	0.0013596	0.001333	1	0.01361
水　柱〔m〕(15℃)	9.798	0.0991	0.09798	73.49	1

1〔bar〕$=10^{5}$〔N/m^2〕，1〔Pa〕$=1$〔N/m^2〕

付表·5　ギリシア文字の読み方

大文字	小文字	読み書き	大文字	小文字	読み書き	大文字	小文字	読み書き
A	α	アルファ	I	ι	イオータ	P	ρ	ロー
B	β	ベータ	K	κ	カッパ	Σ	σ	シグマ
Γ	γ	ガンマ	Λ	λ	ラムダ	T	τ	タウ
Δ	δ	デルタ	M	μ	ミュー	Y	υ	ユープシロン
E	ε, ϵ	エプシロン	N	ν	ニュー	Φ	φ, ϕ	ファイ(フィー)
Z	ζ	ゼータ(ツェータ)	Ξ	ξ	クシー	X	χ	カイ(クヒー)
H	η	エータ(イータ)	O	o	オミクロン	Ψ	ψ	プサイ(プシー)
Θ	θ, ϑ	テータ(シータ)	Π	π, ϖ	パイ(ピー)	Ω	ω	オメガ

微分・積分公式

◉　関数 $F(x)=f(x)$ の導関数を $\dfrac{d}{dx}F(x)=F'(x)$ または $y'=f'(x)$ で表す．

導関数 $F'(x)=\dfrac{d}{dx}f(x)$

$$=\lim_{\Delta x\to 0}\frac{f(x+\Delta x)-f(x)}{\Delta x}$$

$$\boxed{\frac{d}{dx}F(x)=f(x)} \iff \boxed{\int f(x)dx=F(x)+C}$$

（傾きを表す）　（合計（和）を表す）

1．微　分

①　定数の微分

$f(x)=C$ のとき，$\dfrac{d}{dx}f(x)=f'(x)=0$

（以下 $f(x)$ の導関数 $f'(x)$ を y' で表す）

②　ベキ乗関数の微分

$f(x)=x^n$ のとき，$f'(x)=nx^{n-1}$

（例）　$y=x^4$ を微分せよ．

$y'=4x^{4-1}=4x^3$

③　和の微分

$y=f(x)\pm g(x)$ のとき，$y'=f'(x)\pm g'(x)$

④　積の微分

$y=f(x)g(x)$ のとき，

$y'=f'(x)g(x)+f(x)g'(x)$

（例）　$y=(x^3+1)(2x-1)$ を微分せよ．

$y'=3x^2(2x-1)+(x^3+1)\cdot 2$

$=8x^3-3x+2$

⑤　商の微分

$y=\dfrac{f(x)}{g(x)}$ のとき，

$$y'=\frac{f'(x)g(x)-f(x)g'(x)}{\{g(x)\}^2}$$

（例）　$y=\dfrac{x}{x^2+1}$ を微分せよ．

$$y'=\frac{1\cdot(x^2+1)-x\cdot 2x}{(x^2+1)^2}=-\frac{x^2-1}{(x^2+1)^2}$$

⑥　合成関数の微分

$y=f(z)$，$z=g(x)$ のとき，

$$\frac{dy}{dx}=\frac{dy}{dz}\cdot\frac{dz}{dx}=f'(z)z'(x)$$

（例）　$y=\dfrac{1}{(3x+1)^2}$ を微分せよ．

$z=3x+1$ とおくと，$y=\dfrac{1}{z^2}=z^{-2}$

$\dfrac{dy}{dz}=-2z^{-3}$，$\dfrac{dz}{dx}=3$

$$y'=\frac{dy}{dx}=\frac{dy}{dz}\cdot\frac{dz}{dx}=-\frac{2}{z^3}\cdot 3$$

$$=-\frac{6}{(3x+1)^3}$$

⑦　三角関数の微分

$y=\sin x$ のとき，$y'=\cos x$

$y'=\cos x$ のとき，$y'=-\sin x$

$y=\tan x$ のとき，$y'=\dfrac{1}{\cos^2 x}$

⑧　偏微分

関数 $z=f(x, y)$ の2変数のうち，どちらかを定数として，もう一つの変数だけ微分する（x または y の1変数関数として）

・x について偏微分すると（y：定数）

$$\frac{\partial z}{\partial x}=\frac{\partial}{\partial x}f(x, y)$$

$$=\lim_{\Delta x\to 0}\frac{f(x+\Delta x, y)-f(x, y)}{\Delta x}$$

・y について偏微分すると（x：定数）

$$\frac{\partial z}{\partial y}=\frac{\partial}{\partial y}f(x, y)$$

$$=\lim_{\Delta y\to 0}\frac{f(x, y+\Delta y)-f(x, y)}{\Delta y}$$

（例）　$f(x, y)=x^2+y^3+y+xy$ の偏微分

$\dfrac{\partial}{\partial x}f(x, y)=2x+y$

$\dfrac{\partial}{\partial y}f(x, y)=3y^2+1$

⑨　全微分

変数を微小に変化させたときの多変数関数 $z=f(x, y)$ の関数値の変化 dz を全微分という．$z=f(x, y)$ は x，y，z の三次元空間の平面を表し，この接平面の傾きを求めるのが全微分となる．変化の理由を一つだけに絞った偏微分に対し，全微分とは変化の原因をすべて考慮することです．

$z=f(x, y)$ のとき，

$$dz=\frac{\partial}{\partial x}f(x, y)dx+\frac{\partial}{\partial y}f(x, y)dy$$

（例）$z=f(x, y)=x^2+y^3+y+xy$

$dz=(2x+y)dx+(3y^2+1)dy$

2. 積　分

① $\int kf(x)dx=k\int f(x)dx$

② $\int \{f(x)\pm g(x)\}dx=\int f(x)dx\pm\int g(x)dx$

③ $n\neq-1$ の任意の有理数のとき，

$$\int x^n dx=\frac{1}{n+1}x^{n+1}+C \qquad (C：定数)$$

（例）$\int\frac{1}{x^3}dx=\int x^{-3}dx=\frac{1}{-3+1}x^{-3+1}+C$

$$=-\frac{1}{2x^2}+C$$

④ $\int\frac{1}{x}dx=\log|x|+C$

⑤ $\int\sin xdx=-\cos x+C$

$\int\cos xdx=\sin x+C$

$\int\frac{1}{\cos^2 x}dx=\tan x+C$

⑥ $\int e^x dx=e^x+C$

⑦　置換積分

$\int f(x)dx$ において，$x=g(t)$ とおき，変数を t に変えれば，

$$\int f(x)dx=\int f(g(t))\frac{dx}{dt}$$
$$=\int f(g(t))g'(t)dt$$

（例）$\int(2x+3)^3dx$ を求めよ．

$t=2x+3$ とおくと，

$x=\frac{t-3}{2}$，$\frac{dx}{dt}=\frac{1}{2}$

$$\int(2x+3)^3dx=\int t^3\cdot\frac{1}{2}dt$$
$$=\frac{1}{2}\cdot\frac{1}{4}t^4+C=\frac{1}{8}(2x+3)^4+C$$

⑧　部分積分

u, v を x の関数とする．積の導関数より

$$\frac{d}{dx}(u, v)=u'v+uv'$$

$$uv=\int(u'v+uv')dx$$
$$=\int uv'dx+\int uv'dx$$

$$\int u'v\,dx=uv-\int uv'dx$$

（例）$\int x\sin x\,dx$ を求めよ．

$u'=\sin x$，$u=\int\sin x\,dx=-\cos x$

$v=x$，$v'=1$

$$\int x\sin dx=-\cos x\cdot x-\int(-\cos x)\cdot 1\,dx$$
$$=-x\cos x+\sin x+C$$

⑨　定積分

$$\int_a^b f(x)dx=[F(x)]_a^b=F(b)-F(a)$$

（例）$\int_1^4(x-2)(2x-1)dx$

$=\int_1^4(2x^2-5x+2)dx$

$=2\int_1^4x^2dx-5\int_1^4xdx+2\int_1^4dx$

$=2\left[\frac{1}{3}x^3\right]_1^4-5\left[\frac{1}{2}x^2\right]_1^4+2\left[x\right]_1^4$

$=\frac{2}{3}(4^3-1^3)-\frac{5}{2}(4^2-1^2)+2(4-1)$

$=10.5$

本書で使用する量記号

A　流積，面積
A_0　円管の満水時の流積
a　オリフィスの断面積，加速度，振幅
B　水面幅，平面幅，浮力
b　台形水路の底幅
　長方形大オリフィスの幅
　四角せきの欠口部幅
　スクリーンの目の大きさ
C　全水圧の作用点，浮力中心
　シェジーの係数，流量係数
　橋脚の断面形状による係数，補正係数
C_a　収縮係数
C_D　抵抗係数
C_H　ヘーゼン・ウィリアムスの式の流速係数
C_v　流速係数
c　波速，伝搬速度
c_g　エネルギー輸送速度
D　管の内径，せき高
d　喫水，管の内径，粒子の直径
　水路床から流線までの高さ
E　比エネルギー
E_k　運動エネルギー
E_p　位置エネルギー
F　力
Fr　フルード数
f　円形管水路の摩擦損失係数
f'　水路の摩擦損失係数
f_b　曲がり損失係数
f_{be}　屈折損失係数
f_e　流入損失係数
f_{gc}　漸縮損失係数
f_{ge}　漸拡損失係数
f_o　流出損失係数
f_r　スクリーンによる損失係数
f_{sc}　急縮損失係数
f_{se}　急拡損失係数
f_v　弁損失係数
G　重心，図心
g　動力の加速度
H　水深，越流水深，水頭，波高
　二水面の水位差，総落差，実揚程
H_0　越流水頭
H_1　平面やオリフィスの上端の水深
　もぐりオリフィスの上流側水深
H_2　平面やオリフィスの下端の水深
　もぐりオリフィスの下流側水深
H_a　接近流速水頭
H_{AB}　点 A，B 間の摩擦損失水頭
H_C　全水圧の作用点の水深，限界水深
H_C'　全水圧の作用点から平面下端までの水深
H_e　全水頭
H_G　平面の図心の水深
H_P　全揚程
H_T　有効落差
h　水深，高さ，損失水頭
h_b　管水路の曲がりによる損失水頭
　開水路の断面変化による損失水頭
h_{be}　屈折による損失水頭
h_e　流入による損失水頭
h_f　摩擦損失水頭
h_{gc}　断面が漸縮する場合の損失水頭
h_{ge}　断面が漸拡する場合の損失水頭
h_l　損失水頭
h_o　流出による損失水頭
　ゲート上流側の水深
h_r　スクリーンによる損失水頭
h_{sc}　断面が急縮する場合の損失水頭
h_{se}　断面が急拡する場合の損失水頭
h_v　弁による損失水頭

Δh	水位変化量
I	動水こう配，水面こう配
I_C	限界こう配
I_e	エネルギーこう配
I_G	平面の図心軸に対する断面二次モーメント
i，i_0	水路床のこう配
i_C	限界こう配
J	ジュール
K	流量係数，通水能
k	壁面の高さ(壁面粗度),透水係数,波数
L	波長，長さ
l	距離
M	質量，メタセンター
m	質量，台形断面水路の側壁こう配
N	ニュートン
n	粗度係数
P	全水圧，出力
Pa	パスカル
P_X	曲面に作用する全水圧の水平分力
P_Z	曲面に作用する全水圧の鉛直分力
p	水圧（静水圧）
p_0	大気圧
p_G	平面の図心の位置の水圧
Δp	差圧
Q	流量
Q_0	円管の満水時の流量
R	半径，径深
R_0	円管の満水時の径深
Re	レイノルズ数
r	半径，断面二次半径
S	潤辺，軸動力
T	表面張力，周期，時間
t	時間，管厚，橋脚の厚さ スクリーンのバーの厚さ
u	流速
u_*	摩擦速度
V	体積，流速
v	平均流速，波降速度
v_0	円管の流水時の平均流速
v_a	接近流速
v_C	限界流速
W	重力，ワット
w	水の単位体積重量，角速度
w'	水以外の液体の単位体積重量
w_q	水銀の単位体積重量
y	平面が傾斜している場合の平面の長さ 水面から平面の任意点までの斜距離
y_1	水面から平面上端までの斜距離
y_2	水面から平面下端までの斜距離
y_C	水面からの全水圧の作用点までの斜距離
y_C'	全水圧の作用点から平面下端までの斜距離
y_G	水面からの平面の図心までの斜距離
z	位置水頭
α	テンダーゲートの中心角
β	曲面に作用する全水圧の作用線と水平面のなす角 スクリーンの断面形状による係数
γ	せん断ひずみ
ε	全幅せきの流量係数補正項
η	静水面からの変位
η_p	ポンプの効率
η_γ	水車の効率
θ	角度，接触角，波向角
ρ	密度
ρ_q	水銀の密度
τ	せん断応力（摩擦応力），円周率
τ_0	表面摩擦応力，掃流力
μ	粘性係数
ν	動粘性係数

索　　引

ア行

浅井戸…… *182*
圧縮率…… *8*
圧縮性流体…… *1*
圧力計の原理…… *28*
圧力水頭…… *26*, *68*
圧力による仕事(圧力エネルギー)… *68*
アルキメデス…… *47*
アルキメデスの原理…… *23*, *46*

位置水頭…… *68*

渦（渦度）…… *100*
渦なし流れ，渦あり流れ…… *101*
運動の法則…… *19*
運動量…… *86*
運動量保存則…… *86*

影響円…… *182*
液体…… *1*
エネルギーこう配…… *73*
エネルギーこう配線…… *73*, *109*
エネルギー保存の法則…… *69*
鉛直流速分布曲線…… *10*

オイラーの運動方程式… *57*, *67*, *95*, *96*
オイラーの連続方程式… *57*, *66*, *95*, *96*
オイラー法…… *59*
オズボン・レイノルズ…… *65*
オリフィス…… *163*, *166*

カ行

開水路…… *57*, *60*, *129*
角速度…… *53*
河状係数…… *7*
管水路…… *57*, *60*
慣性（の法則）…… *15*, *19*, *56*
慣性系（座標）…… *56*
慣性力…… *56*, *165*
完全ナップ…… *170*
完全流体…… *1*, *10*, *11*, *69*
完全流体におけるベルヌーイの定理… *69*
管網…… *99*, *122*
管網計算…… *122*, *124*

気体…… *1*
喫水…… *48*
基本単位…… *14*, *16*
基本量…… *14*
キャサグランデの方法…… *186*
急拡損失係数…… *104*
急拡による損失水頭…… *104*
急縮損失係数…… *105*
急縮による損失水頭…… *104*
急変流…… *63*
キルシュメールの実験…… *154*
キルヒホッフの法則…… *123*

屈折損失係数…… *103*
屈折による損失水頭…… *103*
クッタの公式…… *82*
組立単位…… *14*
組立量…… *14*

クライツ・セドンの法則…………… 158

計画高水流量………………………… 6
形状による損失……………………… 99
径深………………………………… 59
ゲージ圧…………………………… 26
ケーソン…………………………… 50
ゲート………………………… 163，176
限界こう配………………………… 145
限界水深……………………… 143，144
限界フルード数…………………… 147
限界流………………………… 145，146
限界流速……………………… 143，145

工学系単位………………………… 17
洪水流……………………………… 158
交代水深…………………………… 143
広頂せき……………………… 170，174
合流管水路………………………… 119
国際単位（SI 単位）……………… 1，16
コツェニの式……………………… 180
ゴビンダ・ラオの公式…………… 175

サ行

差圧計……………………………… 29
最小比エネルギーの定理………… 143
最大流量の定理…………………… 144
砕波………………………………… 90
サイホン…………………………… 112
三角せき……………………… 170，171

シェジーの係数…………………… 82
シェジーの公式…………………… 82
四角せき……………………… 170，172
軸動力……………………………… 116
次元（次元解析）………………… 14
仕事（量）……………………… 19，115
仕事率………………………… 19，115
実揚程……………………………… 116
質量………………………………… 15
質量保存則………………………… 66
質量力……………………………… 52
支配断面…………………………… 150
射流…………………………… 129，146
収縮係数…………………………… 167
重心………………………………… 35
集水暗きょ………………………… 184
自由水面………………………… 23，60
自由地下水………………………… 182
重複波……………………………… 90
自由流出…………………………… 176
重量………………………………… 15
重力…………………………… 15，165
重力加速度………………………… 15
重力単位系………………………… 17
重力波……………………………… 88
潤辺………………………………… 58
小オリフィス……………………… 166
常流…………………………… 129，146
進行波……………………………… 90
浸潤線……………………………… 186
深水波……………………………… 88

水圧………………………………… 23
水圧機……………………………… 30
水位変化量…………………… 152，154
水銀差圧計………………………… 29
水工学……………………………… iii
水車………………………………… 114
水車の効率………………………… 114
水頭………………………………… 26
水動力……………………………… 116
水面形………………………… 52，148
水面形の方程式…………………… 148
水面こう配線……………………… 74
水理学的に有利な断面……… 134，138
水理特性曲線……………………… 136
水路断面…………………………… 58
図心………………………………… 35
ストークス………………………… 11

ストークスの運動方程式……………… 22
ストークスの法則………………………… 22
スルースゲート………………………… 176

静水圧（の性質）……………… 23，24
正段波…………………………………… 156
せき…………………………… 163，170
せき上げ背水………………………… 150
せき上げ背水曲線…………………… 150
接近流速……………………………… 168
接触角…………………………………… 9
絶対圧………………………………… 26
絶対単位系…………………………… 15
接頭語………………………………… 16
漸拡損失係数………………………… 105
漸拡による損失水頭………………… 105
漸縮損失係数………………………… 105
漸縮による損失水頭………………… 105
全水圧……………………… 23，34，38
全水頭………………………………… 68
浅水波………………………………… 88
せん断応力（粘性力）……………… 11
全幅せき……………………… 170，173
漸変流…………………………… 63，148
全揚程………………………………… 116

双曲線関数…………………………… 98
総合効率……………………………… 115
相似則………………………………… 165
相対的静止…………………… 52，56
総落差………………………………… 114
層流…………………………………… 64
掃流力………………………………… 80
速度水頭……………………………… 68
粗度係数……………………………… 84
損失水頭………………………… 72，100

タ行

大オリフィス………………………… 168
大気圧………………………………… 24
大気大循環…………………………… 21
多自然型川づくり……………………… 5
ダニエル・ベルヌーイ……………… 75
ダルシー……………………………… 180
ダルシー・ワイズバッハの式……… 76
単位体積重量…………………………… 8
単線管水路……………………… 99，108
段波…………………………………… 156
断面二次モーメント………… 39，49
断面変化による損失水頭………… 104

地下水………………………… 179，189
治山対策………………………………… 7
治水……………………………………… 4
跳水…………………………………… 147
長波…………………………………… 88
重複波………………………………… 90
長方形せき…………………………… 174
沈降速度……………………………… 22

通水能………………………………… 133
津波…………………………………… 93

低下背水……………………………… 150
低下背水曲線………………………… 150
定常流………………………57，62，186
定水位法……………………………… 180
てこの原理…………………………… 31
デュピュイ・フォルヒハイマーの式… 184
天井川………………………………… 159
テンダーゲート……………………… 42

等価粗度係数………………………… 140
透水係数……………………………… 180
動水こう配線…………………… 73，109
動粘性係数…………………………… 11
等流……………………………57，62，130
等流水路……………………………… 57
等流速分布曲線……………………… 10
ドオ・ビュイソンの公式…………… 154

トリチェリー…… 27
トリチェリーの実験…… 26
トリチェリーの定理…… 166

ナ行

流れ…… 61
流れの基本方程式…… 63
ナップ…… 170
波…… 88

ニクラーゼの実験…… 77
ニュートン…… 19
Newton の運動法則 …… 19
Newton の粘性方程式 …… 11
Newton 流体 …… 11

粘性…… 1，10，11
粘性係数…… 11
粘性流体…… 10
粘性力…… 165

ハ行

波圧…… 90
背水…… 150
ハイドログラフ…… 6，63，158
パイピング現象…… 187
刃形せき…… 170
ハーゲン・ポアジュールの法則 … 12，79
パスカル…… 31
パスカルの原理…… 23，30
波速…… 88
波長…… 88
発電力…… 115
ハーディ・クロスの試算法…… 122
波力…… 90
万有引力の法則…… 19

非圧縮性流体…… 1，8
被圧地下水…… 182
ピエゾ水頭…… 73
ピエゾメータ…… 28
比エネルギー…… 142
比エネルギー曲線…… 143
非慣性系（座標）…… 56
非定常流…… 57，62，187
ピトー管…… 71
非 Newton 流体 …… 11
微分・積分公式…… 204
表面張力…… 8
表面摩擦応力…… 78
比流量…… 6

深井戸…… 182
復元力…… 49
浮心…… 48
負段波…… 156
付着ナップ…… 170
不等流…… 57，62，150
浮揚面…… 48
浮力…… 46
フルード数…… 146，149
フルード相似則…… 165
ブレッスの式…… 150
分岐管水路…… 118，120
分岐・合流管水路…… 99

平均流速…… 59
平均流速公式…… 82
ベスの定理…… 142
ヘーズンの式…… 180
ヘーゼン・ウィリアムスの公式…… 83
ベナコントラクタ…… 167
ベランジェの定理…… 144
ベルヌーイの式（定理）…… 57，97
変水位法…… 181
弁損失係数…… 106
ベンチュリーメータ…… 70
弁による損失水頭…… 106

ポアーズ（P） …… 11

補助単位……………………………… 16
保水機能……………………………… 5
ポテンシャル……………………… 101
掘抜井戸…………………………… 182
ポンプ……………………………… 116
本間の式…………………………… 174

マ行

曲がり損失係数…………………… 102
曲がりによる損失水頭…………… 102
摩擦速度…………………………… 78，79
摩擦損失係数……………………… 77
摩擦損失水頭……………………… 76，152
摩擦抵抗…………………………… 10
マニングの公式…………………… 84，135
マノメータ………………………… 28，110，164

水資源……………………………… 3，5
密度………………………………… 8

無次元量…………………………… 14
ムーディー線図…………………… 77

メタセンター……………………… 49
メタセンター高…………………… 49
メートル法………………………… 17

毛管現象…………………………… 8
もぐりオリフィス………………… 169
もぐり流出………………………… 177

ヤ行

有義波……………………………… 91
有効落差…………………………… 114
遊水機能…………………………… 5

揚圧力……………………………… 90
揚水式発電………………………… 117
ヨハネス・デ・レイケ…………… 7

ラ行

ラグランジェ法…………………… 59
乱流………………………………… 64

力積………………………………… 86
力積-運動量の法則 ……………… 57，86
利水………………………………… 4
流管………………………………… 67
流出損失係数……………………… 107
流出による損失水頭……………… 107
流積………………………………… 58
流跡線……………………………… 67
流線………………………………… 67
流速………………………………… 58，61
流速ポテンシャル………………… 57，59，101
流体………………………………… 1
流入損失係数……………………… 101
流入による損失水頭……………… 101
流量………………………………… 58
流量係数…………………………… 70
理論出力…………………………… 114

レイノルズ数……………………… 64
レイノルズ相似則………………… 165
レイノルズの実験………………… 64
連続の式…………………………… 57，66，95

ロバート・マニング……………… 137
ローリングゲート………………… 42

英数字

CGS 単位系 ……………………… 15
J（ジュール）…………………… 18，19，115
MKS 単位系 ……………………… 15
N（ニュートン）………………… 16，18，115
Pa（パスカル）…………………… 16，18
SI 単位 …………………………… 15，16
W（ワット）……………………… 18，19，115
1 dyn（ダイン）………………… 18

＜監修者略歴＞

粟津清蔵（あわづ　せいぞう）

昭和19年　日本大学工学部卒業
昭和33年　工学博士
　　　　　日本大学名誉教授

＜著者略歴＞

國澤正和（くにざわ　まさかず）

昭和44年　立命館大学理工学部卒業
　　　　　元 大阪市立都島工業高等学校
　　　　　元 大阪市立泉尾工業高等学校校長
　　　　　元 大阪産業大学講師

西田秀行（にしだ　ひでゆき）

昭和54年　大阪工業大学工学部卒業
　　　　　元 京都市立伏見工業高等学校校長

福山和夫（ふくやま　かずお）

昭和57年　立命館大学理工学部卒業
現　　在　大阪市立都島第二工業高等学校教頭

絵とき　水理学（改訂4版）

1992年6月30日　第1版第1刷発行
1998年5月10日　改訂2版第1刷発行
2014年6月15日　改訂3版第1刷発行
2018年7月20日　改訂4版第1刷発行
2022年5月10日　改訂4版第5刷発行

著　　者　國澤正和
　　　　　西田秀行
　　　　　福山和夫
発 行 者　村上和夫
発 行 所　株式会社 オーム社
　　　　　郵便番号　101-8460
　　　　　東京都千代田区神田錦町3-1
　　　　　電 話　03(3233)0641(代表)
　　　　　URL https://www.ohmsha.co.jp/

印刷・製本　三美印刷
ISBN978-4-274-22250-4　Printed in Japan